JN082742

マルチプラットフォーム対応 最新フレームワーク

Flutter3 入門

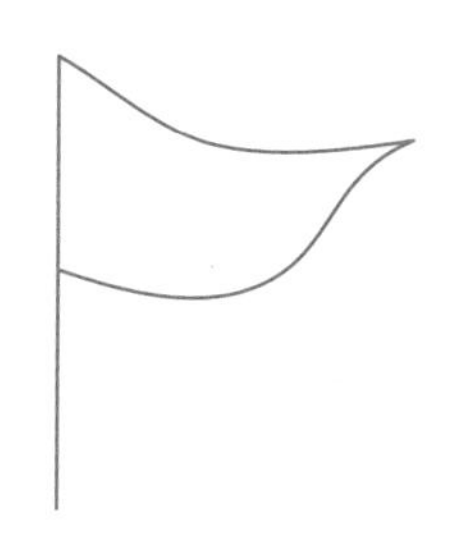

掌田 津耶乃・著

秀和システム

■本書で使われるサンプルコード・プロジェクトは、次のURLでダウンロードできます。

http://www.shuwasystem.co.jp/support/7980html/6852.html

■本書について

・macOS、Windowsに対応しています。

■注意

1. 本書は著者が独自に調査した結果を出版したものです。
2. 本書は内容に万全を期して作成しましたが、万一誤り、記載漏れなどお気づきの点がありましたら、出版元まで書面にてご連絡ください。
3. 本書の内容に関して運用した結果の影響については、上記にかかわらず責任を負いかねますのであらかじめご了承ください。
4. 本書およびソフトウェアの内容に関しては、将来予告なしに変更されることがあります。
5. 本書の一部または全部を出版元から文書による許諾を得ずに複製することは禁じられています。

はじめに

時代はマルチプラットフォーム開発だ！

デジタルデバイスの進化は、プラットフォームの進化でもあります。十数年前にはWindowsとMacしかなかったものが、スマートフォンの登場によりAndroidやiOSが登場し、更にタブレットやスマートウォッチ用などにまで広がりました。また並行してWebの世界も進化し、今ではアプリの多くがWebで動くようになっています。

このような時代にアプリを開発しようと思ったなら、Windows、macOS、Linux、Android、iOS、Webといったものすべてに対応しないといけません。これらはすべて開発言語もフレームワークもまるで違うのです。一体、どうやってすべてのプラットフォームに移植しろと？ 頭を抱えている開発者もきっと多いでしょう。

このような状況では、アプリの開発にも膨大なコストがかかります。短期間に低コストでアプリ開発をするためには、「**1つコードを書けば、あらゆるプラットフォームのアプリが作れる**」というマルチプラットフォームな開発環境が必要なのです。

現在、その理想に最も近いところにいるのが「**Flutter**」です。Flutterは、AndroidとiOSのアプリを同時開発できるフレームワークとして登場しました。これはその後も着実に改良され、現在のFlutter 3ではWindows、macOS、Linux、Android、iOS、Webのすべてに対応しています。1つのコードを書けば、同時にこれらすべてのアプリが作れるのです。

このFlutter 3を使ったアプリ開発を誰でも手軽に使えるようにしたい。そのような思いから本書を執筆しました。

本書は、2018年9月に出版された「**Android/iOSクロス開発フレームワーク Flutter入門**」の改訂版です。最新のFlutter 3に対応し、また最近注目が高まっているFirebaseとの連携や、Flutter Casual Game Toolkitによるゲーム開発の基礎まで説明を行っています。本書があれば、Flutter 3を使ったアプリ開発の基本は一通り身につくでしょう。

アプリ開発の世界はますます進化し、ますます複雑怪奇なものになっています。「**いくつものプラットフォームすべての進化についていくなんてとても無理！**」という人。ぜひFlutterを試してみて下さい。もちろん、新たに覚えないといけないこともたくさんあります。でも覚えないといけないのは、Flutterただ1つです。これならきっと、大丈夫！

2022年10月

掌田　津耶乃

目 次

Chapter 1

Flutterと マルチプラットフォーム開発

ようこそ、Flutterの世界へ！ Flutterは、パソコンからスマートフォンまでさまざまなデバイスで動くアプリを同時開発できるマルチプラットフォーム開発環境です。まずはFlutter利用に必要な環境を整え、実際にプロジェクトを作成し動かすところまで行いましょう。

1-1 Flutter開発の準備

増える一方のプラットフォーム

現在、私達の生活は膨大な数のデジタルデバイスに支えられています。それらは増えることはあっても、減ることはありません。デジタルデバイスの急激な増加に伴い、特に開発する側にとって大きな問題となってきているのが「増加するプラットフォーム」です。

ほんの20年前なら、開発者がプログラムを作成するとき、考えないといけないプラットフォームは「WindowsとMac」ぐらいでした。それが今では、Windows、macOS、Android、iOS、Web……と、さまざまなプラットフォームで動くことを考えなければいけません。そしてこのプラットフォームは、厄介なことにどんどん増えていく一方なのです。パソコン、スマートフォン、スマートウォッチ、スマートスピーカー、スマートカー……。これらすべてのプラットフォームに対応させることなんて不可能だ！ そう叫びたくなる開発者も多いはずです。

プラットフォームが違うとプログラムも違う

プラットフォームが違うと、その上で動くプログラムの仕組みも全く違ってきます。またプログラムの開発の仕方もまるで違うものになります。使用する言語、フレームワーク、開発環境、すべてが違うといってもいいでしょう。

これまでは、複数のプラットフォームにアプリを作りたければ、それぞれ個別に作る必要がありました。例えばiPhoneとAndroidにアプリをリリースしたければ、iOS用のアプリを作成し、Androidに移植していました（もちろん逆のケースもあります）。「移植」といっても、書いたコードをコピー＆ペーストすればいいわけではありません。iOSのアプリはSwiftという言語を使い、SwiftUIというフレームワークで開発します。これに対してAndroidのアプリはJavaまたはKotlinという言語を使い、Android SDKというフレームワークで開発をします。アプリの構造も動作の仕組みもまるで違うものですから、「移植」というより、「同じアプリを一から作り直す」ということになります。

実際にこうした開発を経験した人なら、誰しもこう考えるのではないでしょうか。「同じものを何度も作り直すなんてバカげてる。一度に、すべてのプラットフォーム用アプリを作ることはできないのか？」と。

AndroidとiOS。WindowsとmacOS。ネイティブアプリとWebアプリ。全く構造も仕組みも異なるものを同じようにして作成することができれば、開発の効率は劇的に上がります。今まで、あらゆる面で何倍もの手間と労力をかけて作っていたものが、たった1つ作るだけで済んでしまうのですから。

この「マルチプラットフォームに対応した開発環境」という魅力的なアイデアは、以前からさまざまな形で取り組まれてきました。が、「どんな環境でも完全に同じコードで動く」というものはなかなか登場しませんでした。そんな中、「あらゆるプラットフォームのプログラムを完全に一つのものとして作る」ことを目指して登場したのがGoogleによる「Flutter」です。

Flutterとは？

Flutterは、マルチプラットフォームのための開発環境です。あらゆるプラットフォームを1つのコードだけですべて作れるようにする、それがFlutterの目指すところです。では、このFlutterとはどういうプログラムなのか。その特徴を簡単にまとめてみましょう。

専用SDKによる開発

Flutterは、SDKにより専用のAPIを提供しており、このAPIを使って開発を行います。つまり、AndroidのボタンやiPhoneのフィールドを操作するのでなく、Flutter用に用意されているAPIのボタンやフィールドを利用してアプリを開発していくわけです。

ただし、プラットフォームによってUIなどは微妙に違いがあるのも確かです。例えばボタン1つを取っても、AndroidとiPhoneでは表示が違います。Flutterでは、Androidなどで採用されている「マテリアルデザイン」をベースにUIを設計していますが、これとは別にiOS用のルック＆フィールを持たせた「クパティーノ」というUIフレームワークも用意しています。これを利用すれば、よりiPhoneらしい見た目にすることもできます（もちろん、これはiOS以外でも使えます。「見た目はiPhoneみたいなAndroidアプリ」も作れるのです）。

図1-1：Flutterは、AndroidやiOSのプラットフォーム上にFlutter独自のフレームワークを用意し、これを利用してアプリを作成する。

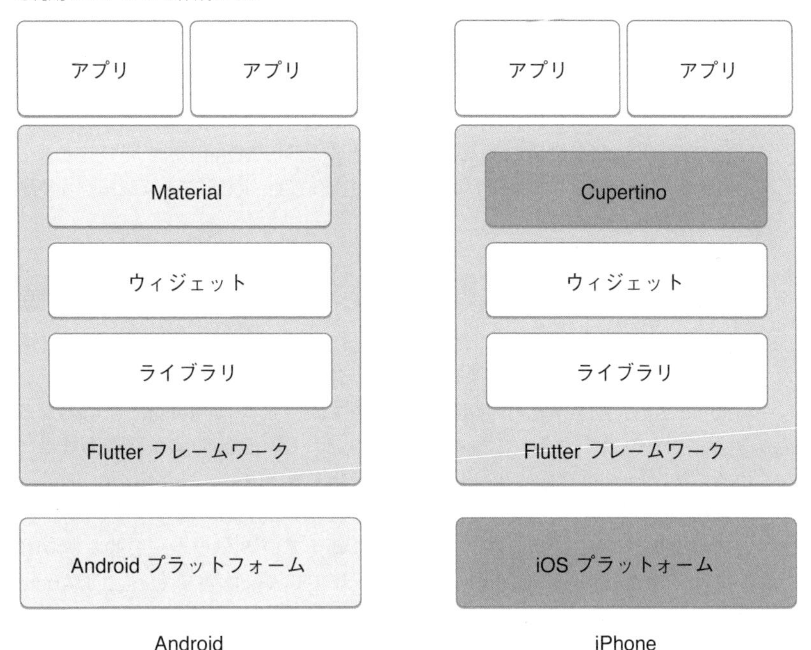

開発言語はDart言語

Flutterの開発には、「Dart」というプログラミング言語を利用します。Dartは、Googleによって開発されたプログラミング言語です。

「Dartなんて聞いたことない」と不安に感じるかもしれませんが、それほど心配することはありません。Dartは非常に理解しやすく、習得が容易であるのが特徴です。JavaScriptに非常に近い文法なので、JavaScriptの経験があれば比較的簡単に使えるようになります。

ネイティブコード

Dartは、JavaScriptに近い言語ですが、アプリはそのままインタープリタで動くわけではありません。Flutterはそれぞれのプラットフォームごとにプログラムをネイティブコードにコンパイルします。マルチプラットフォームで動くということから「Webアプリのように、アプリ内でWebページとして画面を表示する」といった方式をイメージした人もいるでしょうが、これは間違いです。Flutterは完全にネイティブなアプリとして作成されます(Web版を除く)。

IntelliJ(Android Studio)/Visual Studio Codeに対応

FlutterのSDKには、ビルドのための機能なども用意されており、、すべてコマンドラインで実行することができます。ただし、「もっと快適な環境で開発をしたい」と思う人のほうが多いでしょう。こうした人のため、GoogleはFlutterの開発環境として、IntelliJ IDEA/Android StudioとVisual Studio Code用のプラグインを開発し配布しています。これらをインストールすることで、IntelliJやVisual Studio CodeでFlutterアプリの開発が行えるようになります。これらはいずれもWindows用とmacOS用が用意されており、どちらのプラットフォームでも、開発できます(ただし、iOSアプリの開発については、macOSのXcodeがなければビルドができません。Windowsで開発する際には、基本的な開発を行ったあと、最終的なアプリの生成にはmacOSにプロジェクトを移し、ビルドを行う必要があります)。

Column IntelliJ ? Android Studio ?

Flutterに対応する開発ツールには、Visual Studio Codeの他に「IntelliJ IDEA」と「Android Studio」があります。が、実をいえば、この2つは同じものです。
Android StudioはAndroidの開発ツールですが、これはIntelliJに専用のプラグラインを組み込んだものです。そして現在のIntelliJには、Androidの開発機能も標準で組み込まれているため、IntelliJでもAndroidアプリが開発できます。
Androidの開発だけを考えているなら、Android Studioのほうが使いやすいでしょう。が、WindowsのアプリやWebアプリなどまで考えているなら、一般的なアプリ開発のためのツールであるIntelliJのほうがいいかもしれません。本書でもIntelliJ/Android Studioを使う場面ではIntelliJを使うことにしています。

Flutter開発に必要なもの

では、実際にFlutterの開発環境を整え、開発を行っていきましょう。Flutterの利用には、以下のようなものが必要です。

■JDK

これは、Flutterの利用自体で必須になるわけではありませんが、AndroidのSDKや開発ツールのAndroid Studioを利用する上で必要となります。ただしAndroid Studio内からインストールできるので別途用意しなくとも問題ありません。

■Dart

Flutterで使うプログラミング言語です。ただし、Flutter SDKをインストールすると内部にDartも組み込まれるため、別途用意する必要はありません。

■Flutter SDK

Flutterの本体部分です。これは必須です。

■IntelliJ(Android Studio)/Visual Studio Code

開発ツールです。2022年10月時点でこの2つの開発ツールが対応しています。Flutter SDKがあれば、開発ツールがなくともエディタなどで開発できますが、これらのいずれかを用意しておいたほうが遥かに効率的です。

■Visual Studio

Windows用のアプリ開発を行う場合、Visual Studio (C++開発環境)を用意する必要があります。これがないとネイティブコードにビルドできません。

■Xcode

macOS上で、macOS/iOS向けアプリの開発を考えている場合には、Xcodeが必要です。これがないとビルドができません。

必ず必要になるのは、Flutter SDKです。IntelliJ/Android Studio、Visual Studio Codeといった開発ツールは、必要に応じて用意すればいいでしょう(ただし、必ずどちらかを用意することを強く勧めます)。

Visual StudioとXcodeは、どのプラットフォーム向けに開発するかを考え、必要な人のみ用意してください。

JDKを用意する

まずは、JDKです。これは、Androidの開発をするのに必要となります。Android開発を行いたいと考えているならば、おそらくJDKはインストールされていると思いますが、もしまだ用意していない、あるいは古いバージョンのままなので新しいものを入れておきたい、という場合は以下のアドレスにアクセスしてダウンロードしてください。

https://www.oracle.com/java/technologies/downloads/

図1-2：JDKのダウンロードページ。

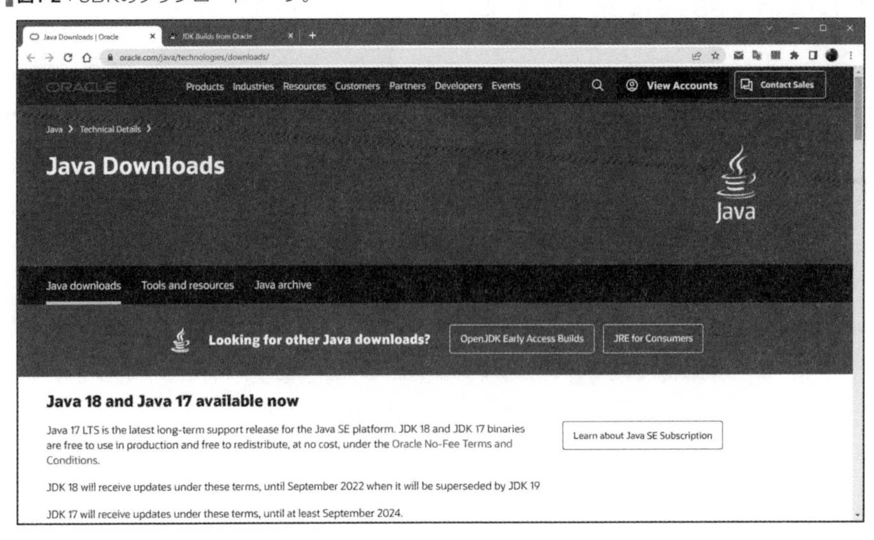

このページに「Java SE Development Kit xxx downloads」(xxxはバージョン)という表示があり、そこに各プラットフォームごとにJDKがまとめてあります。これは圧縮ファイルになっているものとインストーラとが用意されています。

JDKのインストールはよくわからない、という人はインストーラをダウンロードしてインストールしましょう。ダウンロードしたインストーラを起動し、基本的にはすべてデフォルトのまま進めていけば問題なくインストールできます。

圧縮ファイルを利用する場合は、ファイルを展開して適当なところに配置したあと、path環境変数にJDKの「bin」フォルダのパスを追加しておいてください。

図1-3：ダウンロードされたインストーラ。デフォルトのまま進めれば問題ない。

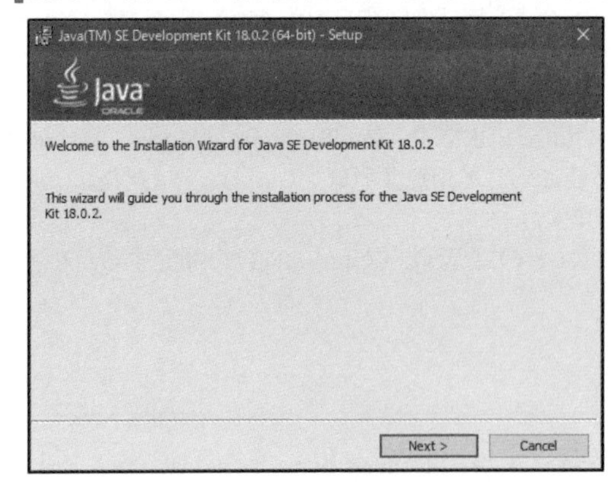

Flutter SDKの用意

続いて、Flutter SDKです。これはFlutterのサイトで公開されています。まずは以下のアドレスにアクセスをしてください。

https://docs.flutter.dev/get-started/install

図1-4：Flutterのインストールページ。

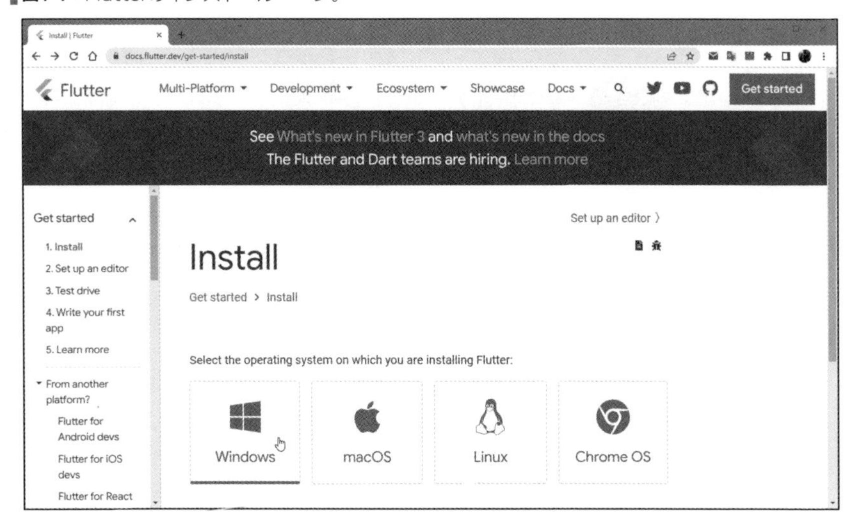

これはFlutterサイトのインストールページです。ここで、自分が使っているプラットフォームのボタンをクリックすると、そのプラットフォームのインストール説明が表示されます。このページの「Get the Flutter SDK」というところに、SDKのダウンロードボタンが用意されています。これをクリックしてダウンロードしましょう。

ダウンロードされるのは、Zip圧縮されたファイルです（Windows/macOSの場合）。これを展開し、適当な場所に配置して下さい。

図1-5：Get the Flutter SDKというところにFlutter SDKのダウンロードボタンがある。

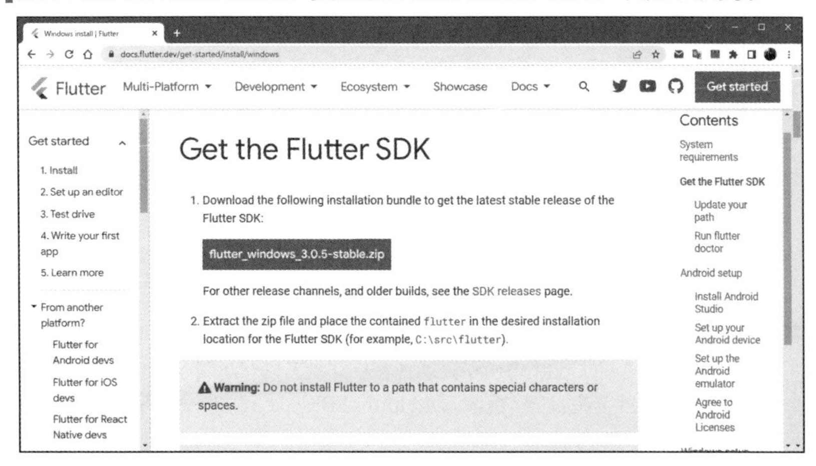

PATH環境変数の追加（Windows）

Flutter SDKは、コマンドラインからflutterコマンドを利用して使います。これには、PATH環境変数にFlutterのパスを追加しておく必要があります。

Windowsの場合は、システム環境設定コントロールパネルを開きます（Windows 10ならば、「Windowsの設定」ウィンドウで「環境変数」と検索し、見つかった「システム環境変数」をクリックすると、「システム」コントロールパネルを開くことができます。

図1-6：Windows 10では、Windowsの設定で「環境変数」と検索する。

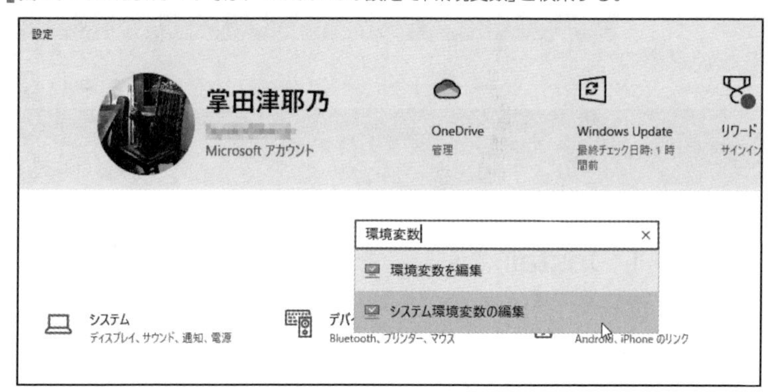

「システム」コントロールパネルにある「環境変数」ボタンをクリックしてください。環境変数のダイアログが開かれます。

図1-7：「システム」コントロールパネルで「環境変数」ダイアログを開く。

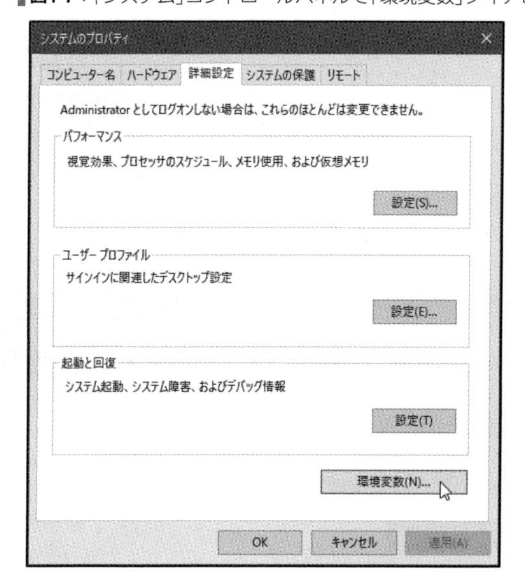

ダイアログの「システム環境変数」から「path」の項目を選択して「編集」ボタンをクリックしてください。pathの値が表示されたダイアログが開かれます。ここに「新規」ボタンで新しい項目を追加し、配置したFlutter SDKの「bin」フォルダのパスを追記します。

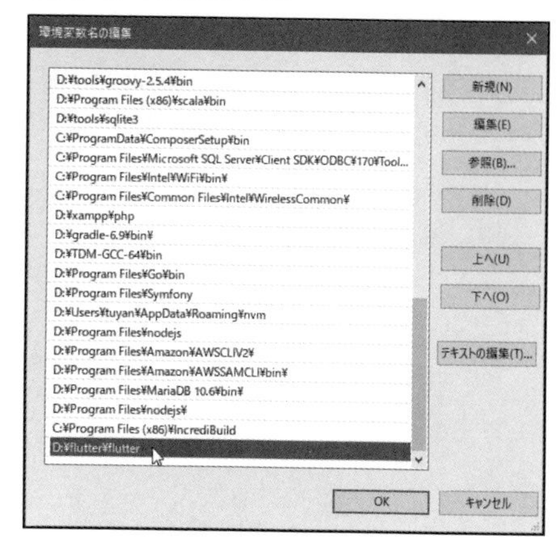

図1-8：path環境変数を開き、Flutter SDKの「bin」フォルダのパスを追加する。

PATH環境変数の追加（macOS）

macOSの場合、ホームディレクトリ内にある「.bash_profile」というファイルに環境変数の情報が記述されています。これを編集することでPATHを追記できます（もし見当たらないようなら、新たにファイルを作成して利用します）。

これは非表示ファイルであるため、標準のテキストエディットでは直接開くことができないでしょう。ターミナルから、以下のように実行してください。

```
vim ~/.bash_profile
```

これで、vimでテキストファイルが編集できるようになります。ここに以下のように追記をします。

リスト1-1

```
PATH=$PATH:……Flutter SDKのパス……/bin
export PATH
```

ファイルの一番後などに追加すればいいでしょう。記述したら保存しておきます。Ctrlキー＋「C」キーを押せば編集モードから抜けるので、そこで「:wq」と入力すれば、ファイルを保存してvimを終了できます。

vimから通常のターミナルの入力状態に戻ったら、以下のように実行して変更内容を更新しましょう。

```
source ~/.bash_profile
```

図1-9：vimで.bash_profileを開き、Flutter SDKのパスを$PATHに追加する。

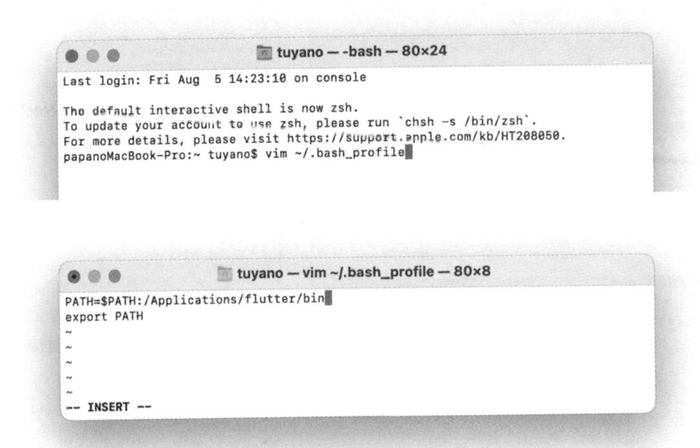

Flutter SDKのアップグレード

Flutter SDKの準備が完了したら、念のためにSDKがアップグレードされていないか確認しておきましょう。これはコマンドラインから実行できます。コマンドプロンプトあるいはターミナルを起動し、以下のように実行してください。

```
flutter upgrade
```

Windowsの場合は、SDKの「bin」フォルダ内にあるflutter.batがコマンドです。またmacOSでは、「bin」フォルダにあるflutterがコマンドになります。まだPATH環境変数を設定していない場合、これらのファイルをコマンドラインからフルパスで指定すれば実行できます。

図1-10：flutter upgradeを実行する。

```
Microsoft Windows [Version 10.0.19044.1826]
(c) Microsoft Corporation. All rights reserved.

D:¥tuyan>flutter upgrade
Flutter is already up to date on channel stable
Flutter 3.0.5 • channel stable • https://github.com/flutter/flutter.git
Framework • revision f1875d570e (3 weeks ago) • 2022-07-13 11:24:16 -0700
Engine • revision e85ea0e79c
Tools • Dart 2.17.6 • DevTools 2.12.2

D:¥tuyan>
```

IntelliJ IDEAのインストール

続いて開発環境に進みましょう。開発環境は、IntelliJ IDEA(Android Studio)とVisual Studio Codeがサポートされています。

IntelliJは、IntelliJを使うかAndroid Studioを使うか迷うところでしょう。Android以外にもいろいろ作りたい人は、IntelliJのほうが向いています。またIntelliJは日本語化のプラグインがあるのでほとんどの部分を日本語化できます。「英語のソフトは使いづらい」という人はこちらがいいでしょう。

では「IntelliJ IDEA」のインストールから説明しましょう。これは以下のURLで公開されています。ここから右上の「Download」ボタンをクリックしてください。

https://www.jetbrains.com/idea/

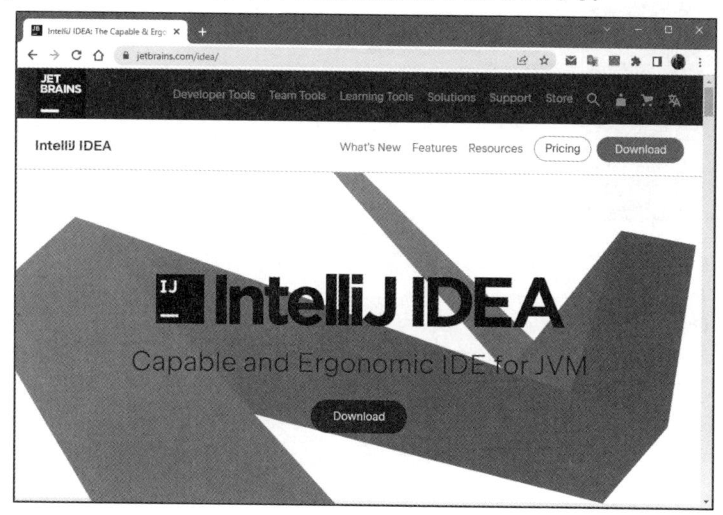

図1-11：IntelliJ IDEAのサイト。「Download」ボタンをクリックする。

「Download IntelliJ IDEA」と表示されたページに移動します。ここからIntelliJをダウンロードします。ここには「Ultimate」と「Community」という2つのエディションが用意されていますが、無料で利用するには「Community」のほうを使ってください。こちらでも全く問題なく開発が行えます。

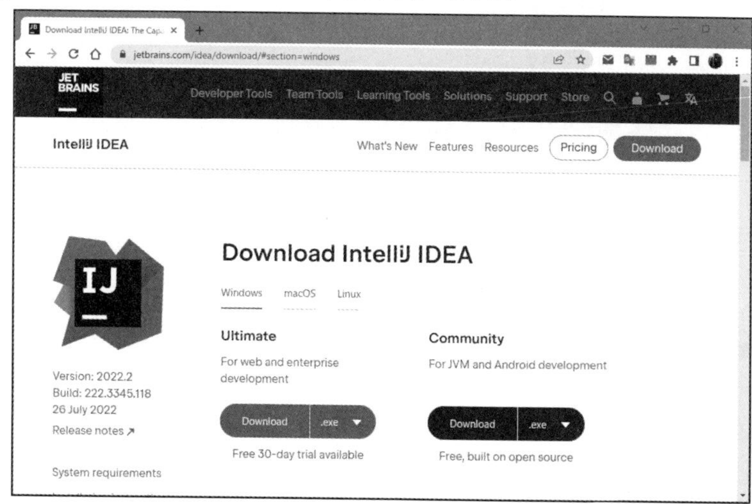

図1-12：Community版をダウンロードしインストールする。

ダウンロードされるのは、Windowsのインストールプログラムです。これをダブルクリックして起動し、基本的にデフォルトのまま進めていけば問題なくインストールを行えます。

図1-13：インストーラを起動し、ほぼデフォルトのまま進めていけばインストールできる。

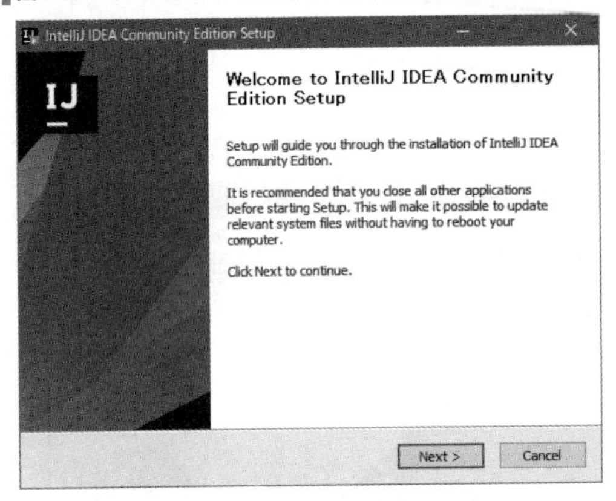

macOSはディスクイメージになります。これはダブルクリックするとディスクボリュームがマウントされ、その中にIntelliJのアプリが保存されています。これをそのまま「アプリケーション」フォルダにコピーすればインストール完了です。

図1-14：マウントしたディスクボリュームにあるアプリをコピーする。

IntelliJをセットアップする

インストールできたら、IntelliJを起動しましょう。といっても、まだプログラミングは始めません。実際に使う前に、基本的な設定を行っておきましょう。

起動すると、まずIntelliJのコミュニティ版に関する使用許諾権の表示があらわれます。下部にある「I confirm ……」というチェックボックスをONにして「Continue」ボタンをクリックしてください。これで使用許諾契約を受け入れ、利用を開始します。

図1-15：使用許諾契約のチェックボックスをONにして先に進む。

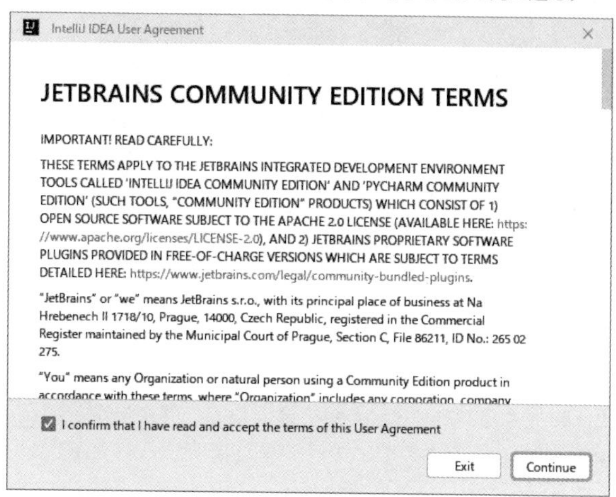

初めて起動するときに、既にIntelliJを使ったことがある場合は、設定を引き継ぐかどうかを確認するダイアログがあらわれます。デフォルトでは、見つかった設定を引き継ぐようになっています。新たにインストールして使う場合は「Do not Import settings」を選んでおきましょう。

図1-16：設定を引き継ぐかどうかを指定する。

Import IntelliJ IDEA Settings
Previous version　C:¥Users¥tuyan¥AppData¥Roaming¥JetBrains¥IdeaIC2020.3
Config or installation directory
Do not import settings
OK

Welcome ウィンドウが開く

起動すると最初にあらわれるのは「Welcome to IntelliJ IDEA」と表示されたウィンドウです。これは、プロジェクトの作成やIntelliJのプラグイン設定など、開発以前に行う作業がまとめられたところです。デフォルトではプロジェクト作成の表示がされています。

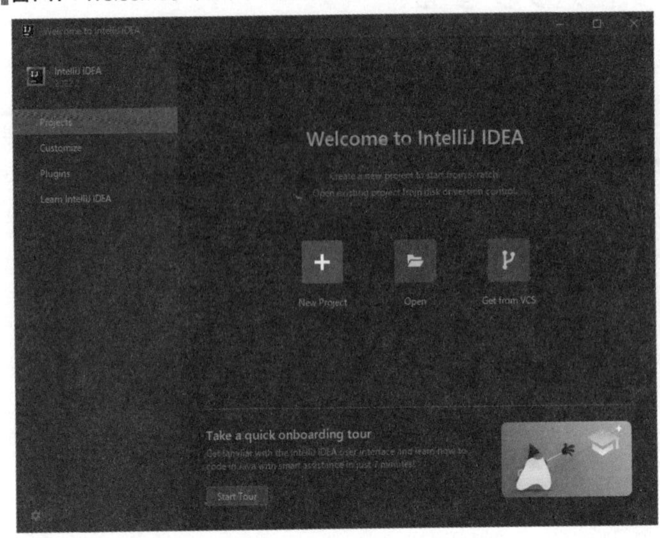

図1-17：Welcomeウィンドウが開かれる。

Flutterプラグインのインストール

ここで、Flutterのプラグインをインストールします。左側の「Plugin」という項目を選択し、その隣の上部に見える「Marketplace」を選択して、フィールドから「flutter」と入力しましょう。「Flutter」というプラグインが見つかります。これを選択し、「Install」ボタンをクリックしてインストールしてください。

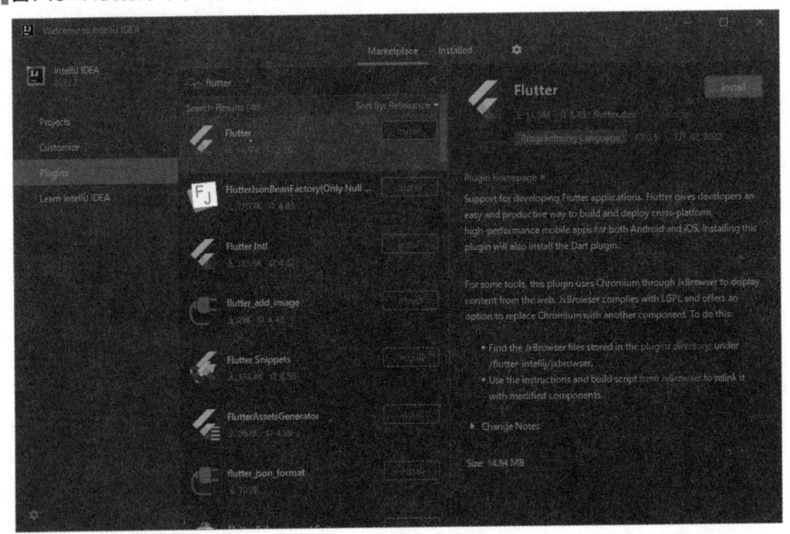

図1-18：Flutterプラグインをインストールする。

日本語化プラグインをインストール

続いて、日本語化のためのプラグインをインストールしましょう。フィールドに

「japanese」と入力すると、「Japanese Language Pack/日本語言語パック」というプラグインが見つかります。これを選択してインストールしてください。

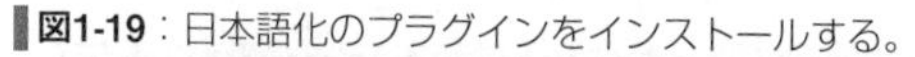

図1-19：日本語化のプラグインをインストールする。

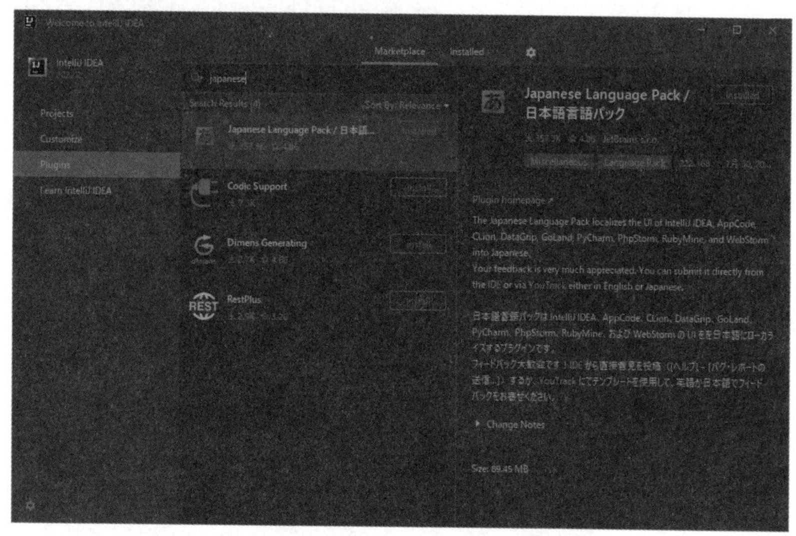

日本語化された！

インストール後、左側のリストで「Plugin」から「Projects」をクリックして移動すると、再起動を促すアラートがあらわれます。そのままIntelliJを再起動してください。次に起動したときには、表示が日本語になっています。

図1-20：日本語化された状態で表示されるようになる。

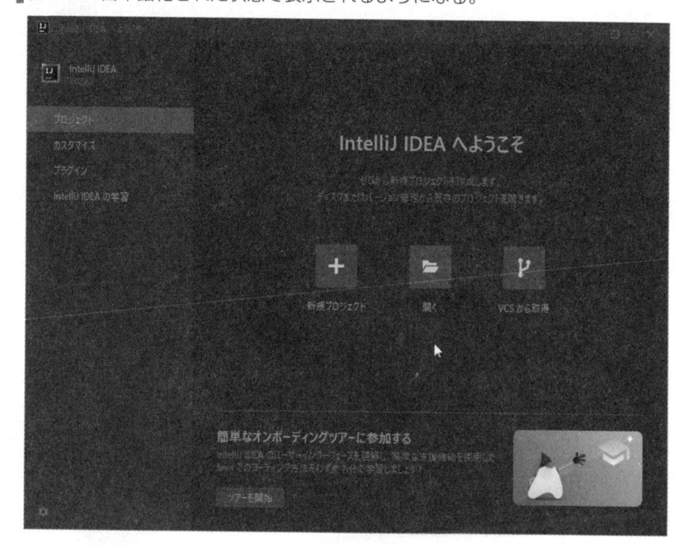

Android Studioの用意

続いて、「Android Studio」です。Android Studioは、その名の通りAndroidアプリの開発を行うための専用ツールです。既にAndroidの開発を行っている人には説明の要はないでしょう。Android Studioは、以下のURLで公開されています。

https://developer.android.com/studio/?hl=ja

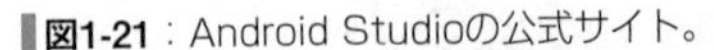

図1-21：Android Studioの公式サイト。

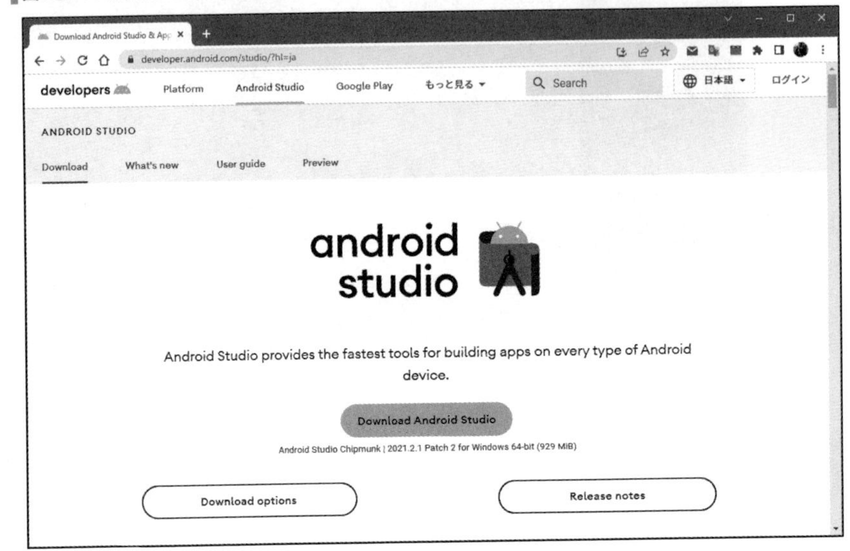

アクセスすると、画面中央よりやや下のあたりに「Download Android Studio」というボタンが見えます。これをクリックしてください。画面に利用規約が表示されるので、一番下にあるチェックボックスをONにして「Download Android Studio ……」のボタンをクリックすればダウンロードが開始されます。

図1-22：利用規約に同意するとダウンロードできるようになる。

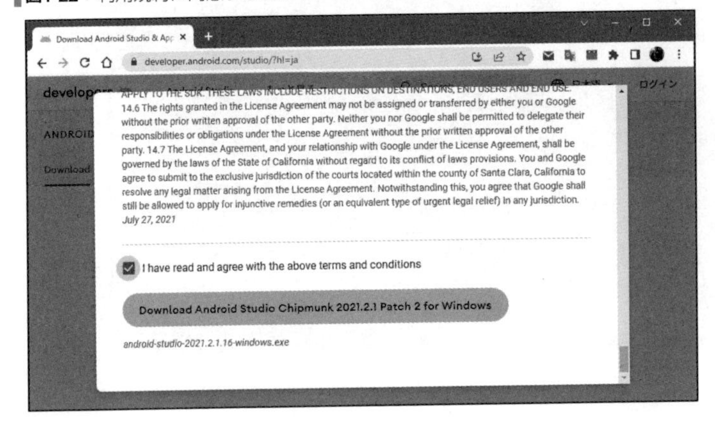

Windowsのインストール

Windowsの場合、ダウンロードされるのはインストーラのプログラムです。これを起動し、インストールを行っていきます。基本的にはデフォルトのまま進めていけば問題なくインストールできます。

図1-23：インストーラを起動し、デフォルトのまま進めていく。

Android Studioのインストール（macOS）

macOSの場合、インストールは簡単です。ダウンロードされるのはディスクイメージファイルであり、これをマウントすると、Android Studioのアプリケーションがそのまま入っています。これを「アプリケーション」フォルダにドラッグ＆ドロップでコピーするだけです。

図1-24：アプリをコピーすれば完了だ。

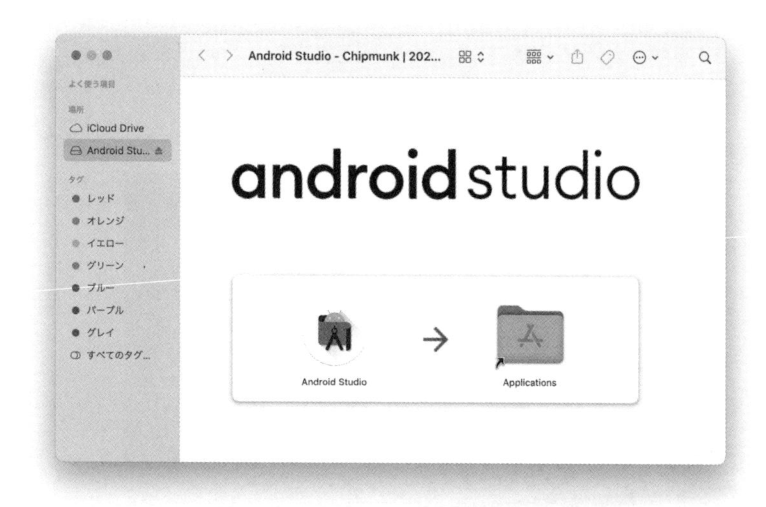

Android Studioのセットアップ

では、インストールされたAndroid Studioを起動し、セットアップしましょう。起動すると、先にインストールしたことがあれば設定を引き継ぐか確認するアラートなどが表示されます。これはIntelliJと同じですね。

そして無事起動すると、やはり「Welcome」ウィンドウが表示されます。ただし、この画面はIntelliJとはかなり違っています。Welcomeが表示されたら、「Next」ボタンを押して次々と設定を行っていきます。

図1-25：Welcomeウィンドウがあらわれる。

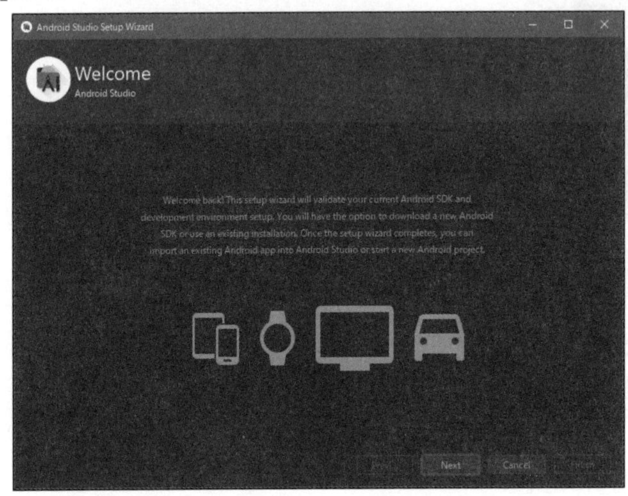

1. Install Type

インストールタイプを指定します。これは、Android Studioを標準設定でインストールするか、カスタイマイズするかを指定するものです。「Standard」がデフォルトで選ばれているのでそのまま先に進みましょう。

図1-26：インストールタイプを選ぶ。

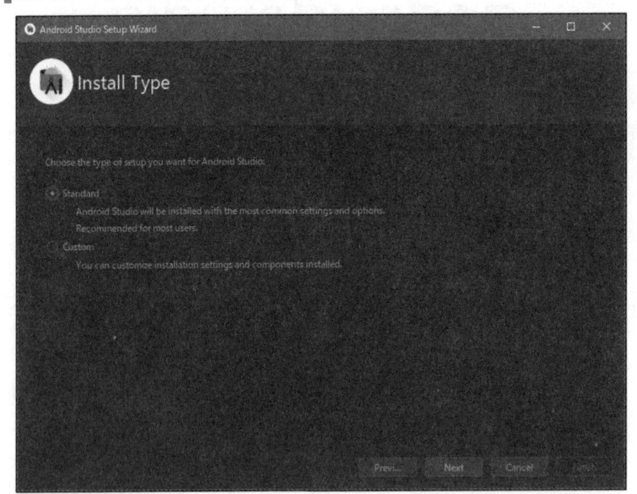

2. Select UI Theme

テーマを選択します。ダークテーマとライトテーマがあるので、どちらでも好きなほうを選んでください。

図1-27：テーマを選択する。

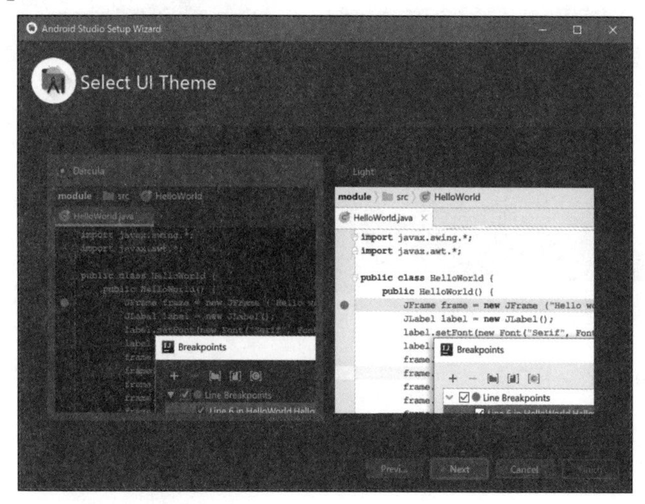

3. Verify Settings

設定内容が表示されるので、内容を確認し、「Finish」ボタンを押して設定を行います。

図1-28：内容を確認し、「Finish」ボタンで設定を実行する。

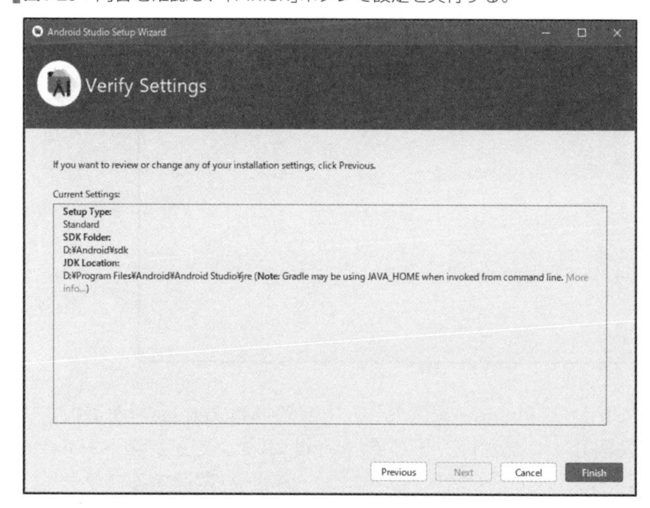

4. 必要なソフトウェアのインストール

必要なコンポーネントをダウンロードするための画面になります。初めて使う場合は、必要なソフトウェアのリストと使用許諾契約が表示されるので、「Accept」ラジオボタンを選択して「Finish」ボタンを押せばインストールが実行されます。Android SDKなどが既にインストールされている場合は、「Downloading Components」と表示され、必要なものだけが表示されます。

図1-29：コンポーネントのダウンロードが必要な場合はここで必要な項目が表示される。

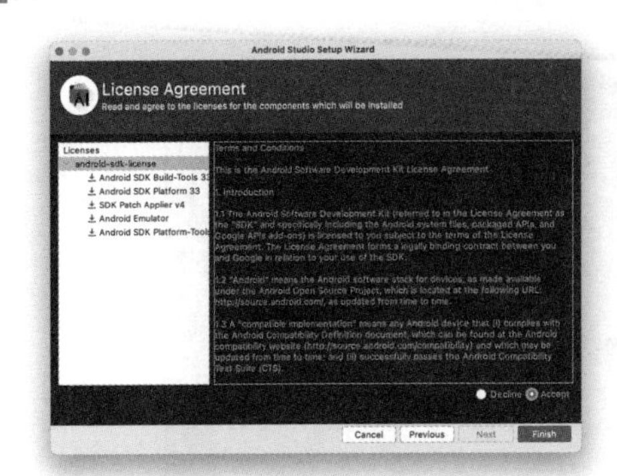

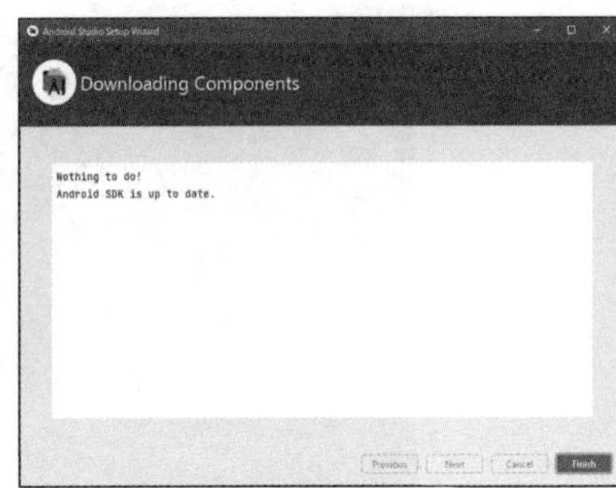

Welcome ウィンドウ

これでようやく、IntelliJと同じWelcomeウィンドウが表示されます。基本的な項目はほぼ同じですから迷うことはないでしょう。ここでプラグインをインストールします。

図1-30：Welcomeウィンドウが開かれる。

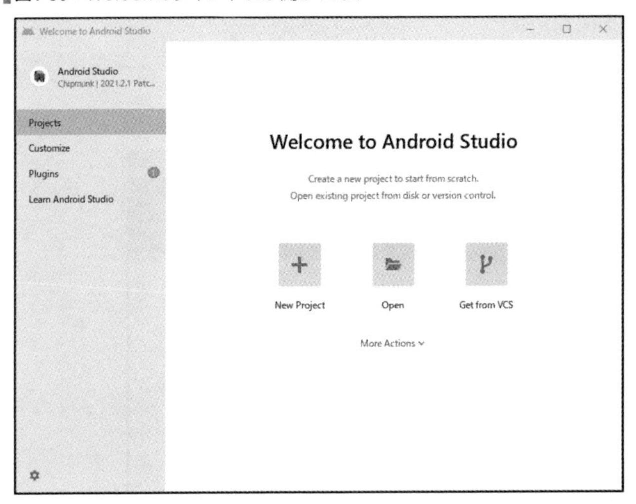

左側のリストから「Plugins」を選択し、上部の「Marketplace」を選択して、「Flutter」プラグインを検索してください。そして「Install」ボタンでインストールをします。なお、インストール時に、プラグインのプライバシー確認や、関連するプラグインのインストールなどを確認するアラートがあらわれますが、そのままEnterキーを押せばいいでしょう。

図1-31：Flutterプラグインをインストールする。

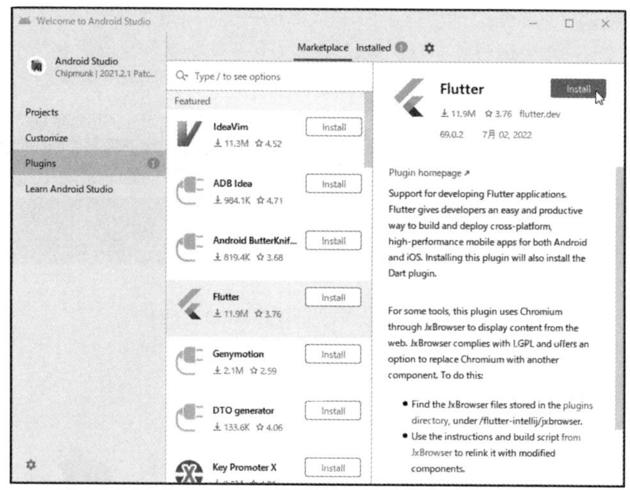

「Plugins」以外の項目をクリックするとリスタートを促すアラートがあらわれるので、そのままリスタートしてください。次に起動したときには、Flutterのプロジェクトが作成できるようになっています。

図1-32：Flutterのプロジェクトが作れるようになった。

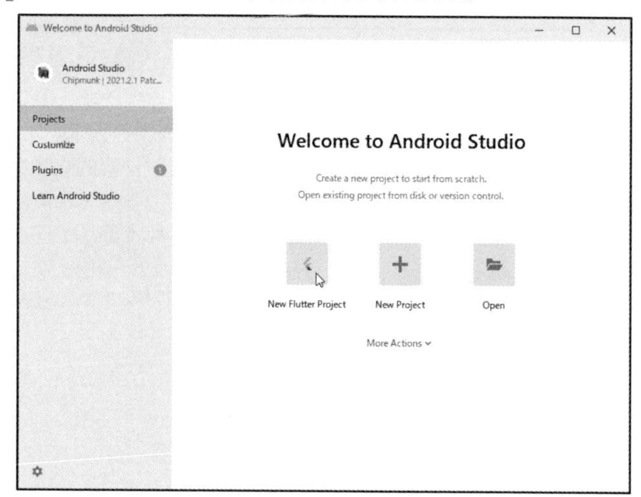

Visual Studio Codeの用意

Flutterでは、Android Studioの他に「Visual Studio Code」にも対応をしています。これはMicrosoft社が開発配布する開発ツールで、以下で公開されています。

https://code.visualstudio.com/download

ここから自分が利用するOS用のソフトウェアをダウンロードしてください。なお、Windowsは圧縮ファイルの他に専用のインストーラも用意されています。この種の開発環境のインストールに慣れていない人はインストーラをダウンロードしましょう。

図1-33：Visual Studioの公式サイト。ここからダウンロードできる。

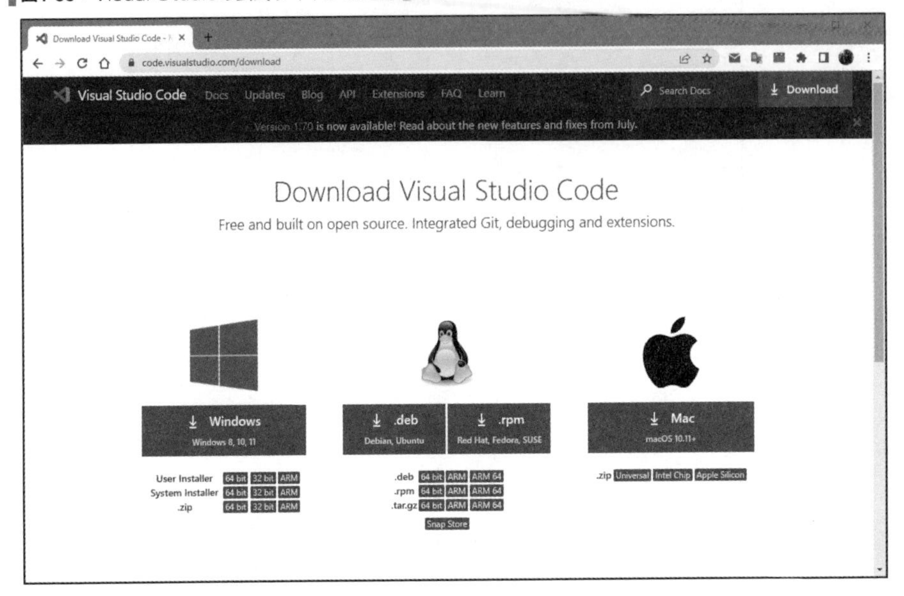

Windows版のインストール

Windowsのインストーラを使う場合、最初に使用許諾契約の表示があらわれるので、「同意する」ラジオボタンを選んで進んでください。あとは、一般的なインストーラと同じようにインストール場所やスタートボタンのショートカットなどの設定を行っていくだけです。これも基本的にはすべてデフォルトのまま進めれば問題ないでしょう。

図1-34：インストーラは、使用許諾契約に同意すれば、あとはデフォルトのまま進めればいい。

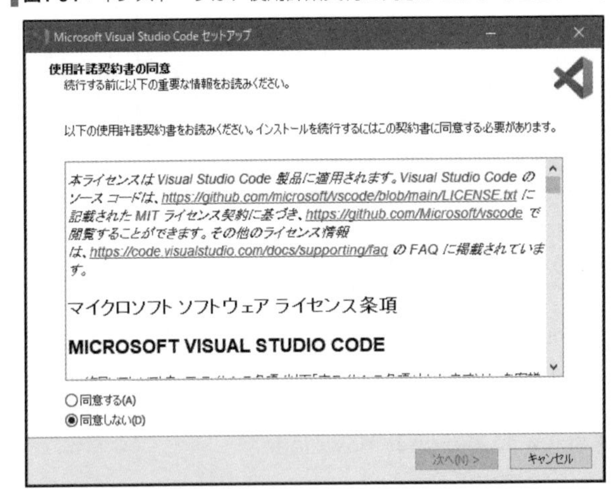

macOSの場合

macOSの場合、ダウンロードされるのはディスクイメージです。これをダブルクリックしてマウントすると、Visual Studio Codeのアプリケーションが入っているので、それをそのまま「アプリケーション」フォルダにコピーするだけです。もう、このやり方は何度もやっていますからわかりますね。

Visual Studio Codeのセットアップ

続いて、「Visual Studio Code」のセットアップについても説明しておきましょう。Visual Studio Codeを起動してください。Android Studioなどと違い、Visual Studio Codeはいきなりプログラム本体が起動し、すぐに使えるようになっています。

起動すると、日本語環境の場合は、日本語に表示を変更するための確認が右下にあらわれます。ここにある「インストールして再起動」ボタンをクリックすると、日本語化のプラグインをインストールし、Visual Studio Codeを再起動します。次に起動したときには日本語で使えるようになっています。

（なお、日本語への表示変更の確認画面があらわれなかった場合は、次に説明する機能拡張リストから「Japanese Language Pack」を検索しインストールしてください）

図1-35：Visual Studio Codeを起動すると、日本語化の確認アラートがあらわれる。

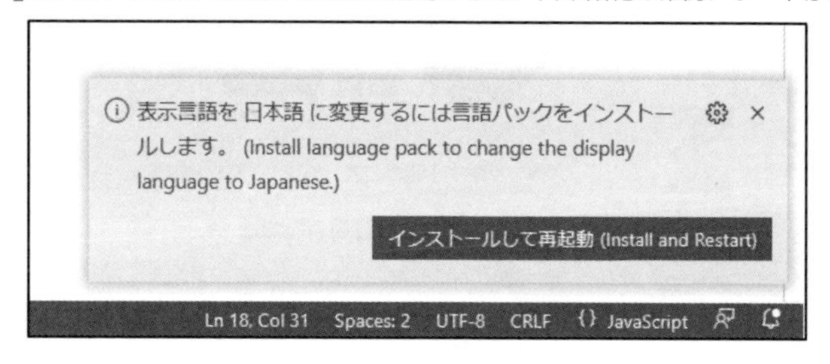

Flutter機能拡張をインストールする

Visual Studio Codeのウィンドウ左端には、いくつかのアイコンが縦に並んでいます。この中から「機能拡張(Extension)」のアイコンをクリックしてください。その右側に、機能拡張プログラムのリストが表示されます。

このリスト部分の一番上にある検索フィールドに「flutter」および「dart」とタイプし、検索を実行してください。「Flutter」「Dart」という2つのプログラムが検索されます。

これらの項目を選択すると、右側にその詳細情報が表示され、そこにある「インストール」ボタンをクリックすることでインストールが行えます。検索された2つのプログラムを順にインストールしましょう(最初に「Flutter」をインストールすれば、自動的にdartもインストールされるはずです)。

インストールしたら、次に起動するときからFlutterの開発が行えるようになります。

図1-36：FlutterとDartの機能拡張をインストールする。

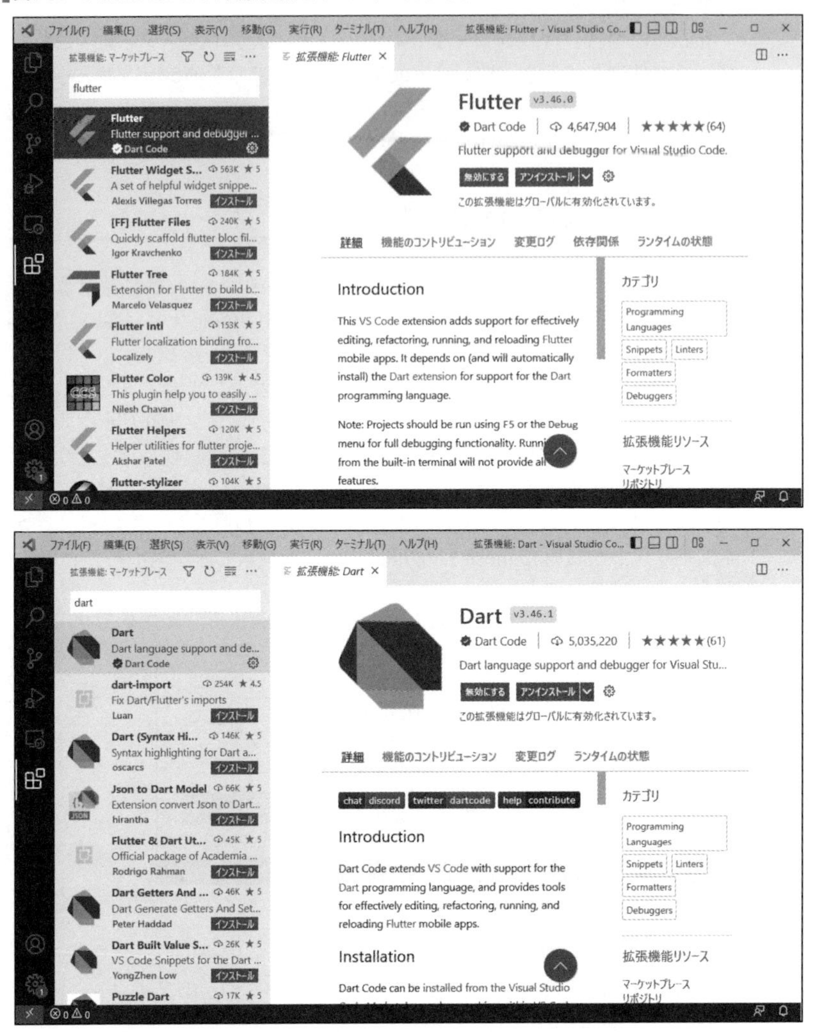

Flutter Studioについて

これで開発ツールの準備はできましたが、この他に、覚えておくと役立つ開発ツールを紹介しておくことにしましょう。ただし、面倒なインストールなどはありません。それは、Webブラウザでアクセスして利用するWebアプリなのです。

1つは、「Flutter Studio」というものです。これは以下のアドレスで公開されています。

https://flutterstudio.app/

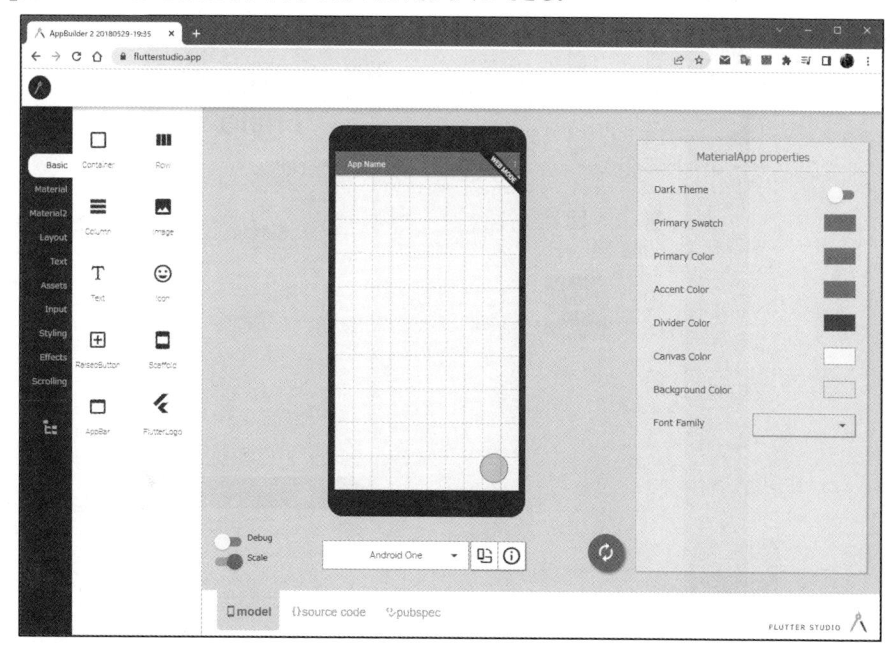

図1-37：Flutter Studioのサイト。UIをマウスでデザインできる。

アクセスすると、いきなりスマートフォンのプレビュー表示のような画面が出てきます。これは、UIのデザインツールなのです。

Android StudioやVisual Studio Codeには、FlutterのUIをデザインする専用ツールが用意されていません。UIもすべてソースコードとして記述しないといけないのです。これは面倒なので、このようなUIデザイン専用のツールが使われるようになっています。このFlutter Studioで画面をデザインし、そのソースコードをIntelliJ/Android StudioやVisual Studio Codeにコピー＆ペーストして利用すればいい、というわけです。

（ただし、このFlutter Studioは、2022年10月時点でまだ最新のFlutter3に対応していない部分があります）

Flutter Studio の基本表示

画面の左側にはメニューとアイコンがずらっと並んでいますが、これらはFlutterでよく利用されるウィジェット（UI表示の部品）です。利用したいジャンルのメニューをクリックすると、そのジャンルのウィジェットがアイコンとして表示されます。このアイコンを、画面中央のプレビュー部分までドラッグ＆ドロップし配置すると、それが組み込まれます。

右側には、選択したウィジェットのプロパティが表示されます。ここで表示に関する設定などを行うことができます。基本的な使い方は、一般的な開発ツールのUIデザイナとそれほど違いはないので、少し触っていればすぐに使えるようになるでしょう。

図1-38：左側にあるUI部品をプレビュー部分にドラッグ＆ドロップして組み込んでいく。

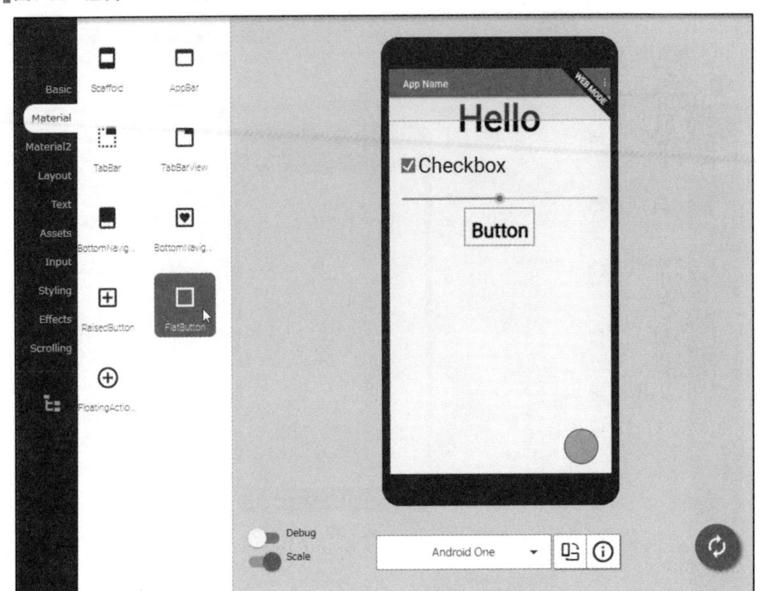

ソースコードの表示

デザインができたら、プレビュー表示の下部にある「Source Code」ボタンをクリックしてください。これは切り替えタブになっていて、プレビュー表示からソースコードエディタ表示へと切り替わります。

ここに表示されるのは、デザインツールで作成した画面のソースコードです。これは編集するエディタではなく、ただソースコードを表示するだけのものです。右側にあるアイコン（青字に白いイラストの丸いアイコン）をクリックすると、ソースコードをクリップボードにコピーします。あとは他の開発ツールに戻って、それをペーストし利用すればいいのです。

IntelliJ/Android Studio, Visual Studio CodeとFlutter Studioを組み合わせれば、UIのデザインからビジネスロジックの記述まで一通りを行うことができるようになります。注意してほしいのは、「保存機能がない」という点。つまり、作りっぱなしなのです。従って、「保存してあとで編集する」といったことはできません。

Flutter Studioで基本的なデザインをし、ある程度できたらソースコードを開発ツールにコピー＆ペーストしてあとはそちらで開発する、というように考えましょう。

図1-39：ソースコード表示に切り替えたところ。これをコピーして利用する。

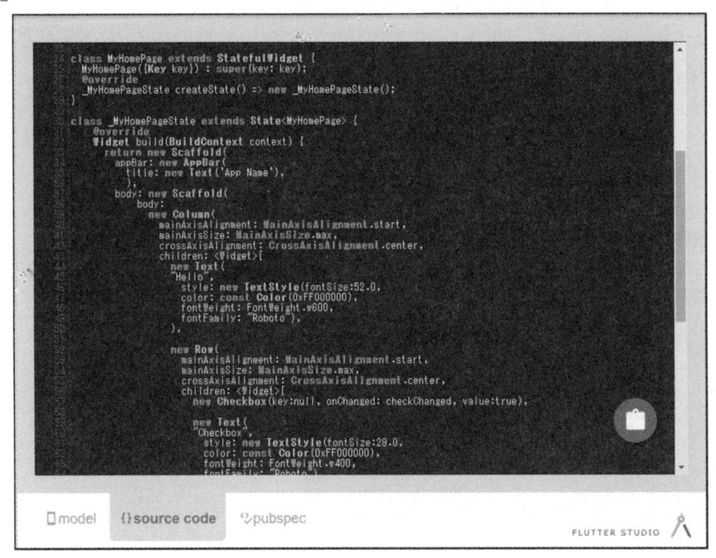

DartPadについて

この他にもう1つ、Flutterの開発をする上で役立つWebベースのツールを紹介しておきましょう。それは「DartPad」というものです。これは以下のアドレスで公開されています。

https://dartpad.dev/

このDartPadは、Dartのプログラムをその場で実行するオンラインの実行環境です。左側のエディタ部分にDartのコードを記述し、「Run」ボタンをクリックすると、右側のプレビューエリアに実行結果が表示されます。

図1-40：DartPadの画面。エディタとプレビューがセットになっている。

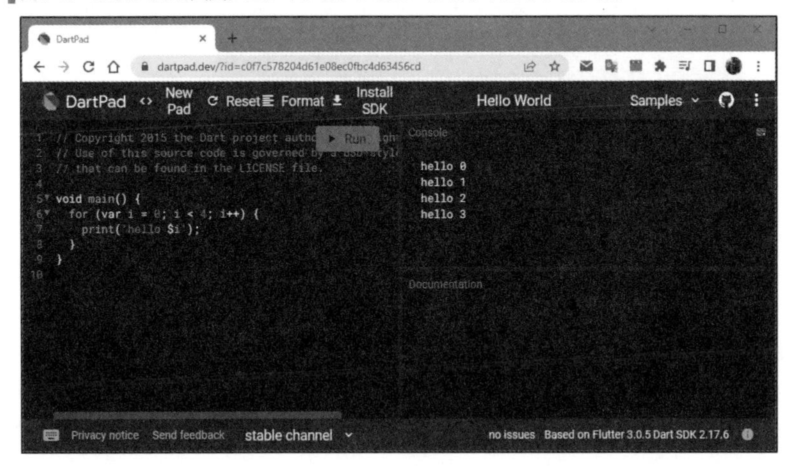

Flutter のコードも実行できる！

このDartPadは、もともとDartの学習などのためのものでした。それが機能強化され、Flutterのコードも実行できるようになったのです。

右上の「Samples」と表示されているところをクリックすると、サンプルコードがプルダウンしてあらわれます。その中から、例えば「Counter」という項目を選んでみましょう。これは、Flutterのサンプルとしてよく使われているカウンタのプログラムです。

図1-41：「Counter」メニューを選ぶ。

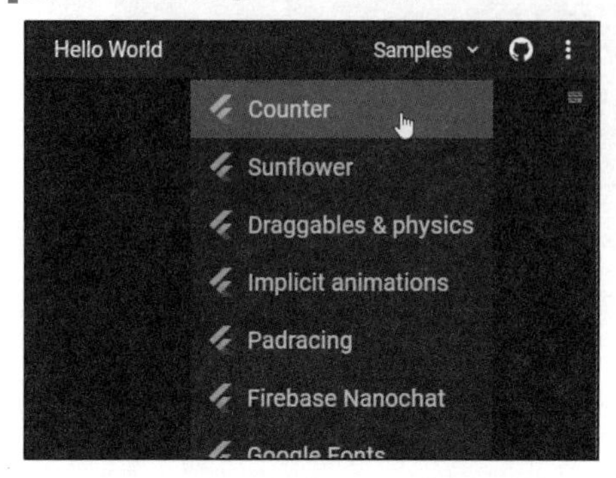

このコードが実行されると、右側のプレビューエリアにアプリが表示されます。「＋」ボタンをクリックすると、数字がカウントアップしていくのがわかるでしょう。

エディタ部分を見ればわかるように、DartPadは1つのソースコードを実行するだけのものです。複数のソースコードファイルを作成したり、イメージなどのリソースファイルを配置したりすることもできません。しかし、「Flutterのコードを書いたりペーストすればその場で動く」というのは、ちょっとしたコードを試したりするのには格好の環境といえます。

これで開発することはできませんが、DartやFlutterの学習をする上では非常に役に立つツールといえるでしょう。

図1-42：実行するとFlutterのアプリの画面がプレビューに表示され、実際に動かせるようになる。

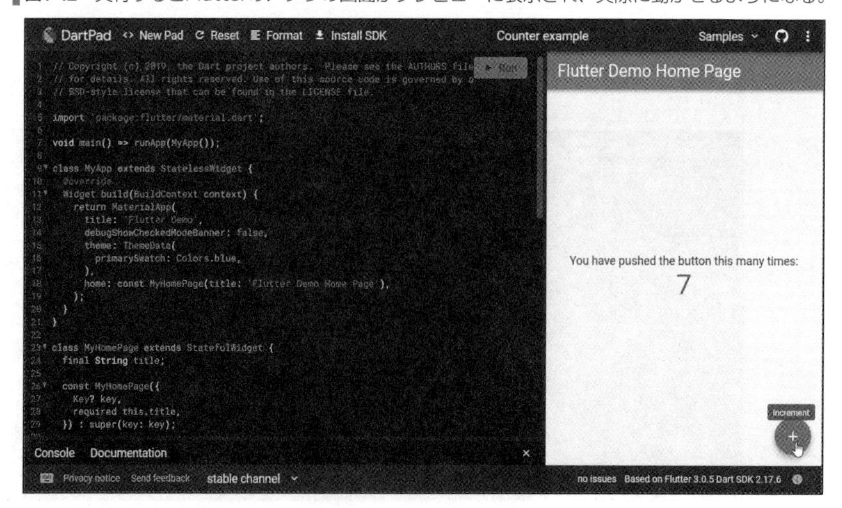

flutter doctorの実行

これで開発環境についてはだいたい準備が整いました。が、開発に入る前に、もう1つだけFlutter関係の設定確認を行っておくことにしましょう。これは「flutter doctor」というコマンドを使います。

flutter doctorは、Flutterの開発環境をチェックし、準備が整っているかどうかを調べてレポートするツールです。コマンドプロンプトあるいはターミナルを起動し、以下のように実行してください。

```
flutter doctor
```

図1-43：flutter doctorを実行する。必要なSDKやツール類などの状態がチェックされる。

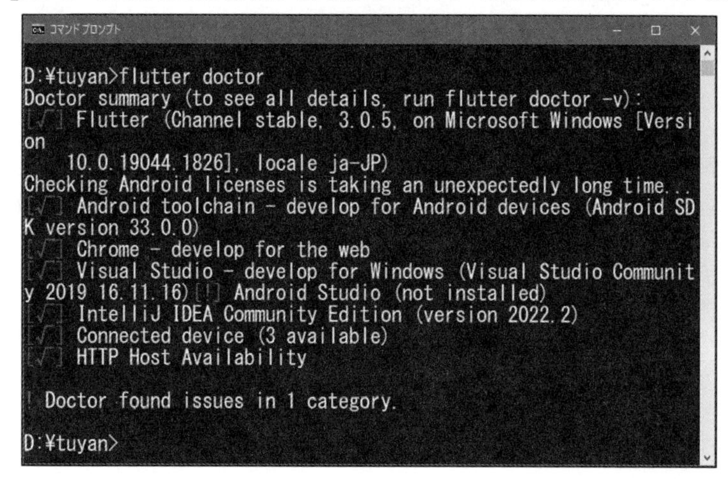

これを実行すると、Flutter開発の環境をチェックし、その状態を出力します。出力される項目について簡単に説明しておきましょう。なお、いずれも冒頭の[]部分にチェックマークが表示されていれば問題なし、「!」が表示されていれば問題あり、を表します。これで、開発に必要なSDKやツール類が完備しているか確認をしましょう。

以下に、主な項目についてまとめておきます。問題があった場合は、それぞれの説明に従って解消しておいてください。

```
[√] Flutter (……略……)
```

Flutter SDKの設定状態です。√になっていれば、Flutter SDKが正常に認識されていることを示します。

```
[√] Android toolchain - develop for Android devices (……略……)
```

Android SDKの設定状態を表します。√ならば問題ありません。!の場合には、問題の発生した内容がその下に出力されます。Android SDKの場所がわからないなどするとエラーが発生します。

```
[√] Xcode - develop for iOS and macOS (……略……)
```

iOSとmacOSの設定状況を表します。Xcodeと、必要なプログラム類が一通り用意されていれば、√マークが表示されます。!マークの場合は、その下に不足しているライブラリと、インストールのためのコマンドが表示されるので、コマンドをコピーしターミナルから実行してインストールすればいいでしょう。

```
[√] Chrome - develop for the web
[√] Android Studio (……略……)
[√] IntelliJ IDEA Community Edition (……略……)
[√] VS Code (……略……)
```

これらは、用意されている開発ツールでの対応を表します。Android Studio、IntelliJ、Visual Studio Codeで、Flutter開発の準備が整っているかどうかを表します。必要なプラグインや機能拡張プログラムなどが組み込まれていればOKです。また、これらはチェックがOFF!になっていたからといって、Flutterの開発そのものに影響を与えることはありません。あくまで、その開発ツールでFlutter関係の機能が使えないというだけです。

```
[√] Connected device (……略……)
[√] HTTP Host Availability
```

現在、接続されているデバイスを表します。何も接続していなければ!になりますが、これはデバイスを接続すれば解消されるので、特に気にする必要はありません。またHTTP Host AvailabilityはWeb版開発の際に必要となるものです。

[!] の表示について

問題なく開発環境が用意されていれば[√]が項目に表示されますが、中には[!]が冒頭に表示されたものもあるでしょう。これは、その環境が整っていないことを示します。ただし、これが出たからといって、Flutterが使えないわけではありません。ただ、「その環境は現在利用できない」というだけのことです。

例えば、WindowsやWebの開発だけを考えている人は、Android関係で[!]が表示されるでしょう(その準備をしていないのですから)。また、Android Studioを用意している人は、IntelliJ IDEAやVS Codeで[!]が出たはずです。すべての環境を準備している人のほうが稀ですから、使っていない項目はすべて[!]になるでしょう。

flutter doctorは、あくまで「どういう環境が現時点で整備され使えるようになっているか」をレポートするだけのものです。「これは用意できている、これは用意されていない」という確認をするものであり、[!]が出たからといって問題があるわけではありません。

読者の多くは、既に何らかのプラットフォーム用の開発を行っており、その開発でFlutterを導入しようと考えて本書を手に取ったはずです。doctorは「自分がFlutterの導入を考えている環境がきちんと整備されているか」を確認するものと考えて下さい。それ以外のもの(Flutterでの開発を特に考えていないもの)については、整備されていなくとも全く問題ありません。「すべての項目を[√]にしないと……」などと考える必要は全くありません。

Column CocoaPodsについて

macOSでiOS/macOSの開発を行う場合、Xcodeの項目に「CocoaPodsをインストールしてください」といったメッセージが表示されることがあります。CocoaPodsは、Cocoaプロジェクトの依存関係を管理するマネージャです。これはターミナルから以下のように実行してインストールできます。

```
sudo gem install cocoapods
```

実行すると管理者のパスワードを尋ねてくるので、入力しEnterするとインストールが実行されます。

1-2 プロジェクトを作成する

IntelliJ/Android Studioのプロジェクト作成

では、用意した開発ツールを利用して、実際にFlutterのプロジェクトを作成してみましょう。まずは、IntelliJ/Android Studioからです。この2つは、プロジェクトの作成に関してはほぼ同じ手順で作成をします。IntelliJは日本語化されているので英語表記のAndroid Studioとは表示が異なりますが、どちらも同じ機能なのでそう悩むことはないでしょう。というわけでIntelliJをベースに説明をしていきます。

IntelliJを起動すると、まだプロジェクトなどがない段階では、Welcomeウィンドウが表示されているだけでした。ここに表示されている項目には、プロジェクトの作成やオープンなどを行うためのものが用意されています。ここにある「新規プロジェクト」ボタンをクリックします。なお、Android Studioの場合は「New Flutter Project」というボタンになります。

図1-44：Welcomeウィンドウで「新規プロジェクト」ボタンをクリックする。

新規プロジェクトの手順

項目をクリックすると、プロジェクト作成のためのウィンドウがあらわれます。ここで順に入力をしていきます。

1. Flutter SDKの設定

画面にプロジェクト作成のウィンドウがあらわれます。左側には、作成するプログラムの種類を示すリストがあり、その中の「Flutter」が選択されています。右側のエリアには、Flutter SDKの場所を指定する項目が表示されます。

ここで、まだFlutter SDKのパスが指定されていなかったならば、右端の「...」ボタンをクリックし、Flutter SDKのフォルダを選択してください。これでパスが設定されます。設定されたら次に進みます。

図1-45：Flutter SDKのパスを指定する。

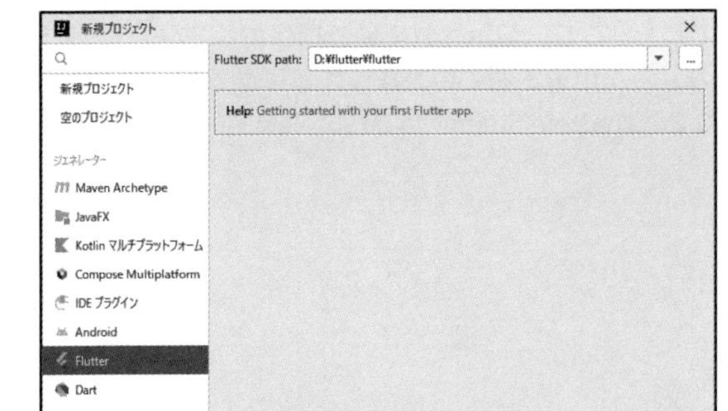

■2. プロジェクトの設定

作成するプロジェクトの設定を行う画面になります。ここでは、以下のような項目が用意されています。

プロジェクト名	プロジェクト名です。ここでは「flutter_app」としておきます。
プロジェクトの場所	プロジェクトの保管場所を指定します。なお、フォルダーのパスに日本語が含まれているとエラーの原因になります。日本語名は利用しないで下さい。
Description	説明テキストです。
Project type	プロジェクトの種類を指定します。「Application」が選択されているのでそのままにしておきましょう。
Organization	組織団体を示す値です。パッケージ名と考えればいいでしょう。今回はデフォルトの「com.example」のままにしておきます。
Android Language	Androidでの使用言語を選びます。「Java」か「Kotlin」のいずれかを選びます。ここでは「Kotlin」のままにしておきます。
iOS Language	iOSでの使用言語を選びます。「Objective-C」か「Swift」のいずれかを選びます。ここでは「Swift」のままにしておきます。
Platform	アプリを作成するプラットフォームを選択します。今回はすべてのチェックをONにしておきましょう。

これらを一通り設定したら、「作成」ボタンをクリックするとプロジェクトを作成します。

図1-46：プロジェクトの設定画面。一通り設定して「作成」ボタンをクリックする。

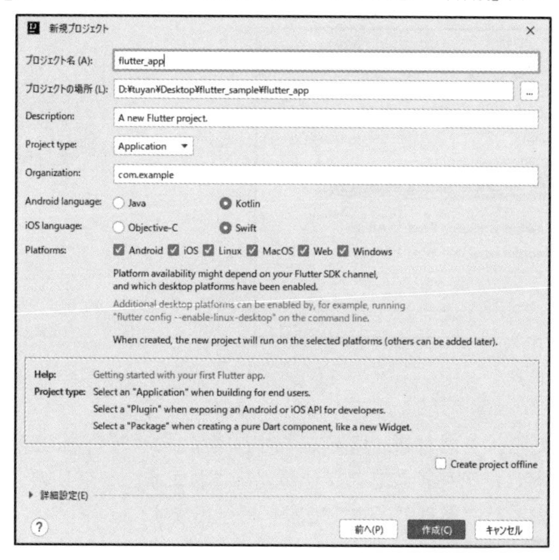

Column　ANDROID_HOME環境変数について

Android StudioでFlutterプロジェクトを作成した際、右下あたりに「Error: ANDROID_HOME is not set and "android" command not in your PATH.」というエラーメッセージが表示されたかもしれません。これは、ANDROID_HOMEという環境変数が見つからないというメッセージです。
Android Studioでは、Android SDKの配置場所としてANDROID_HOMEという環境変数を参照する場合があります。このとき、変数が見つからないとこうしたエラーメッセージが表示されるのです。このようなエラーメッセージが表示されたなら、環境変数に「ANDROID_HOME」を追加し、Android SDKのパスを設定しておきましょう。

プロジェクト実行

プロジェクトの実行は、ウィンドウ右上に見える実行アイコン（再生を表す▼アイコン）をクリックして行います。あるいは、「Run」メニューから「Run 'main.dart'」メニューを選んでも同様です。

ただし、そのためには「どのデバイスで実行するか」を指定しなければいけません。これは、ツールバーにあるプルダウンメニューで選択できます。ツールバーの「Flutter Device Selection」という項目（デフォルトで<no device selected>と表示されているセレクトボックス）をクリックすると、利用可能なデバイスがプルダウン表示されます。Webアプリの場合はChromeやEdgeといったブラウザが、WindowsやmacOSのPCアプリはそれらのプラットフォーム名が、そしてスマートフォンで実機をUSB接続していたりエミュレータを起動している場合はそれらもここにまとめて表示されます。この中から、どのデバイスでアプリを実行するかを選べばいいのです。

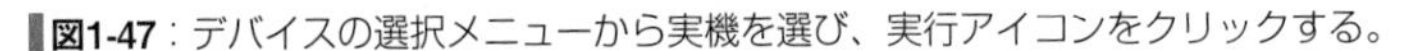

図1-47：デバイスの選択メニューから実機を選び、実行アイコンをクリックする。

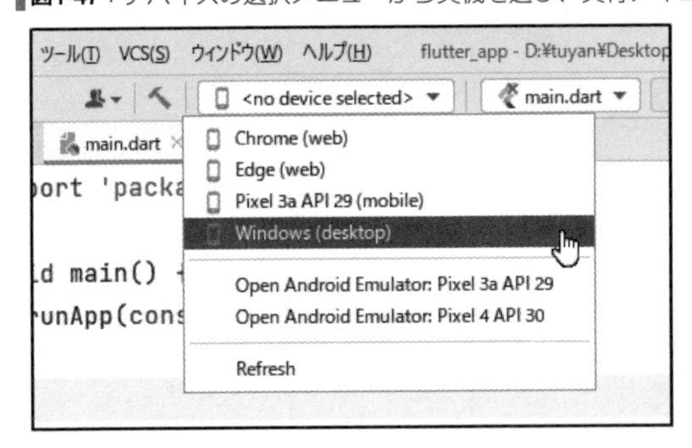

アプリを実行する

デバイスを実行したら、その右側に見える「実行」アイコン（三角形の緑のアイコン）をクリックすると、選択したデバイスでアプリが実行されます。アプリのデバッグモードの実行や停止も、この並びにあるアイコンですべて行えます。

図1-48：「実行」アイコンをクリックすると選択したデバイスで実行する。

実行すると、実行に必要なファイル類が生成され、その場でアプリが起動します。サンプルでは、数字をカウントする簡単なアプリがあらわれるでしょう。右下にある「＋」ボタンをクリックすると数字がカウントアップしていきます。

図1-49：アプリを実行したところ。「＋」をクリックすると数字が増える。

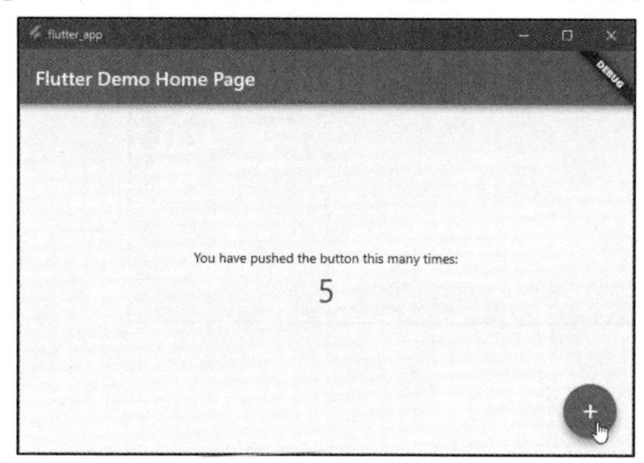

エミュレータの管理

作成したアプリの動作確認は、実機を接続して行うのが確実ですが、OSのさまざまなバージョンでの動作確認などすべて実機で行うのは難しいものがあります。こうした場合は、エミュレータでの動作確認を行うことになるでしょう。

iPhoneのエミュレータは、Xocdeがインストールされていれば自動的に組み込まれます。が、Androidの場合は、そうはいきません。Android SDKがインストールしてあればエミュレータのプログラムそのものはインストールされるのですが、そのままではエミュレータは使えないのです。

Androidのエミュレータを使えるようにするためには、エミュレータで実行する仮想デバイスを作成する必要があります。これは「デバイスマネージャ」と呼ばれるもので作成できます。

IntelliJのウィンドウ右側を見ると、「Device Manager」という表示が見えるでしょう。これをクリックしてください。ウィンドウの右側にパネルがポップアップしてあらわれます。これがデバイスマネージャです。ここに、作成された仮想デバイスがリスト表示され、編集や削除などが行えます。

（なお、2022年10月現在では、デバイスマネージャはまだ日本語化されていません。このためすべて英語表記を元に説明します）

図1-50：「Device Manager」をクリックするとパネルがあらわれる。

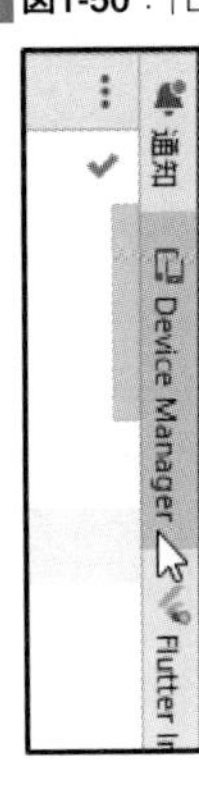

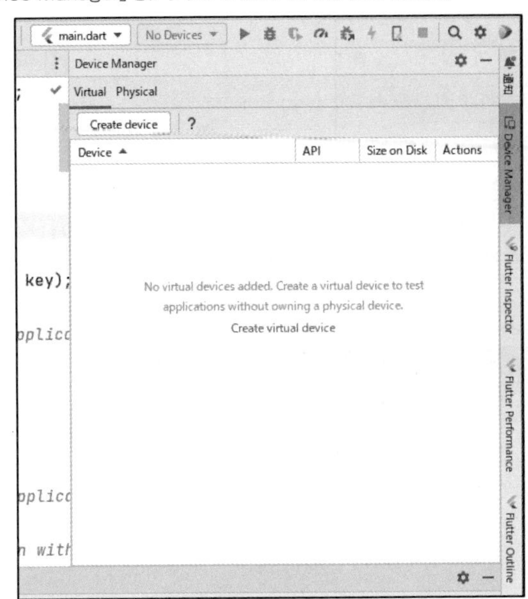

仮想デバイスの作成

では、実際に仮想デバイスを作成してみましょう。デバイスマネージャにある「Create device」ボタンをクリックしてください。画面にデバイス作成のためのウィンドウがあらわれます。以下、順に作業をしていってください。

1. Select Hardware

まず、ハードウェアを選択する画面があらわれます。左側に「TV」「Phone」というようにハードウェアの種類がリスト表示されており、ここで種類を選ぶとその右側に機種名が表示されるようになっています。

では、リストから「Phone」を選び、右側に表示される機種名から使いたい機種を選択してください。選択するとその右側に、その機種の画面サイズなどの情報が表示されます。内容を確認したら次に進みましょう。

図1-51：ハードウェアの選択画面。Phoneから使いたい機種を選ぶ。

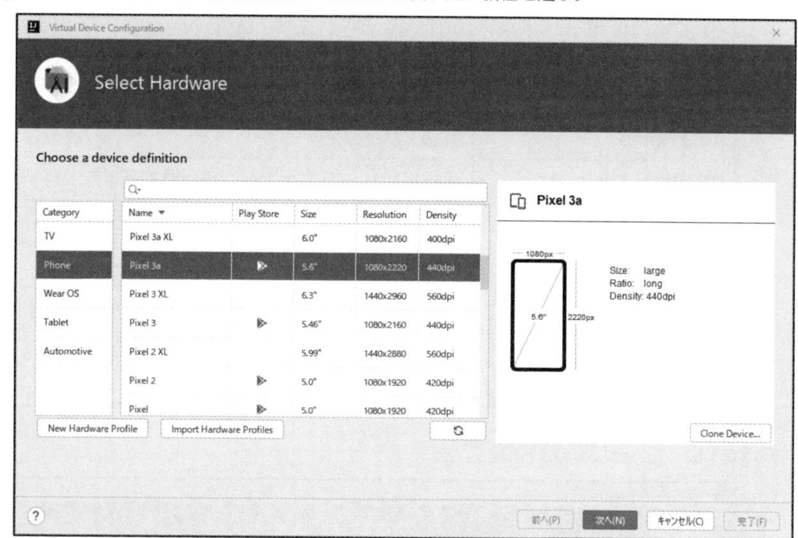

2. System Image

続いて、使用するシステムイメージを選択します。これは、仮想デバイスにインストールするAndroid SDKを選択するものです。ここから使いたいバージョンを選択します。

なお、まだSDKがインストールされていない場合は、バージョン名の右に「Download」と表示されます。これをクリックすると、SDKをその場でダウンロードすることができます。ダウンロードしてインストール済みのものしか使えないので注意しましょう。

図1-52：使いたいバージョンを選択し次に進む。

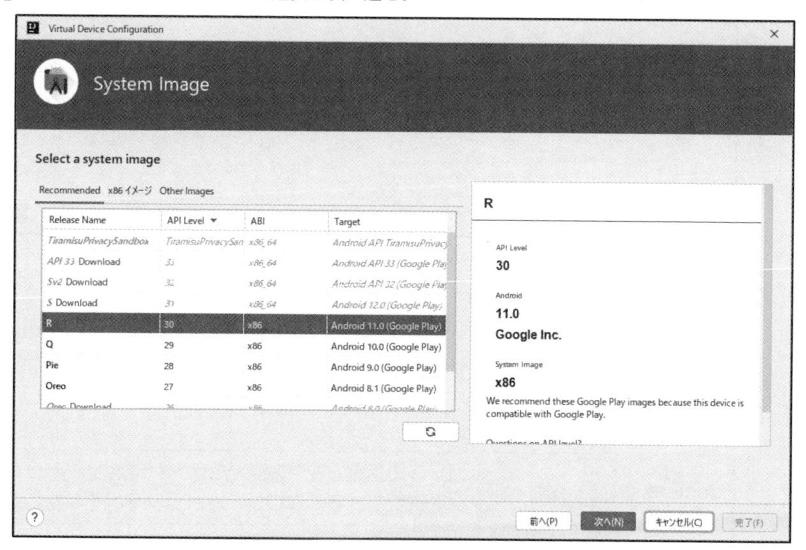

3. Verify Configuration

作成する仮想デバイスの詳細が表示されます。AVD Nameに、仮想デバイスの名前を記入しておきましょう。他はデフォルトのままで構いません。

AVD Name	仮想デバイス名。
ハードウェア名	選択したハードウェア名が表示される。
システムイメージ名	選択したシステムイメージ名が表示される。
Startup orientation	起動時のデバイスの向き(縦横)。
Emulated performance	エミュレータのパフォーマンス(基本的にGPU利用の設定)。
Device Frame	デバイスのフレーム(ハードウェアのグラフィックイメージ)の表示。

図1-53：仮想デバイスの名前を入力する。

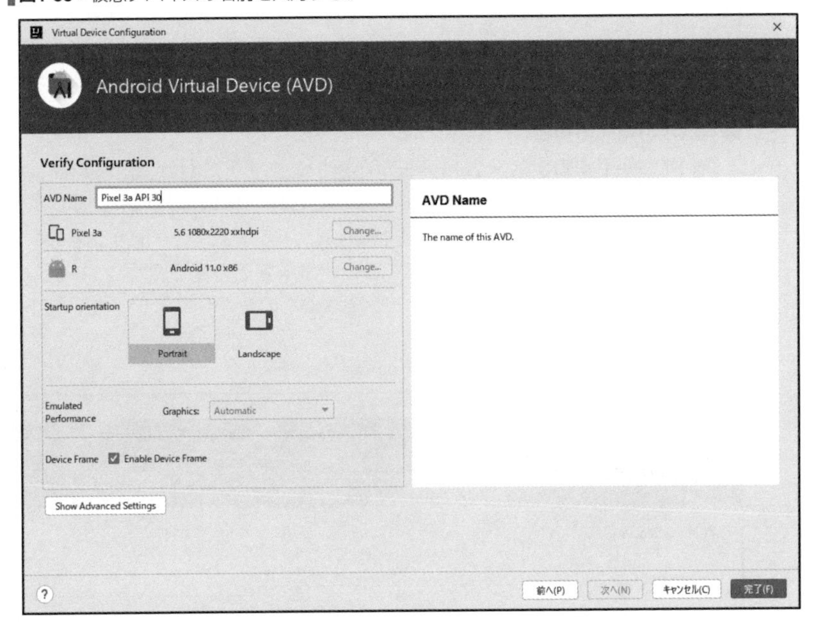

4. Advanced Settings

「Verify Configuration」の画面で、下部に見える「Show Advanced Settings」というボタンをクリックすると、更に細かな設定が表示されます。ここで更に細かな指定が行えます。

Camera	カメラの指定。PC内臓のWebカメラか、ソフトウェアエミュレータを選択できる。フロントとバックそれぞれを指定できる。
Network	ネットワークの設定。携帯端末通信の速度と遅延をエミュレートするためのもの。

Emulated performance	起動に関する設定(コールドブートとクイックブートの選択)、CPUのマルチコア利用の指定が追加される。
Memory and Storage	エミュレータに割り当てるメモリとストレージのサイズを指定できる。
Device Frame	使用するフレームの種類を選ぶポップアップメニューが追加される。
Keyboard	キーボードからの直接入力を許可するか指定する。

図1-54：Advanced Settingsで追加される設定。

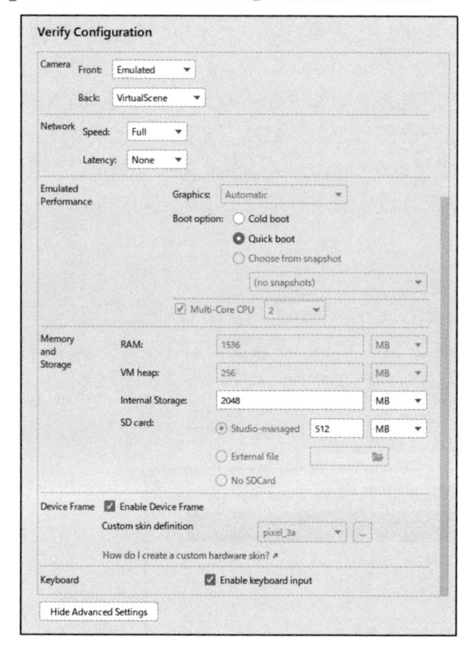

必要な設定を確認し、「完了」ボタンをクリックすると、仮想デバイスが作成されます。デバイスマネージャに、作成した仮想デバイスが表示されるのがわかるでしょう。

あとは、ツールバーの「Flutter Device Selection」セレクトボックスから仮想デバイスを選択して実行すれば、エミュレータが起動してアプリを実行します。WindowsやmacOSでアプリを動かすのとほとんど同じ感覚で実行し動作確認できることがわかるでしょう。

図1-55：作成された仮想デバイス。

Visual Studio Codeによる開発

続いて、Visual Studio Codeを利用した開発について説明しましょう。こちらは、プラグインを追加してその設定をするだけで使えるようになるので、Android Studioよりはずっと簡単です。逆にいえば、IntelliJほど細々とした機能はサポートされていないと考えていいでしょう。

では、プロジェクトの作成から行いましょう。通常、Visual Studio Codeでは、プロジェクトの作成という作業は行いません。実をいえば、Visual Studio Codeは、ただ単に「フォルダを開くと、その中にあるファイル類を簡単に開いて編集できる」というだけのものなのです。Visual Studio Codeは、WebサイトなどのHTMLやJavaScriptファイルなどを編集するものなので、フォルダを開いて中にあるファイル類を編集できればそれで十分なのですね。

が、Flutterの開発ともなると、ただフォルダを用意してファイルを配置するというだけでは不十分です。必要なSDKを参照したり、ビルドしたりする作業も必要となってきます。そこで、Flutterの機能拡張プログラムに、プロジェクトを作成する機能を組み込み、これを呼び出してプロジェクトを作成するようになっているのです。

プロジェクトを作成する

では、プロジェクトを作成しましょう。Visual Studio Codeを起動し、「表示」メニューから「コマンドパレット...」を選んでください。画面にコマンドを直接実行するためのフィールドがポップアップしてあらわれます。

図1-56：「コマンドパレット...」メニューを選ぶ。

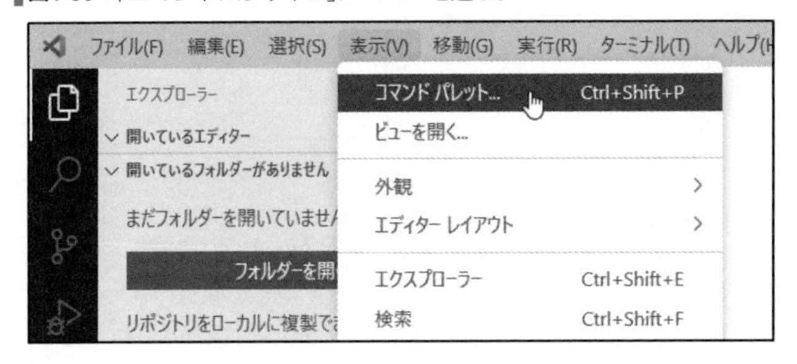

1. Flutterプロジェクト作成

このフィールドに「flutter」とタイプすると、flutter関連コマンドが候補としてあらわれます。ここから「flutter:New Project」というコマンドを選択してください。

図1-57：コマンドパレットで「flutter:New Project」コマンドを選択する。

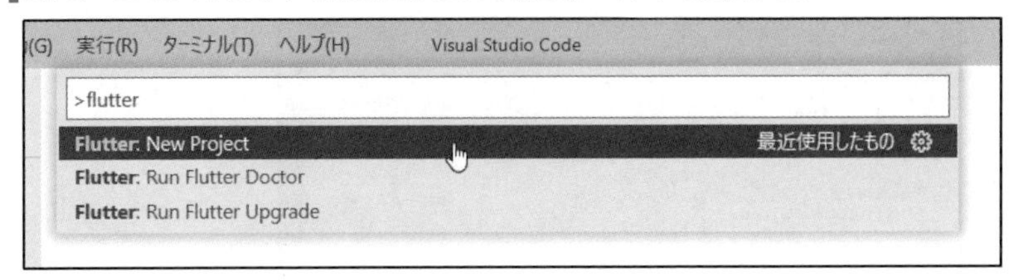

■2. プロジェクトの種類

フィールド下に、作成するプロジェクトの種類がリスト表示されます。この中から「Application」を選択します。

図1-58：リストから「Application」を選ぶ。

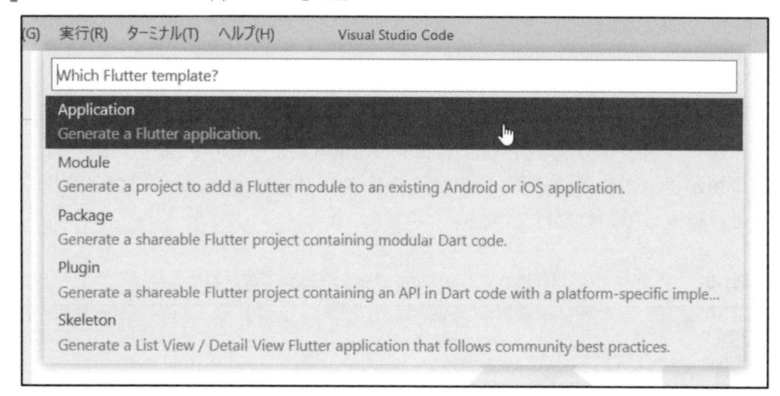

■3. 保存場所の選択

フォルダを選択するダイアログがあらわれます。ここでプロジェクトを保存する場所を選択します。これは保存場所の指定であり、プロジェクトのフォルダ名ではありません。

図1-59：保存する場所を選択する。

■4. プロジェクト名の入力

フィールド下に「Enter a name for your new project」と表示されるので、プロジェクト名を記入してEnterまたはReturnキーを押します。ここでは「flutter_app」と名前を記入しておきます。

図1-60：プロジェクト名を入力する。

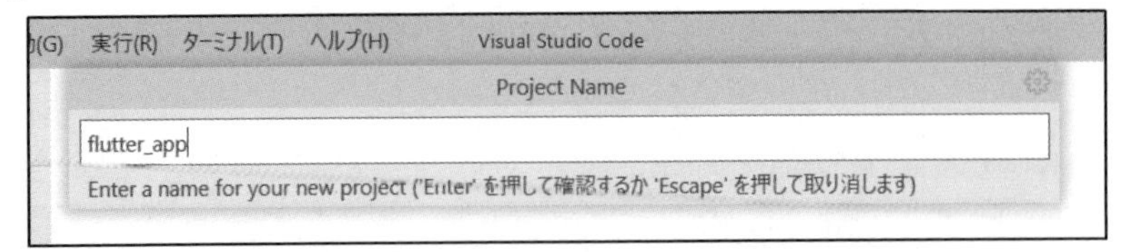

作成されたプロジェクト

プロジェクトが作成され、Visual Studio Codeで開かれます。あとは、左側のファイル類が表示されている部分(ファイルエクスプローラー)からファイルをクリックして開き、編集していくだけです。

図1-61：プロジェクトが作成され、Visual Studio Codeで開かれた。

プロジェクトを実行する

では、作成されたプロジェクトを実行しましょう。これもコマンドパレットを使います。「表示」メニューの「コマンドパレット...」を選んでコマンドの入力フィールドを呼び出し、「flutter」とタイプしてください。候補があらわれるので、そこから「flutter: Select Device」コマンドを選びます。

図1-62：「flutter: Select Device」コマンドを選択する。

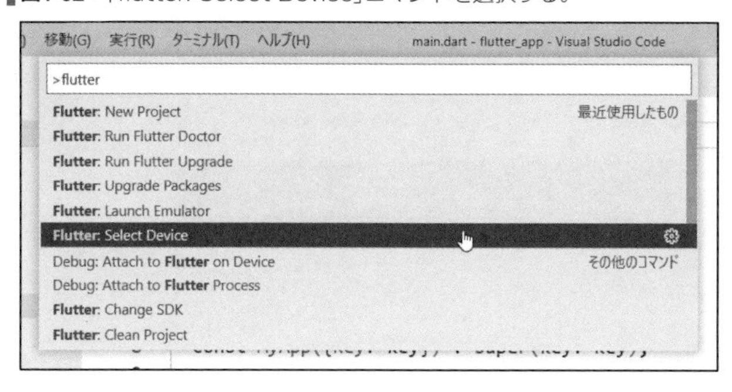

コマンドパレット下に、利用可能なデバイスのリストが表示されます。ここから使用するデバイスを選択すると、そのデバイスが設定されます。ただし、まだアプリは起動しません。

図1-63：デバイスのリストから起動するデバイスを選ぶ。

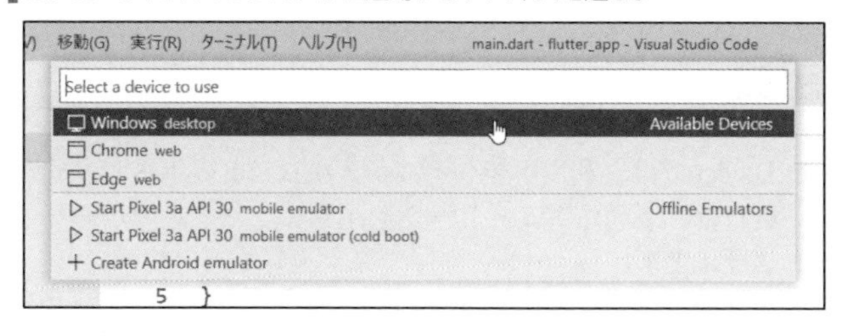

プロジェクトの実行

利用するデバイスが設定できたら、あとはプロジェクトを実行するだけです。「デバッグ」メニューから、「デバッグで開始」あるいは「デバッグなしで開始」のいずれかのメニューを選んでください（後者はデバッグモードでなく、ただアプリを実行するだけです）。

これで、プロジェクトをビルドし、生成されたアプリが実行されます。

図1-64：Visual Studio Codeからプロジェクトを実行したところ。

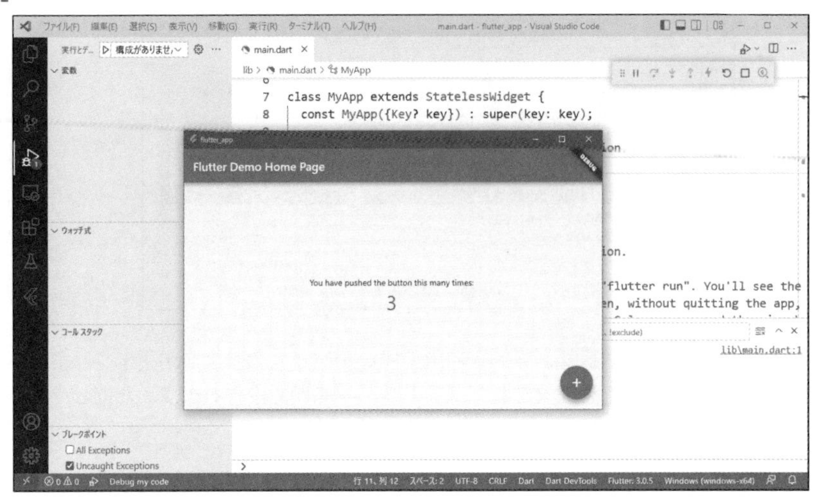

エミュレータの起動

flutter: Select Deviceでは、利用可能なデバイスがリスト表示されますが、エミュレータを利用したい場合は、事前にエミュレータを起動しておく必要があります。これもコマンドパレットで行えます。

コマンドパレットを開き、「flutter: Launch Emulator」というコマンドを選択してください。

図1-65：flutter: Launch Emulatorを実行する。

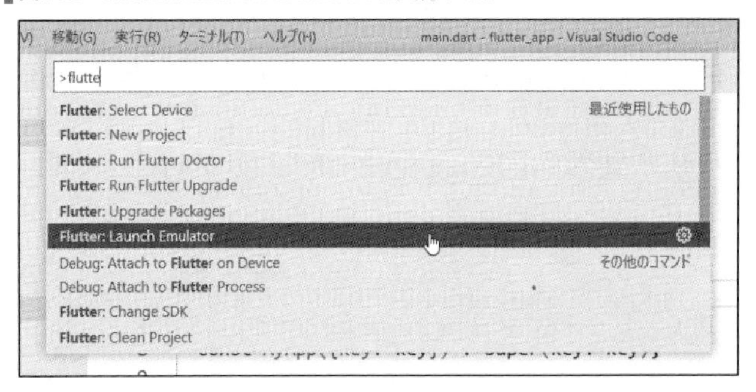

コマンドパレット下に、利用可能な仮想デバイスがリスト表示されます。ここから、起動したい項目を選択してください。

図1-66：起動するエミュレータを選択する。

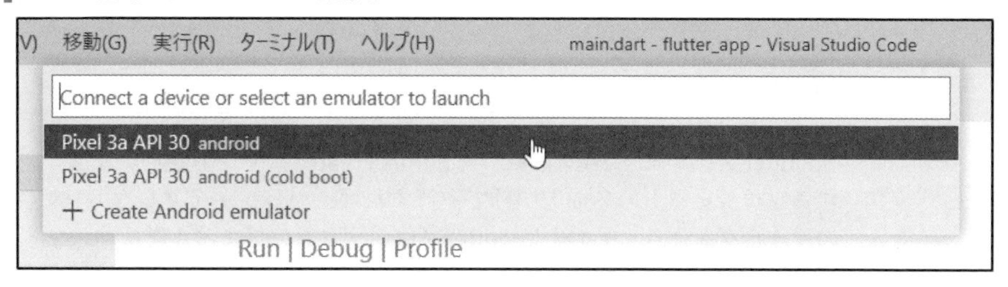

エミュレータが起動し、選択した仮想デバイスがロードされます。これで、このエミュレータがflutter: Select Deviceで選択できるようになります。

図1-67：エミュレータが起動した。

Flutter SDKによる開発

以上、開発ツールを利用したプロジェクトの作成・実行について説明をしてきました。が、実をいえば、Flutterの開発は、こうした開発ツールがなくとも可能です。Flutter SDKがインストールしてあれば、そこに用意されているプログラムを使うことで開発は行えるのです。

SDKによる開発は、コマンドラインからコマンドとして実行をします。基本的なコマンドについてまとめておきましょう。

■プロジェクトの作成

```
flutter create プロジェクト名
```

Flutterプロジェクトの作成は、「flutter create」コマンドを使います。そのあとに作成するプロジェクトの名前をつけて実行すれば、カレントディレクトリにプロジェクト名のフォルダを作り、その中にFlutterプロジェクトのファイルを保存します。

どのプラットフォーム用に作るかは、platformsというオプションを追記して指定できます。これは、--plarform=○○というようにして、対応するプラットフォーム名を記述します。すべてのプラットフォームに対応させるには以下のように記述します。

```
--platforms=android,ios,linux,macos,windows,web
```

これらの値の中から不要なものを削除すればいいでしょう。

図1-68：flutter createでプロジェクトを作成する。

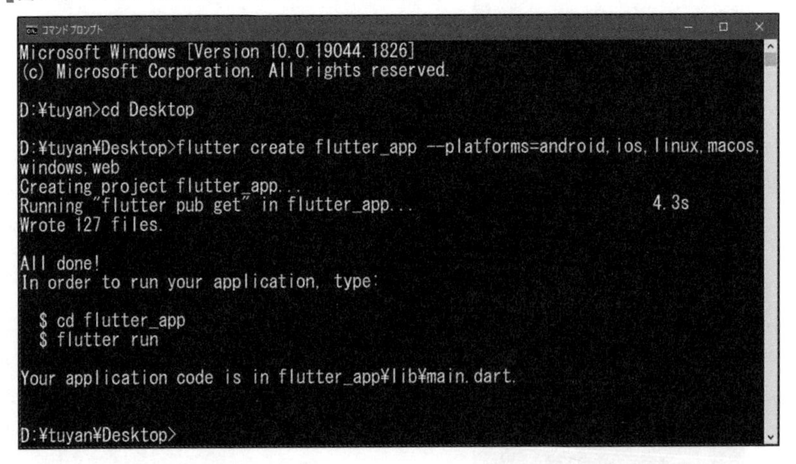

■デバイスのリスト取得

```
flutter devices
```

接続されているデバイスは、「flutter devices」コマンドで一覧を得ることができます。ここでは、デバイス名の他にデバイスに関する情報も表示されます。ここで、どのようなデバイスが利用できるか確認できます。

図1-69：flutter devicesで、接続されているデバイスのリストが得られる。

```
D:¥tuyan¥Desktop>flutter devices
4 connected devices:

sdk gphone x86 (mobile) • emulator-5554 • android-x86    • Android 11 (API 30) (emulator)
Windows (desktop)       • windows       • windows-x64    • Microsoft Windows [Version 10.0.19044.1826]
Chrome (web)            • chrome        • web-javascript • Google Chrome 104.0.5112.80
Edge (web)              • edge          • web-javascript • Microsoft Edge 103.0.1264.77

D:¥tuyan¥Desktop>
```

プロジェクトの実行

```
flutter run
```

プロジェクトの実行は、「flutter run」のあとにプロジェクト名を指定します。実行すると、利用可能なデバイスのリストが出力されるので、その中から利用したいデバイスの番号を入力します。これで、指定のデバイス用にアプリがビルドされ、そのデバイスで実行されます。

なお、エミュレータ等が起動しており、そのデバイスが選択されているなら、flutter runで自動的にそのデバイスで実行されるようになります。

図1-70：flutter runを実行し、使用するデバイスの番号を入力すると起動する。

```
D:¥tuyan¥Desktop¥flutter_app>flutter run
Multiple devices found:
Windows (desktop) • windows • windows-x64    • Microsoft Windows [Version
10.0.19044.1826]
Chrome (web)      • chrome  • web-javascript • Google Chrome 104.0.5112.80
Edge (web)        • edge    • web-javascript • Microsoft Edge 103.0.1264.77
[1]: Windows (windows)
[2]: Chrome (chrome)
[3]: Edge (edge)
Please choose one (To quit, press "q/Q"): 1
Launching lib¥main.dart on Windows in debug mode...
Building Windows application...
Syncing files to device Windows...                        1,284ms

Flutter run key commands.
r Hot reload.
R Hot restart.
h List all available interactive commands.
d Detach (terminate "flutter run" but leave application running).
c Clear the screen
q Quit (terminate the application on the device).

 Running with sound null safety

An Observatory debugger and profiler on Windows is available at:
http://127.0.0.1:49393/gjcixZ1h4CY=/
The Flutter DevTools debugger and profiler on Windows is available at:
http://127.0.0.1:9101?uri=http://127.0.0.1:49393/gjcixZ1h4CY=/
```

どのツールを使うべきか

以上、IntelliJ/Android StudioとVisual Studio Code、そしてFlutter SDK単体による開発について簡単に説明しました。では、実際の開発にはどれを利用するのがいいのでしょうか。それぞれの特徴を踏まえて簡単にまとめておきましょう。

本格的に取り組むならIntelliJ/Android Studio

Flutter開発の基本は、IntelliJ/Android Studioといってよいでしょう。特にAndroidを利用する場合、デバイスマネージャで仮想デバイスを作ったりする作業はIntelliJ/Android Studioから利用するのが基本となっていますから、スマートフォンの開発を考えているならInelliJ/Android Studioを使うのが一番です。

IntelliJ/Android Studioには、Visual Studio CodeやFlutter SDKにはない便利な機能がたくさん用意されていますから、この先、本格的にFlutterを使いこなしていくぞ！と考えている人は、IntelliJ/Android Studioをしっかりと学んでいきましょう。

なお、Android Studioは、「Android」と名前がついてはいますが、Flutterベースならばパソコン用やWebアプリも開発できます。既にAndroid Studioを使っている人は、わざわざIntelliJをインストールする必要はありません。

軽快さならVisual Studio Code

Android Studioは強力ですが、Web版やパソコン版のアプリ開発を中心に考えているならスマートフォン開発の機能で重たくなっているIntelliJ/Android Studioよりも、軽快に使えるVisual Studio Codeのほうが快適かもしれません。

実際には、使用するメモリも、CPUの使用量も、両者は大して違いはないのですが、IntelliJ/Android Studioはリアルタイムに更新されるウィンドウがいろいろとあり、動作が重く感じる人も多いようです。Visual Studio Codeは表示や機能がシンプルな分、わかりやすく軽快に使える印象があります。

特にWeb版の開発を考えている人は、Flutterだけでなく一般的なWebアプリの開発も手掛けている人が多いでしょう。こうしたWebの開発は、Visual Studio Codeのほうが圧倒的に快適です。

エディタ＋コマンドという手もある

プログラマの中には「テキストエディタ派」という人も少なからずいます。重たい開発環境などより、軽快に使えるテキストエディタがあればそれでいい、細かな処理はコマンドで実行するからGUIはいらない、という考え方です。既に使い慣れたテキストエディタがある人は、それを使ってコーディングしたほうが遥かに快適なはずです。

こうした人は、「Flutter SDK＋テキストエディタ」で十分開発できます。コマンド実行といっても、flutterコマンドは非常にシンプルなので、慣れてしまえばそれほど面倒とは感じないでしょう。

Visual Studio Codeを使った開発も、コマンドを選択するだけで行っていることは実質的にSDKによるコマンドベースの開発とほぼ同じです。「Visual Studio Codeのコーディング環境が快適か、自分が普段使っているエディタのほうがコーディングしやすいか」でどちらをベースにするか判断するとよいでしょう。

Chapter 2

プログラムの基本を理解する

Flutterのアプリを作るには、プロジェクトに用意されるファイル類の役割を理解し、画面に表示される「ウィジェット」と呼ばれるUI部品の表示や配置について理解する必要があります。ここではプロジェクトの構成とウィジェットの基本コード、そして部品の配置を行うレイアウトの基本について説明しましょう。

2-1 プロジェクトの構成

プロジェクトのファイル構成

では、前章で作成したプロジェクト(flutter_app)を使い、Flutterのプログラム作成について理解していきましょう。

まずは、プロジェクトの内容についてです。Flutterプロジェクトを作成すると、標準で多数のファイルやフォルダが作成されます。これらは一体、どういうものなのか、ざっと頭に入れておく必要があります。以下に簡単にまとめましょう。

■プロジェクトのフォルダ類

「.dart_tool」フォルダ	Dart言語が自動生成するファイル類を保管するところ。
「.idea」フォルダ	IntelliJ IDEA開発ツールの設定情報。
「build」フォルダ	ビルドして生成されるファイル類。
「android」フォルダ	Androidアプリ生成に必要なファイル類(プラットフォームにAndroidを選択した場合)。
「ios」フォルダ	iosアプリ生成に必要なファイル類(プラットフォームにiOSを選択した場合)。
「linux」フォルダ	Linuxアプリ生成に必要なファイル類(プラットフォームにLinuxを選択した場合)。
「macOS」フォルダ	macOSアプリ生成に必要なファイル類(プラットフォームにmacOSを選択した場合)。
「windows」フォルダ	windowsアプリ生成に必要なファイル類(プラットフォームにWindowsを選択した場合)。
「web」フォルダ	Webアプリ生成に必要なファイル類(プラットフォームにWebを選択した場合)。
「lib」フォルダ	ここにDartのスクリプトが保存される。
「test」フォルダ	ユニットテスト関連のファイル類。

■プロジェクトのファイル類

.gitignore	Gitで利用するファイル。
.metadata	Flutterツールが利用するファイル。
.packages	利用しているパッケージ情報。
anarysis_options.yaml	Dartの分析に関するファイル。
flutter_app.iml	モジュール定義ファイル。
pubspec.lock	Pub(Dartのパッケージマネージャ)が利用するファイル。
pubspec.yaml	Pubが利用するファイル。

README.md	リードミーファイル。

フォルダ関係は、プラットフォームに関連するものがあります。上記のうち、「android」〜「web」のフォルダは、アプリを作成するプラットフォームを追加すると作成されるものです(追加していない場合は、そのフォルダは作られません)。

この中で、私たちが直接ファイルを編集するなどして作業を行う対象は、「lib」フォルダだけです。またユニットテストを行う場合は「test」フォルダも使うことになるでしょう。それ以外のものについては、直接ファイルを開いて編集するようなことはあまりありません。

main.dartのソースコード

プロジェクトのアプリケーション部分のプログラムがまとめられているのが「lib」フォルダです。ここには、デフォルトで「main.dart」というDartのスクリプトファイルが1つだけ用意されています。これが、アプリケーションのプログラムになります。このmain.dartの内容を理解することが、Flutterアプリケーション理解の第一歩といって良いでしょう。

デフォルトで生成されているリストには、アイコンをクリックして数字をカウントするなど、いくつかの仕掛けがされています。最初はもっとシンプルなコードから始めたほうがわかりやすいでしょう。

そこで、更に内容を削ったソースコードを用意して表示させてみることにしましょう。main.dartを以下のリストのように書き換えてみてください。

リスト2-1

```
import 'package:flutter/material.dart';

void main() {
  runApp(MyApp());
}

class MyApp extends StatelessWidget {

  @override
  Widget build(BuildContext context) {
    return MaterialApp(
      title: 'Flutter Demo',
      home: Text(
        'Hello, Flutter World!!',
        style: TextStyle(fontSize:32.0),
      ),
    );
  }
}
```

図2-1：修正したmain.dart。黒い背景にテキストが表示される。

真っ黒な背景にテキストが表示されます。レイアウトもスタイルもまるで使ってないので、アプリともいえないような表示ですが、ともかく「何かを表示するアプリ」はできました。

アプリ画面とウィジェットツリー

コードの説明に入る前に、そもそもFlutterのアプリがどのような部品の組み合わせでできているか、簡単に説明しておきましょう。

Flutterでは、画面表示は「**ウィジェット**」と呼ばれる部品によって作成されます。ウィジェットには、ボタンのように目に見えて操作できるものもありますし、他のウィジェットをまとめたり、決まったレイアウトに配置したりするような、見えない（レイアウト機能だけを提供する）ウィジェットもあります。Flutterの画面は、すべてがこうしたウィジェットの組み合わせによって構築されます。

アプリの画面は、ベースとなるウィジェットの中に別のウィジェットを組み込み、更にその中にウィジェットを……というように、ウィジェットを階層的に組み込んで作成していきます。このウィジェットの組み込み構造を「**ウィジェットツリー**」と呼びます。

アプリを実行すると、このウィジェットツリーに従ってウィジェットが生成されていき、組み込まれていきます。これから説明をしていきますが、Flutterではこのウィジェット類の作成と組み込みをすべてスクリプトの記述で行っていくため、全体のウィジェットの構造が見えないと、全体像を把握しにくくなります。どのようにウィジェットが組み込まれているか？ を考えながらスクリプトを見ていくようにしてください。

図2-2：サンプルアプリの構造。MyAppというウィジェットを作成している。その中でMaterialAppを作成し、その中にTextを組み込んでいる。

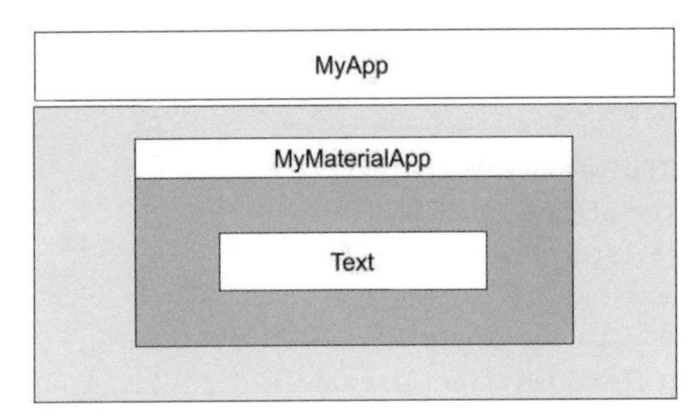

アプリ実行の仕組み

ここでは、まず package:flutter/material.dart というパッケージを読み込んでいます。これが、Flutterのマテリアルデザインによるアプリの UIウィジェットがまとめられているパッケージです。最初にこれをimportしておきます。

アプリのプログラムを実行する処理は、ごく単純にまとめるなら以下のようになります。

```
void main() {
  runApp( ウィジェット );
}
```

mainという関数が、アプリを起動する際に呼び出される処理です。アプリのプログラムは、このmain関数に記述をします。

ここでは、**runApp**という関数を実行していますね。これが、アプリを起動する処理です。つまりアプリのプログラムというのは、「main関数で、runAppでアプリを起動する」というだけのシンプルなものなのです。

StatelessWidgetクラスについて

このrunApp関数の引数に指定されているのは、MyAppというクラスのインスタンスです。これは、「**StatelessWidget**」というクラスのサブクラスです。StatelessWidgetクラスは、ステート(状態を表す値)を持たないウィジェットのベースとなるクラスです。ウィジェットのクラスは、このStatelessWidgetと、ステートを持つStatefulWidgetのいずれかを継承して作成します。StatefullWidgetについては改めて説明するとして、まずはシンプルなStatelessWidgetを使ってみましょう。

このクラスは、以下のような形で定義されます。

```
class クラス名 extends StatelessWidget {

  @override
  Widget build(BuildContext context) {
    return MaterialApp(……略……);
  }
}
```

StatelessWidgetクラスには、buildというメソッドが用意されます。これは、その名の通りウィジェットが生成される際に呼び出されるものです。

ここでは、returnで「**MaterialApp**」というクラスのインスタンスが返されています。これはマテリアルデザインのアプリを管理するクラスです。StatelessWidgetクラスは、ステートのないウィジェットというだけで、表示されるデザインなどは特に扱っていません。このStatelessWidgetでMaterialAppインスタンスをreturnすることで、マテリアルデザインによるアプリが表示されるようになるのです。

このMaterialAppのインスタンスを作成する際、画面に表示するウィジェットなどを引数に設定しています。

すべてのウィジェットは、「**Widget**」というクラスのサブクラスとして用意されています。このWidgetのサブクラスのインスタンスを生成し、MaterialAppに組み込んでreturnすると、それがこのStatelessWidgetクラス(MyAppクラス)のウィジェットとして画面に組み込まれ表示されるのです。

この**build**メソッドでは、**BuildContext**というクラスのインスタンスが引数として渡されます。BuildContextは、組み込まれたウィジェットに関する機能がまとめられたもので、例えばウィジェットの組み込み状態(ウィジェットが組み込まれている親や子の情報など)に関する機能がいろいろと揃っています。

MaterialAppクラスについて

このMaterialAppクラスは、引数にさまざまな設定情報を指定することができます。ここでは、以下のような処理が書かれていました。

```
return MaterialApp(
    title: 'Flutter Demo',
    home: Text(
      'Hello, Flutter World!!',
      style: TextStyle(fontSize:32.0),
    ),
  );
```

これは、よく見るとたった1つの文しか書かれてない、ということがわかるでしょうか? MaterialAppクラスのインスタンスを作成しreturnするもので、以下のような文を改行してわかりやすく書いているだけなのです。

```
return MaterialApp( title: ○○, home: ○○ );
```

ここでは、**title**と**home**という2つの名前付き引数が用意されています。titleは、その名の通り、アプリケーションのタイトルを示します。homeというのが、このアプリケーションに組み込まれるウィジェットを示すものです。ここに設定されたウィジェットが、このMaterialAppの表示となります。

Textウィジェット

ここでは、homeに「**Text**」というクラスのインスタンスが指定されています。これはテキストの表示を行うためのウィジェットです。引数には、第1引数に表示するテキストが指定されています。

その後に、styleという値が用意されていますが、これはテキストスタイルを示す値です。このあたりは後ほど改めて説明するので、とりあえず今は「styleというものにTextStyleクラスを使ってスタイルを設定しているんだ」という程度に理解しておいてください。

アプリの構造を確認する

以上のように、Flutterのアプリでは、さまざまなクラスが階層的に組み合わせられて表示を構成しています。その基本を整理すると以下のようになります。

1. アプリケーションは、main関数として定義する。このmain関数では、runAppでウィジェットのインスタンスを実行する。
2. runApp関数では、StatelessWidget継承クラスのインスタンスを引数に指定する。これがアプリ本体のUIとなる。
3. StatelessWidgetr継承クラスにはbuildメソッドを用意する。ここでマテリアルデザインのアプリクラスであるMaterialAppインスタンスをreturnする。
4. MaterialAppの引数homeに、実際にアプリ内に表示するウィジェットを設定する。

このようにFlutterアプリは、main関数、StatelessWidget、MaterialAppといったものが階層的に組み込まれた形になっています。また実際に表示するウィジェットとして、テキストを表示するTextと、それにスタイルを設定するTextStyleも合わせて覚えておきましょう。

マテリアルデザインについて

デフォルトで生成されるスクリプトでは、MaterialAppを使って表示を作成しました。このMaterialAppは、マテリアルデザインによるウィジェットを作成するためのベースとなるものです。

Flutterとマテリアルデザインは非常に密接な関係にあります。マテリアルデザインは、Googleが提唱する視覚的デザイン言語です。これはスマートフォンのためというより、あらゆるデバイスで共通したルック＆フィールを構築し、同じようなユーザー体験を実現するものとして提唱されています。

現在、スマートフォンでは、そのプラットフォームごとにデザイン言語が異なっており、基本的な部品(ボタンやアラートなど)のデザインはそれぞれのプラットフォームごとに微妙に異なっています。中には、全く表示や操作が異なっているUIや、そもそも一方にだけあり他方にはないようなUIもあります。

Flutterでは、標準的なウィジェットは、すべてwidget.dartというパッケージにまとめられており、これはデフォルトで読み込まれ使われるようになっています。これに加え、Androidのマテリアルデザインのためのパッケージ(material.dart)と、iOSのクパティーノデザインのためのパッケージ(cupertino.dart)が用意されています。

デフォルトで生成されるスクリプトでmaterial.dartが読み込まれるように設定されることで、明示的にcupertino.dartを読み込まない限りはマテリアルデザイン・ベースでUIが構築されるようになっています。

Googleでは、マテリアルデザインは、Androidのためというより、さまざまなデバイスやプラットフォームを越えたものとしてとらえています。現在、例えばWebの世界でも多くのサイトがマテリアルデザインを採用しています。こうしたことから、GoogleはFlutterでのアプリ開発のベースとなるデザイン言語としてマテリアルデザインを強く推し進めていく考えのようです。

既にiPhoneアプリでもマテリアルデザインによるアプリが登場しつつあることを考え

ると、「Androidアプリ = マテリアル、iOSアプリ = クパティーノ」という見方に固執しすぎないほうが良いでしょう。むしろ、「両プラットフォームに共通のデザイン言語としてマテリアルデザインがあり、iOS独自のルック&フィールを守りたい人向けにクパティーノデザインのウィジェットも用意されている」と考えるべきでしょう。

ScaffoldとAppBar

一応、アプリを作って表示はできましたが、真っ黒な背景でまともにデザインもされていないのでは困りますね。スマートフォンのアプリというのは、たいてい、上部にタイトルを表示するような部分(アプリケーションバー)があり、その下に白い背景でUIが表示される、という形になっています。こうした基本的なアプリのデザインを踏襲する形でUIを作成してみましょう。

リスト2-2

```
import 'package:flutter/material.dart';

void main() {
  runApp(MyApp());
}

class MyApp extends StatelessWidget {

  @override
  Widget build(BuildContext context) {
    return MaterialApp(
      title: 'Flutter Demo',
      home: Scaffold(
        appBar: AppBar(
          title: Text('Hello Flutter!'),
        ),
        body: Text(
          'Hello Flutter World!!',
          style: TextStyle(fontSize:32.0),
        ),
      ),
    );
  }
}
```

図2-3：実行すると、上部にアプリケーションバーが用意され、その下にテキストが表示される。

これを実行すると、上部にアプリケーションバーが配置され、そこに「Hello Flutter!」とタイトルが表示されます。またその下の白いエリアには、「Hello Flutter World!」というテキストが表示されます。今回のサンプルで、ようやくマテリアルデザインの基本的なレイアウトになりました。

Column IntelliJエディタとウィジェット組み込み構造

ウィジェットの組み込み構造は、ウィジェットが複雑になっていくと次第に何がどう組み込まれているのかがわかりにくくなってきます。このようなとき、役立つのは「IntelliJ(Android Studio)」のエディタです。
このエディタでは、ウィジェットの組み込み状態が直線を使ってわかるように表示されます。これなら、どのウィジェットがどこに組み込まれているのか一目瞭然ですね！

図2-4：IntelliJのエディタでは、ウィジェットの組み込み構造が視覚的にわかるように表示される。

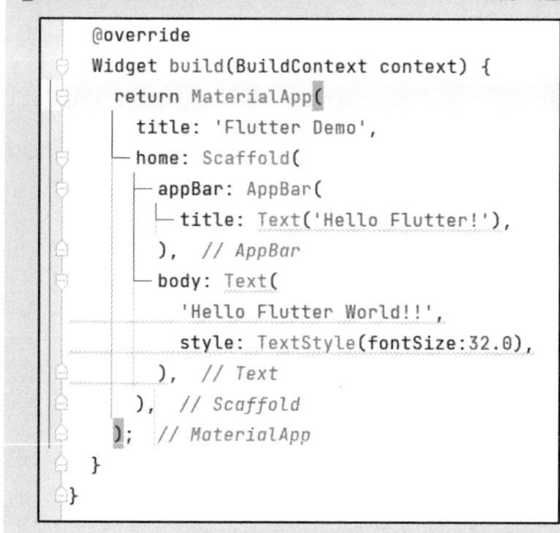

Scaffoldについて

ここでは、MaterialAppのhomeに「**Scaffold**」というクラスのインスタンスが指定されています。Scaffoldというのは、建築の「足場」のことですね。

Scaffoldは、アプリ作成の土台となる部分を担当する部品です。このScaffoldには、マテリアルデザインの基本的なデザインとレイアウトが組み込まれています。これに必要なウィジェットを追加することで、ごく一般的なデザインのアプリが作成される、というわけです。
このScaffoldは、以下のようにしてインスタンスを作成します。

```
Scaffold( appBar:○○ , body:○○ )
```

Scaffoldでは、ウィジェットを表示させる要素を格納するためのものが名前付き引数として用意されています。ここではappBarとbodyの2つが用意されていますが、この他にも表示する要素となる名前付き引数がいくつか用意されています。appBarとbodyは、もっとも基本となる要素といえるでしょう。

appBarとAppBarクラス

appBarは、アプリ上部に表示されるバー（アプリケーションバー）を設定する値です。ここでは、以下のような形で値が設定されています。

```
appBar: AppBar(
  title: Text('Hello Flutter!'),
),
```

「**AppBar**」というクラスのインスタンスが設定されています。このAppBarは、アプリケーションバーのウィジェットクラスです。ここでは、titleという値を用意しています。ここに、表示するテキストをTextインスタンスとして指定すれば、そのテキストがアプリケーションバーのタイトルとして表示されます。

bodyについて

アプリケーションバーの下の空白エリア全体の表示を担当するのが、「**body**」という値です。ここでは、Textインスタンスを作成して組み込んでいます。

```
body: Text(
  'Hello Flutter World!!',
  style: TextStyle(fontSize:32.0),
),
```

実際のアプリの表示は、このbodyに組み込むと考えていいでしょう。ここではTextを指定していますが、実際の開発では、多数のウィジェットを配置するためのコンテナとしての働きを持つウィジェットを組み込み利用することになるでしょう。

2-2 Stateクラスの利用

StatefulWidgetについて

ここまでのUI構成は、複雑そうに見えますが実はFlutterアプリとしてはかなりシンプルなものです。なぜなら、ここまでの表示はすべて「静的な表示」だからです。

ここで利用してきたStatelessWidgetというのは、ステート(State)を持たないウィジェットです。ステートとは、アプリの状態などを保持するための仕組みです。つまりステートがないというのは、最初に表示された状態のまま、何も変化しない、というものなのです。

が、実際問題として、どんなアプリでも操作して表示が変わるのが当たり前です。こうした「動的に表示が作られるアプリ」は、StatelessWidgetでは作れません。これには「**StatefulWidget**」を使う必要があります。

StatefulWidget と State

StatefulWidgetというクラスは、状態を扱うための機能を持っています。これは「**State**」というクラスとして用意されます。整理すると以下のような形で定義されます。

■StatefulWidgetクラスの基本形

```
class ウィジェットクラス extends StatefulWidget {

  @override
  ステートクラス createState() => ステートクラス();

}
```

■Stateクラスの基本形

```
class ステートクラス extends State<ウィジェットクラス> {

  ……略……

  @override
  Widget build(BuildContext context) {
    ……略……
  }
}
```

StatefulWidgetは、ウィジェット部分(StatefulWidgetクラス)とステート部分(Stateクラス)の2つで構成されます。

ウィジェットクラスは、StatefulWidgetクラスを継承して定義します。このクラスには、

createStateというメソッドを実装する必要があります。これはステートを作成するためのもので、一般にはステートクラスのインスタンスを作成し返すだけのシンプルな処理を用意します。

ステートクラスは、Stateクラスを継承して作成をします。このとき、ウィジェットクラスを<>で指定しておきます。これで、指定したウィジェットクラスで使われるステートクラスが定義できます。

このステートクラスには、**build**というメソッドが用意されます。これは、ステートを生成する際に呼び出されるもので、ここでステートとして表示するウィジェットを生成し返します。ウィジェットクラスのcreateStateでステートクラスのインスタンスが使われ、これによりステートのbuildで生成したものがウィジェットクラスの表示として画面に表示されるようになります。

buildは常に呼び出される

このとき、注意しておきたいのが「buildはインスタンス生成時に呼び出されるものだ」と理解してしまうことです。buildは、ステートを生成するためのもので、これは、例えばステートの値を変更したりしたときも呼び出され、新たな表示を作成しているのです。

つまり、StatefulWidgetとは、「ステートが更新される度に、buildで新たな表示内容を生成して画面に表示する」というものなのです。

ステートを操作する

では、実際にステートを操作するサンプルを作成してみましょう。main.dartを以下のように書き換えてください。

リスト2-3

```
import 'package:flutter/material.dart';

void main() {
  runApp(const MyApp());
}

class MyApp extends StatelessWidget {
  const MyApp({Key? key}) : super(key: key);
  final title = 'Flutterサンプル';
  final message = 'サンプル・メッセージ。';

  @override
  Widget build(BuildContext context) {
    return MaterialApp(
      title: 'Flutter Demo',
      home: MyHomePage(
        title: this.title,
        message: this.message
```

```
        ),
      );
    }
}

class MyHomePage extends StatefulWidget {
  final String title;
  final String message;
  const MyHomePage({
    Key? key,
    required this.title,
    required this.message
  }): super(key: key);

  @override
  _MyHomePageState createState() => _MyHomePageState();
}

class _MyHomePageState extends State<MyHomePage> {

  @override
  Widget build(BuildContext context) {
    return Scaffold(
      appBar: AppBar(
        title: Text(widget.title),
      ),
      body: Text(
        widget.message,
        style: TextStyle(fontSize:32.0),
      ),
    );
  }
}
```

図2-5：StatefulWidgetを利用した簡単な画面。まだ何も動作はしない。

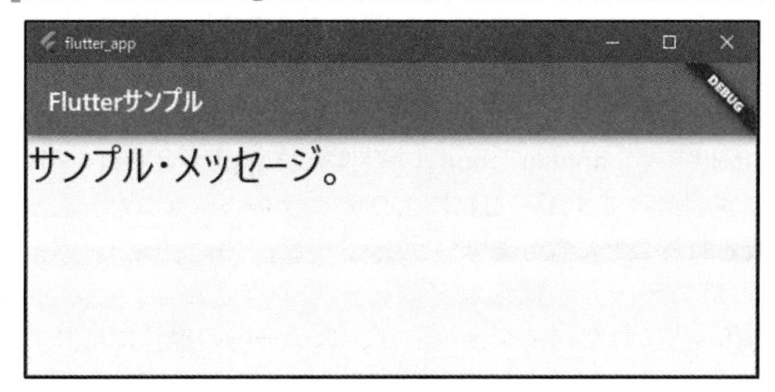

実行すると簡単なメッセージを表示したアプリが現れます。これはステートを使って画面を表示していますが、まだステートを操作する処理は何も用意してありません。ただ、「StatefulWidgetを使ったウィジェット」がどういうものか、サンプルとして表示してみただけのものです。

図2-6：リスト2-3のウィジェット構造。Scaffoldの中にAppBarとTextが配置されている。

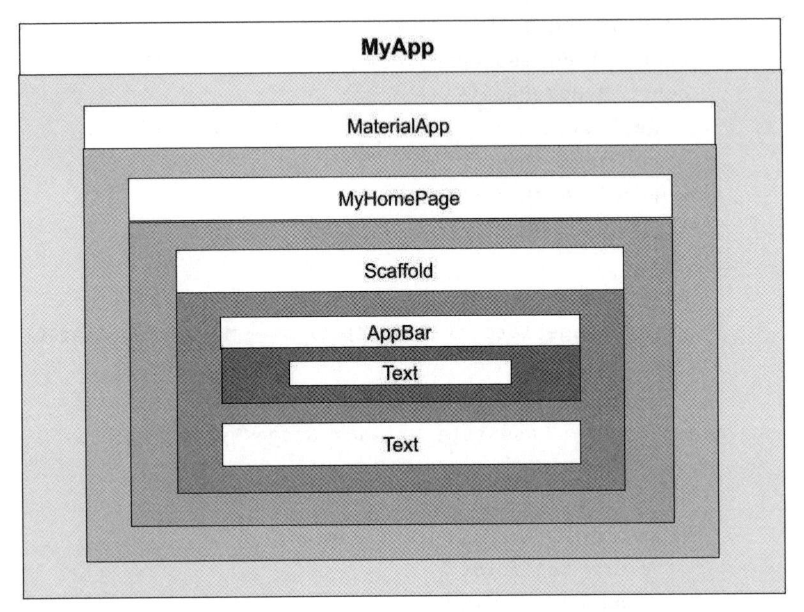

ステートクラスとの連携

ここでは、MyHomePageというウィジェットクラスをStatefulWidgetクラスとして作成しています。そして、_MyHomePageStateというステートクラスを用意し、これをステートとして設定しています。

ステートの設定を行っているcreateStateメソッドを見ると、このようになっているのがわかります。

```
@override
_MyHomePageState createState() => _MyHomePageState();
```

_MyHomePageStateインスタンスを作成し返しています。これで_MyHomePageStateクラスがステートクラスとして扱われるようになります。

この_MyHomePageStateクラスでは、buildメソッドでScaffoldインスタンスを返しています。このScaffoldでは、appBarとbodyにそれぞれAppBarとTextを指定しています。このあたりは既に説明済みですが、これによりアプリケーションバーとテキストが表示された画面が作成されることになります。

現時点では、まだステートの操作などは行っていませんが、このbuildで返されるScaffoldとそこに組み込まれたウィジェットが、ステートの操作に応じて変化するように処理を作成すればいい、というわけです。

StatelessWidgetからStatefulWidgetへ

ここではもう1つ、新しい処理を行っています。それは、アプリケーションの土台となっているStatelessWidgetから、StatefulWidgetへ必要な値を受け渡す、というものです。

StatelessWidgetクラスであるMyAppクラスには、以下のようなフィールドが用意されています。

```
final title = 'Flutterサンプル';
final message = 'サンプル・メッセージ。';
```

finalが指定されており、値が変更されないことがわかります。StatelessWidgetでは、プロパティはこのように固定されたものを使います。これらの値をStatefulWidget側に渡して利用しています。

```
MaterialApp(
  title: 'Flutter Demo',
  home: MyHomePage(
    title:this.title,
    message:this.message
  ),
);
```

homeに設定するMyHomePageインスタンスを作成する際、titleとmessageという2つの値を用意し、それぞれthis.titleとthis.messageを指定しています。先ほどのフィールドを引数に指定してMyHomePageインスタンスを作っているのですね。

このMyHomePageクラス側では、以下のようにコンストラクタが用意されています。

```
const MyHomePage({
  Key? key,
  required this.title,
  required this.message
}): super(key: key);
```

このクラスでも、やはりtitleとmessageというfinalフィールドが用意されています。引数で渡された値が、そのままthis.titleとthis.messageに代入されていることがわかるでしょう。これで、MyAppで用意した値がそのままMyHomePageに渡されました。

MyHomePageから_MyHomePageStateへ

続いて、MyHomePageに保管したtitleとmessageを使って、ステートクラスである_MyHomePageStateクラスのインスタンスを作成する部分を見てみましょう。buildでScaffoldインスタンスを作成している処理はこうなっています。

```
Scaffold(
  appBar: AppBar(
```

```
      title: Text(widget.title),
    ),
    body: Text(
      widget.message,
      style: TextStyle(fontSize:32.0),
    ),
  );
```

Textの引数に、それぞれwidget.titleとwidget.messageを指定しています。このwidgetというはStateクラスに用意されるプロパティで、このステートが設定されているウィジェット(ここではMyHomePageクラス)のインスタンスが代入されています。つまり、widget.titleとすることで、この_MyHomePageが組み込まれているMyHomePageのtitleプロパティを取り出しているのです。

これで、MyHomePageに用意された値が、ステートクラスである_MyHomePage内で利用できるようになりました。

FloatingActionButtonをクリックする

StatefulWidgetの基本的な形がわかったところで、実際に操作してステートを変更する例を考えていきましょう。先ほどのサンプルを更に修正して、クリックして表示を変更するサンプルを掲載します。

リスト2-4

```
import 'package:flutter/material.dart';

void main() {
  runApp(const MyApp());
}

class MyApp extends StatelessWidget {
  const MyApp({Key? key}) : super(key: key);
  final title = 'Flutterサンプル';

  @override
  Widget build(BuildContext context) {
    return MaterialApp(
      title: 'Flutter Demo',
      home: MyHomePage(
        title:this.title,
      ),
    );
  }
}
```

```
class MyHomePage extends StatefulWidget {
  const MyHomePage({required this.title}): super();
  final String title;

  @override
  _MyHomePageState createState() => _MyHomePageState();
}

class _MyHomePageState extends State<MyHomePage> {
  String _message = 'Hello!';

  void _setMessage() {
    setState(() {
      _message = 'タップしました！';
    });
  }

  @override
  Widget build(BuildContext context) {
    return Scaffold(
      appBar: AppBar(
        title: Text(widget.title),
      ),
      body: Text(
        _message,
        style: TextStyle(fontSize:32.0),
      ),
      floatingActionButton: FloatingActionButton(
        onPressed: _setMessage,
        tooltip: 'set message.',
        child: Icon(Icons.star),
      ),
    );
  }
}
```

図2-7：修正したアプリの画面。右下に丸いアイコンが追加された。アイコンをクリックすると、メッセージが変更される。

実行すると、右下に★マークのアイコンが表示されます。これをクリックすると、表示テキストが「タップしました！」と変わります。ごく単純なものですが、ユーザーの操作でステートを変更する例として最低限のものは揃っています。

ステート更新と setState

ここではState継承クラス内にステートの変更のための処理を用意しています。これはメソッドとして用意します。「_setMessage」というメソッドがそのためのものです。

```
void _setMessage() {
  setState(() {
    _message = 'タップしました！';
  });
}
```

このメソッドでは、「**setState**」というメソッドを実行しています。このsetStateは、ステートの更新をステートクラスに知らせる働きをします。このメソッドに、必要な値の変更処理を用意しておきます。見ればわかるように、このsetStateの引数は関数になっています。必要な処理は、この関数内で実行します。

今回のサンプルでは、引数の関数内で_messageフィールドの値を変更しています。_MyHomePageStateクラスを見ると、buildで生成されるウィジェットでは、Textのテキストに_messageが指定されています。_messageを変更することで、更新時にbuildが再実行され、Textの値が変わるようになっていたのです。

FloatingActionButton クラスについて

では、この_setMessageはどこで呼び出されているのでしょうか。これは、_MyHomePageStateクラスの「floatingActionButton」という値を利用しています。

このfloatingActionButtonは、「**フローティングアクションボタン**」と呼ばれるものを設定するためのものです。フローティングアクションボタンとは、スマートフォンのアプリなどでよく見られる、丸いアイコンを表示したボタンのことです。先ほどのサンプルで、右下に表示されていた青字に白い★マークのアイコンがこれです。

このフローティングアクションボタンは、アプリの画面に表示されているウィジェットなどと同じような形で組み込まれているわけではありません。他のウィジェットの配置とは関係なく、いつも常に決まった場所(画面の右下あたり)に表示されます。

フローティングアクションボタンは、「**FloatingActionButton**」というクラスとして用意されています。サンプルでは、floatingActionButtonには以下のような値が設定されています。

```
  floatingActionButton: FloatingActionButton(
    onPressed: _setMessage,
    tooltip: 'set message.',
    child: Icon(Icons.star),
  ),
```

FloatingActionButtonのインスタンスを作成する際には、さまざまな値を引数に用意しておくことができます。ここでは以下のような値を用意しています。

onPressed	ボタンをクリックしたときの処理を指定する。通常、割り当てるメソッド名を指示する。ここでは、_setMessageメソッドを指定している。
tooltip	ツールチップとして表示するテキストを設定する。
child	このウィジェット内に組み込まれているウィジェット類をまとめたもの。ここでは表示するアイコンをIconで用意してある。

FloatingActionButtonインスタンスを作成する際には、匿名クラスの要素としてこれらのプロパティの値を用意しておきます。

これらの中でも重要なのは、「**onPressed**」です。これはステート変更を行うメソッド名を指定します。

このonPressedは、「イベント」の処理を設定するためのプロパティです。イベントというのは、さまざまな操作などに応じてプログラム内部で発生する信号のようなものです。ボタンなどをクリックすると、onPressedというイベントが発生し、このイベント発生元のウィジェットにonPressedプロパティが用意されていれば、そこにあるメソッドを呼び出して実行する、というわけです。

このイベントは、onPressedだけでなく、他にもさまざまな操作に応じたものが各ウィジェットに用意されています。ウィジェットを操作したときになにかの処理を行わせたいときは、このイベントを利用した処理を用意するのが基本なのです。

図2-8：ボタンをクリックすると、そのウィジェットでonPressedイベントが発生する。これにより、onPressedプロパティに設定された処理が呼び出され実行される。

その後の**child**には、表示するアイコンを**Icon**クラスとして作成し、設定しています。Iconクラスは、名前の通りアイコンを扱うクラスです。このIconではインスタンス作成時、引数に「Icons」クラスというクラスの値を指定しています。このIconsクラスは、主なアイコンを示す値をプロパティ（クラス変数）として用意してまとめたものです。このクラスの中から使いたいアイコンの値を選んで利用します。ここでは、Icons.starで★アイコンを表示させています。

FloatingActionButtonクラスは、アイコンを表示するchildと、クリックしたときの処理を設定するonPressedの2つの値が最低でも必要です。この2つの値さえ用意してあれば、比較的簡単に利用することができるのです。

複雑な値の利用

ここでは、ごく単純なテキストを表示するだけでしたが、こうした単純な値だけでなく、より複雑な値を扱うこともあります。こうした場合の例も見てみましょう。

ここでは、「Data」というクラスを定義し、これを値として扱うサンプルを考えてみます。ベースとなるMyAppクラスは全く同じなので省略し、MyHomePageクラス以降を掲載しておきましょう。

リスト2-5

```
class MyHomePage extends StatefulWidget {
  const MyHomePage({title:'Flutter Demo'}): super();
  final String title;

  @override
  _MyHomePageState createState() => _MyHomePageState();
}

// データ用クラス
class Data {
  int _price;
  String _name;
  Data(this._name, this._price): super();

  @override
  String toString() {
    return _name + ':' + _price.toString() + '円';
  }
}

class _MyHomePageState extends State<MyHomePage> {
  // サンプルデータ
  static final _data = [
    Data('Apple',200),
    Data('Orange', 150),
    Data('Peach', 300)
  ];
  Data _item = _data[0];

  void _setData() {
    setState(() {
      _item = (_data..shuffle()).first;
```

```
      });
    }

    @override
    Widget build(BuildContext context) {
      return Scaffold(
        appBar: AppBar(
          title: Text('Set data'),
        ),
        body: Text(
          _item.toString(),
          style: TextStyle(fontSize:32.0),
        ),
        floatingActionButton: FloatingActionButton(
          onPressed: _setData,
          tooltip: 'set message.',
          child: Icon(Icons.star),
        ),
      );
    }
}
```

図2-9：アイコンをクリックすると、Dataをランダムに選んで内容を表示する。

ここでは、MyHomePageStateクラスにDataリストを保管する_dataフィールドを用意し、アイコンをクリックするとここからランダムにDataを選んで表示するようにしてあります。

Data クラスについて

ここでは、複数の値で構成されたデータを扱うクラスとしてDataというクラスを定義してあります。複雑な値を扱う場合、必要な情報をまとめたクラスとして定義し利用するのが一般的でしょう。

```
class Data {
  int _price;
  String _name;
```

```
  Data(this._name, this._price): super();

  @override
  String toString() {
    return _name + ':' + _price.toString() + '円';
  }
}
```

このDataクラスでは、_priceと_nameという2つのプロパティを用意しておきました。コンストラクタでは、引数の値をそれぞれのプロパティに設定するようにしてあります。またtoStringをオーバーライドし、内容をテキストにまとめて出力するようにしてあります。

Data インスタンスの設定

ステートクラス側では、Dataインスタンスをまとめたリストを用意しておき、これをランダムに選んで表示する処理を用意してあります。最初にデータとなるリストと、選んだDataを保管するプロパティを用意しておきます。

```
static final _data = [
  Data('Apple',200),
  Data('Orange', 150),
  Data('Peach', 300)
];
Data _item;
```

Dataインスタンスを保管する_dataは、static finalにしてあります。後でリストを改変することがないためです。
その後、_dataの最初の項目を_itemに設定しています。

```
_item = _data[0];
```

これで、起動時に最初のDataが表示されるようになります。後は、ステートを設定する_setDataで、リストからランダムにDataを取り出す処理を用意するだけです。

```
void _setData() {
  setState(() {
    _item = (_data..shuffle()).first;
  });
}
```

ここでは、setState内で、(_data..shuffle()).first という形で値を取り出しています。shuffleは、リストの項目をランダムに入れ替えるメソッドで、firstは最初の項目のプロパティです。これにより、_dataからランダムに1つを取り出せます。

デフォルトのmain.dart

ウィジェットのごく基本的な処理は、これでだいぶわかってきました。では基本がわかったところで、デフォルトで生成されているソースコードがどういうものだったかを確認しておきましょう(※コメント類はカットしてあります)。

リスト2-6

```
import 'package:flutter/material.dart';

void main() {
  runApp(const MyApp());
}

class MyApp extends StatelessWidget {
  const MyApp({Key? key}) : super(key: key);

  @override
  Widget build(BuildContext context) {
    return MaterialApp(
      title: 'Flutter Demo',
      theme: ThemeData(
        primarySwatch: Colors.blue,
      ),
      home: const MyHomePage(title: 'Flutter Demo Home Page'),
    );
  }
}

class MyHomePage extends StatefulWidget {
  const MyHomePage({Key? key, required this.title}) :
    super(key: key);
  final String title;

  @override
  State<MyHomePage> createState() => _MyHomePageState();
}

class _MyHomePageState extends State<MyHomePage> {
  int _counter = 0;

  void _incrementCounter() {
    setState(() {
      _counter++;
    });
```

```
  }

  @override
  Widget build(BuildContext context) {
    return Scaffold(
      appBar: AppBar(
        title: Text(widget.title),
      ),
      body: Center(
        child: Column(
          mainAxisAlignment: MainAxisAlignment.center,
          children: <Widget>[
            const Text(
              'You have pushed the button this many times:',
            ),
            Text(
              '$_counter',
              style: Theme.of(context).textTheme.headline4,
            ),
          ],
        ),
      ),
      floatingActionButton: FloatingActionButton(
        onPressed: _incrementCounter,
        tooltip: 'Increment',
        child: const Icon(Icons.add),
      ),
    );
  }
}
```

図2-10：デフォルトで生成されたコードによるアプリ画面。アイコンをクリックすると数字がカウントされていく。

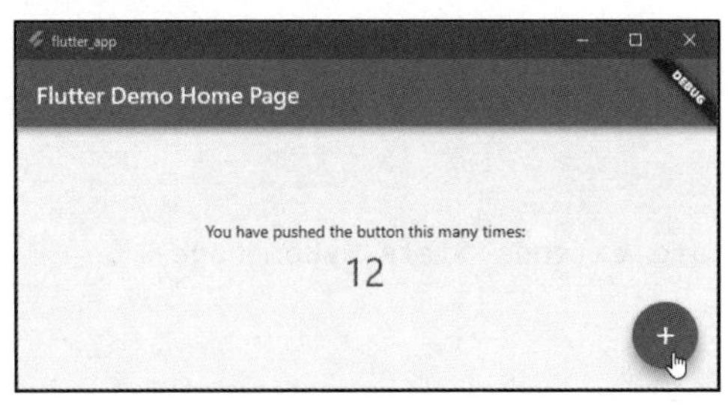

実行すると、メッセージと「0」という数字が画面中央に表示されます。「＋」アイコンをクリックすると、数字が1ずつ増えていきます。これが、デフォルトで生成されるアプリなのです。

main.dartの内容

では、main.dartの内容がどうなっているのか、ざっとチェックしましょう。一応、基本的な処理部分については、これまで説明した内容で理解できるはずです。が、それ以外の要素もいろいろと含まれています。それらについては改めて触れる予定なので、ここでは説明は省略します。

■1. MyAppクラス

ここでは、buildメソッドでMaterialAppを作成し返す処理が用意されています。基本的な処理は、既に作成したのとだいたい同じですから説明の要はないでしょう。themeという値が追加されていますが、これはテーマを指定するためのものです。

■2. MyHomePageクラス

これはとても単純ですね。コンストラクタとcreateStateがあるだけのシンプルなクラスです。コンストラクタは、以下のような形で用意されています。

```
const MyHomePage({Key? key, required this.title}) : super(key: key);
```

引数の値をthis.titleに設定していますね。その他に、Keyという値も渡されています。これは、ウィジェットを識別するためのIDのようなものです。デフォルトでこのKeyを受け取るようになっていたのですね。

ただし、MyAppクラスでこのMyHomePageインスタンスを作成している部分を見ると、こうなっているのがわかります。

```
const MyHomePage(title: 'Flutter Demo Home Page')
```

Keyの値は用意されていません。Keyは用意しなくとも自動的に割り当てられるのです。ただ、実際にこのKeyは特に使われてはいません。必要ないことも多いので、ここまでのサンプルでは省略していたのです。

■3. _MyHomePageStateクラス

ステートの処理を行う_MyHomePageStateクラスでは、_counterというフィールドを用意しています。そしてsetStateでは、この値を1ずつ増やす処理を用意してあります。この_counterの値をTextに表示するのに、少し変わったやり方をしていますね。

```
Text(
  '$_counter',
  ……);
```

Textに表示するテキストに、'$_counter'という値が指定されています。この$_counterという値は、変数_counterをテキストリテラル内に埋め込んでいるものです。Dartでは、このように「$変数」という形で変数をリテラル内に埋め込むことができます。

この他、CenterやColumnといったクラスが使われていますが、これらはレイアウトに関するウィジェットで、この後で説明する予定です。

2-3 ウィジェットの基本レイアウト

レイアウトを考える

Flutterアプリの基本がだいたい頭に入ったところで、次に理解すべきことはなにか。それは、ウィジェットのレイアウトとデザインについてでしょう。

Flutterの重要な特徴の1つに「さまざまな画面サイズのデバイスに柔軟に対応できる」という点が挙げられます。そのためにさまざまなレイアウト調整用のウィジェットなどが用意されています。またマテリアルデザインを活かすためのテーマ機能なども標準で組み込まれています。

では、実際にさまざまなレイアウト関係のウィジェットを扱って、レイアウトの機能を理解していくことにしましょう。まずは、標準的な画面を作成しておき、それをベースにいろいろとレイアウトを調整していくことにします。

画面のレイアウト作成に関しては、Flutter Studioを活用するのが一番です。Webブラウザから以下のアドレスにアクセスしてください。

https://flutterstudio.app/

図2-11：Flutter Studioの画面。部品を配置してレイアウトを作成できる。

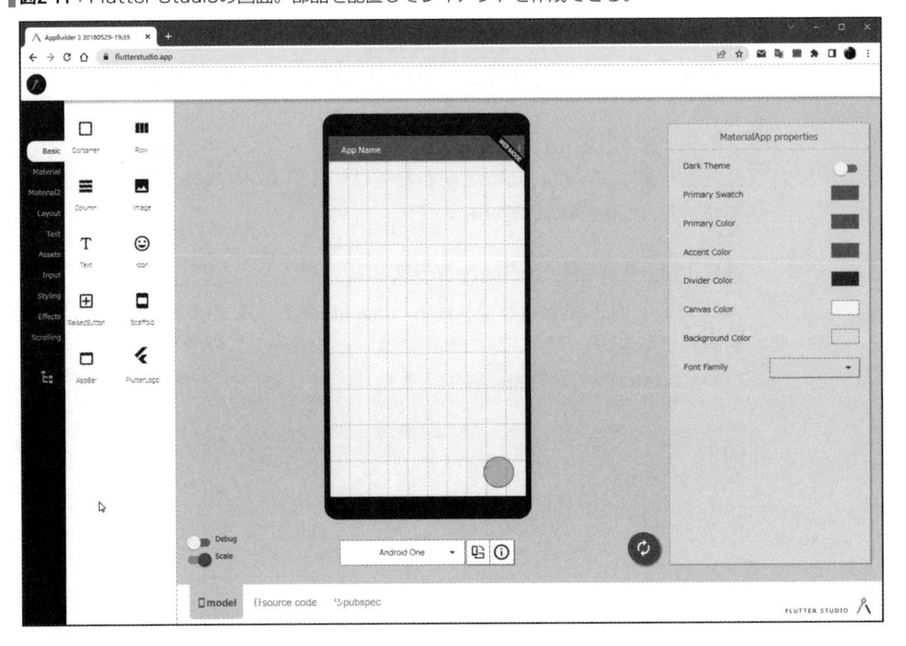

ここに必要なウィジェットをドラッグ&ドロップして配置し、下にある「source code」タブをクリックして表示を切り替えれば、そのレイアウトのソースコードをコピーすることができます。

こうして「レイアウトして、ソースコードをコピーする」ということを繰り返していけば、比較的簡単に各種レイアウトのソースコードを作成することができます。

図2-12：下の「source code」タグを選択すれば、ソースコードをコピーできる。

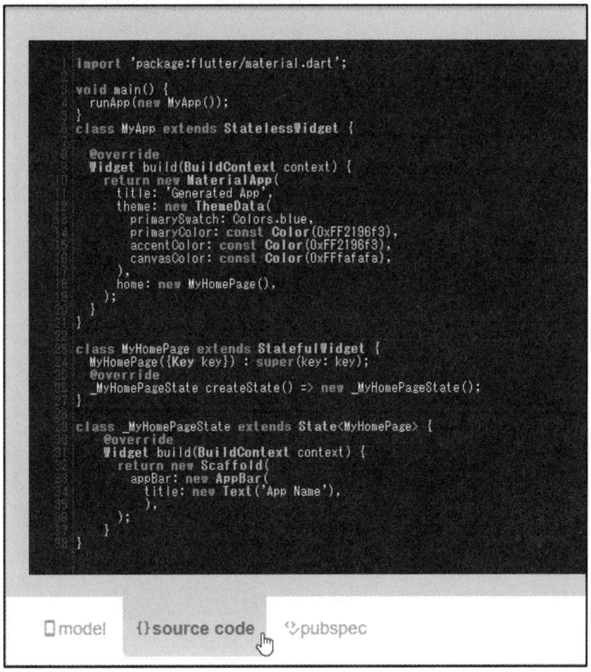

```
import 'package:flutter/material.dart';

void main() {
  runApp(new MyApp());
}
class MyApp extends StatelessWidget {

  @override
  Widget build(BuildContext context) {
    return new MaterialApp(
      title: 'Generated App',
      theme: new ThemeData(
        primarySwatch: Colors.blue,
        primaryColor: const Color(0xFF2196f3),
        accentColor: const Color(0xFF2196f3),
        canvasColor: const Color(0xFFfafafa),
      ),
      home: new MyHomePage(),
    );
  }
}

class MyHomePage extends StatefulWidget {
  MyHomePage({Key key}) : super(key: key);
  @override
  _MyHomePageState createState() => new _MyHomePageState();
}

class _MyHomePageState extends State<MyHomePage> {
    @override
    Widget build(BuildContext context) {
      return new Scaffold(
        appBar: new AppBar(
          title: new Text('App Name'),
          ),
      );
    }
}
```

model　{}source code　pubspec

Text を配置する

では、簡単なウィジェットを配置しておきましょう。左側の「Basic」というジャンルを選択し、表示されたアイコン類から「Text」アイコンをドラッグ&ドロップしてプレビュー画面に配置しましょう。これで、Textが画面上に作成されます。

図2-13：Textアイコンをドラッグし、プレビューにドロップするとTextが配置される。

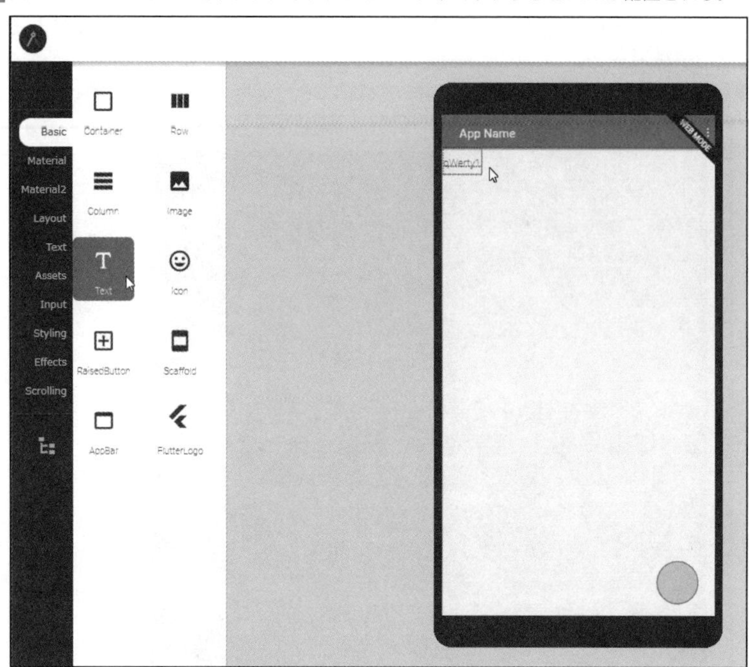

このままではテキストサイズが小さくてよく見えません。配置したTextウィジェットを選択すると、右側にプロパティの設定が表示されます。ここで以下のように設定をしました。

表示するテキスト	「Hello Flutter!」としておく
使用するフォント	「Roboto」を選ぶ（デフォルトのまま）
Size	32
Weight	700

これで、32ポイントサイズのボールド体で「Hello Flutter!」とテキストが表示されるようになります。なお、設定値はそれぞれで自由に変えても構いません。

図2-14：Textのプロパティを調整する。

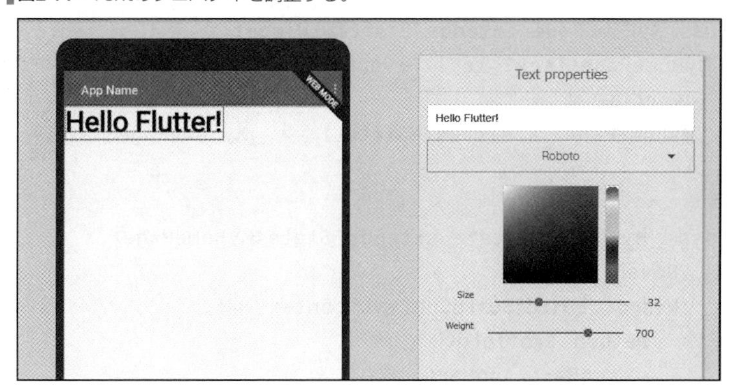

レイアウトのソースコード

では、下のタブを「source code」に切り替え、ソースコードをコピーしましょう。そして、作成していたFlutterプロジェクトのmain.dartにペーストしてソースコードを差し替えてください。

今回作成されたソースコードは、以下のようになります。場合によっては若干違いがあるかも知れませんが、基本的なソースコードの形はだいたい同じようになっているでしょう。

リスト2-7

```
import 'package:flutter/material.dart';

void main() {
  runApp(MyApp());
}
class MyApp extends StatelessWidget {

  @override
  Widget build(BuildContext context) {
    return MaterialApp(
      title: 'Generated App',
      theme: ThemeData(
        primarySwatch: Colors.blue,
        primaryColor: const Color(0xff2196f3),
        canvasColor: const Color(0xffafafa),
      ),
      home: MyHomePage(),
    );
  }
}
```

```
class MyHomePage extends StatefulWidget {
  MyHomePage({Key? key}) : super(key: key);
  @override
  _MyHomePageState createState() => _MyHomePageState();
}

class _MyHomePageState extends State<MyHomePage> {
    @override
    Widget build(BuildContext context) {
      return Scaffold(
        appBar: AppBar(
          title: Text('App Name'),
          ),
        body:
          Text(
          "Hello Flutter!",
            style: TextStyle(fontSize:32.0,
            color: const Color(0xff000000),
            fontWeight: FontWeight.w700,
            fontFamily: "Roboto"),
          ),
      );
    }
}
```

これが、基本となるソースコードになります。これをベースに、Flutter Studioでレイアウトを変更し、ソースコードをチェックしながら、レイアウト用ウィジェットの使い方を学んでいくことにします。

Column Flutter Studioのコードでエラーが出る

実際にFlutter Studioのコードをコピー＆ペーストして利用しようとすると、エラーが発生するかも知れません。2022年10月現在、Flutter StudioのコードにはMyHomePageクラスの最初の行に以下のようなバグが見られます。

```
誤)MyHomePage({Key key}) : super(key: key);
```

```
正)MyHomePage({Key? key}) : super(key: key);
```

引数のKeyに?を追記してください。これを修正すれば、後は問題なく動作します。

テキストスタイルについて

レイアウトに入る前に、テキストの表示に関する機能について触れておきましょう。テキストのスタイルは、Textウィジェットを作成する際、styleという値を使って設定しています。この値は「**TextStyle**」というクラスとして用意されています。

TextStyleは、インスタンスを作成する際、必要なスタイルの情報を引数として用意することができます。主なものとしては以下のような値があります。

fontSize	フォントサイズ。double値で指定
fontWeight	フォントの太さ。FontWeightというクラスのw100～w900、あるいはboldという定数で指定
fontFamily	フォントファミリー。テキスト(String)で指定
fontStyle	フォントスタイル。FontStyle列挙型のnormal、italicという値で指定
color	テキスト色。Colorクラスで指定

これらの中で必要な項目だけを値として用意すれば、それらを指定するTextStyleが作成されます(省略したものはデフォルト値が設定されます)。参考までに、サンプルのソースコードがどのようになっているか確認してみましょう。

```
style: TextStyle(fontSize:32.0,
color: const Color(0xff000000),
fontWeight: FontWeight.w700,
fontFamily: "Roboto"),
```

fontSize, color, fontWeight, fontFamilyといった値が用意されていることがわかりますね。これで設定されたスタイルを使ってTextが表示されていたのです。

Colorについて

これらの中で、注意しておきたいのがcolor項目に設定されている「**Color**」の値です。Colorはクラスですが、一般的に「Color ～」といった形でインスタンスを作成し利用することはあまりありません。サンプルを見ると、このようになっていました。

```
color: const Color(0xff000000),
```

引数には、6または8桁の16進数を指定します。これにより、RGBまたはARGBの値を指定しているわけですね。このあたりは、スタイルシートなどでの色の指定と同じ感覚なのでわかるでしょう。

インスタンス作成は、Colorではなく、const Colorとして定数扱いになっています。const Colorを使うと、例えば同じ値のColorを作成するような場合、同じインスタンスが参照されるようになり、メモリも節約されます。Colorでは、インスタンスを作成する際にはconstを使うのが基本と考えてください。

この他、ARGBの値を個別に引数で指定してインスタンスを作成するメソッドも用意されています。

```
Color.fromARGB(アルファ , 赤, 緑, 青 )
```

引数には、ARGBの各値を0～255の整数で指定します。例えば、fromARGB(255, 255, 0, 0) とすれば赤のColorが得られるというわけです。こちらのほうが感覚的にはわかりやすいかも知れません。

Colorsクラスについて

色を指定するクラスは、実はもう1つあります。primarySwatchのところで、Colors.blueという値が使われていますね。

Colorsは、主な色の値をまとめたクラスです。この中にあるプロパティを指定することで、赤黄青のような基本的な色を設定できます。用意されている主なプロパティには以下のようなものがあります。

amber, blue, blueGray, brown, cyan, deepOrange, deepPurple, green, gray, indigo, lightBlue, lightGreen, lime, orange, pink, purple, red, teal, white, yellow, white10, white12, white24, white30, white38, white54 white60, white70, black12, black26, black38, black45, black54, black87
(他、各色のAccentカラー。例：redAccent)

テーマを指定する

では、レイアウトをいろいろ操作していきましょう。最初に考えるのは、「テーマ」についてです。テーマは厳密にはレイアウトではなくルック＆フィールの話になりますが、画面表示の基本としてここで説明しておきます。

テーマは、画面表示のベースとなるウィジェットで設定します。ここでのサンプルならば、MyApp内で作成されるMaterialAppインスタンスで指定をします。

では、Flutter Studioで、何もウィジェットを配置していない部分をクリックし、背景部分を選択してください。これで、右側に「Scaffold properties」と表示がされます（正確には、テーマ関係はScaffoldに用意されるわけではないのですが、そう表示されます）。ここに表示されているのがテーマ関連のプロパティです。以下に項目を説明しましょう。

Dark Theme	ダークテーマをON/OFFするもの。通常の表示はOFFに、暗い背景をベースにした表示にしたければONにしておく。
Primary Swatch	テーマの基本的な色を指定します。
Primary Color	標準のテキストなどの色
Accent Color	アクセントの色
Devider Color	仕切り線の色
Canvas Color	キャンバス(グラフィック描画の部品)の色
Background Color	背景色として表示を作る際に使われる色
FontFamily	使用するフォントファミリーの指定

図2-15：背景を選択すると、テーマの設定が右側に現れる。

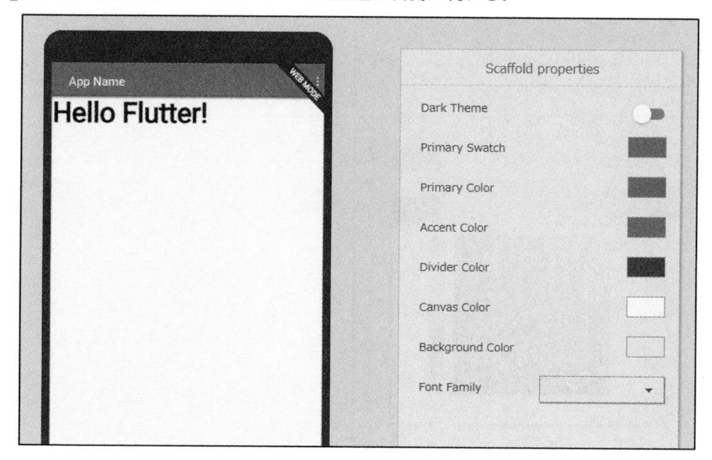

これらはいずれも、項目の右側にある色が表示されたエリアをクリックして色を選ぶようになっています。

最初に、「Primary Swatch」の値をクリックしてください。これでテーマの色がリスト表示されるので、ここから好きなものを選んでください。サンプルでは「Pink」を選んでおきました。

図2-16：Primary Swatchをクリックすると、テーマのリストが表示される。

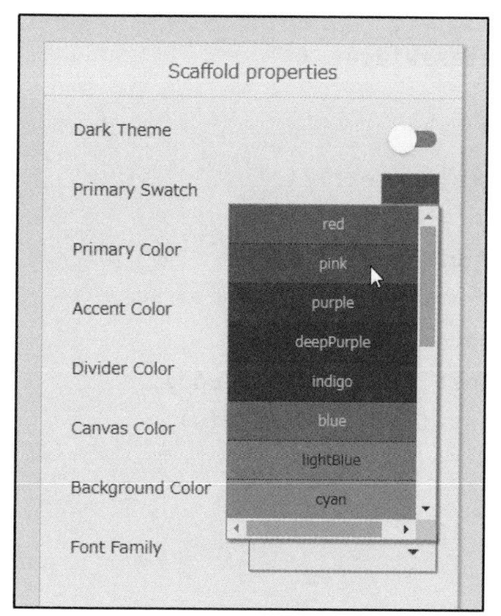

それ以外の各色の値は、クリックすると色を選ぶためのカラーパレットがプルダウンして表示されます。ここから色をクリックして選ぶとその値が設定されます。

図2-17：色の値部分をクリックすると、カラーパレットがプルダウンして現れる。

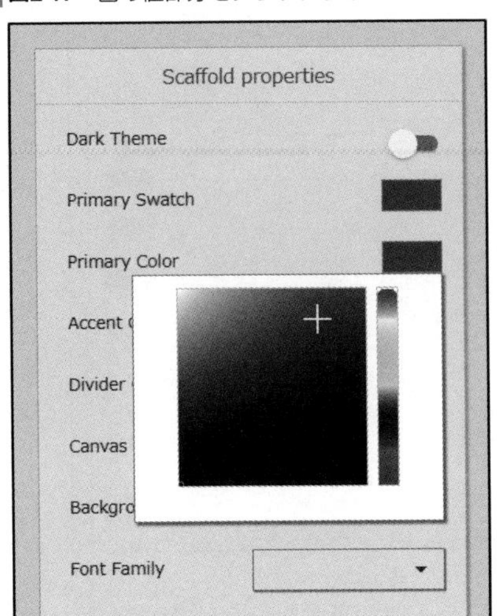

テーマ指定のソースコード

では、テーマを設定した場合、どのようにソースコードが生成されるのか見てみましょう。ここでは、修正されるMyAppクラスの部分だけ掲載しておきます。

リスト2-8

```
class MyApp extends StatelessWidget {

  @override
  Widget build(BuildContext context) {
    return MaterialApp(
      title: 'Generated App',
      theme: ThemeData(
        primarySwatch: Colors.pink,
        primaryColor: const Color(0xffe91e63),
        canvasColor: const Color(0xfffafafa),
      ),
      home: MyHomePage(),
    );
  }
}
```

見ればわかるように、MaterialAppインスタンスを作成する際、themeに**ThemeData**が設定されるようになります。そしてこの中に、テーマ関連の色の値がまとめられます。

これで、MaterialAppにテーマが設定されます。実際の画面表示は、このMaterialApp内にウィジェットが組み込まれることになりますが、それらはすべてテーマに基づいて表示する色が自動選択されるようになります。

Centerによる中央揃え

画面サイズに応じて調整されるコンテンツを作る場合、最初に考えるのは「位置揃え」でしょう。表示するコンテンツを中央揃えにしておけば、大きさが多少変わってもだいたい同じような表示になります。この「中央揃え」のためのウィジェットが「**Center**」です。

では、このCenterを使ってみましょう。Flutter Studioで、リスタートボタン(円形の矢印が表示されている丸いアイコン)をクリックしてください。これで初期状態に戻ります。

左側のジャンル名から「Layout」をクリックして選択し、現れたアイコンから「Center」を選択してプレビュー画面にドラッグ&ドロップします。これで、更にこの中にウィジェットを配置するとそれらがすべて中央に揃えて表示されるようになります。

図2-18：「Center」ウィジェットをドラッグ&ドロップして配置する。

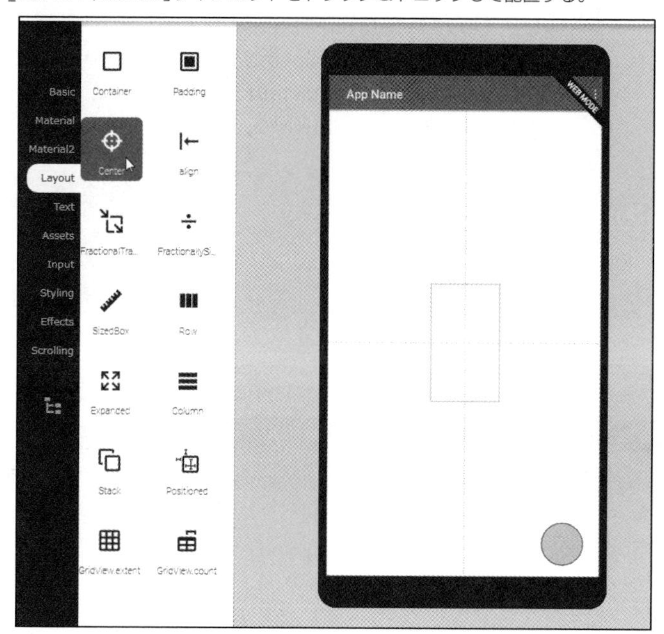

Center 利用の例

では、Center内にTextを配置したらソースコードがどのようになるか見てみましょう。左側の「Basic」ジャンルを選択し、「Text」をドラッグ&ドロップして配置してしてください。そして、Textのテキストやスタイルを適当に調整しましょう。

(なお、Flutter StudioではCenterのレイアウトが正しく反映されないようで、Center内に配置しても左上に表示されてしまいます。ただしソースコードをコピー&ペーストして実際に動かしてみれば、ちゃんと中央に表示されます)

Textを配置したら、ソースコードがどうなっているか見てみましょう。今回は、ステートクラスである_MyHomePageStateクラスの部分だけ掲載しておきます。

リスト2-9

```
class _MyHomePageState extends State<MyHomePage> {
  @override
  Widget build(BuildContext context) {
    return Scaffold(
      appBar: AppBar(
        title: Text('App Name'),
      ),
      body:
      Center(
        child:
        Text(
          "Hello Flutter!",
          style: TextStyle(fontSize:32.0,
              color: const Color(0xff000000),
              fontWeight: FontWeight.w700,
              fontFamily: "Roboto"),
        ),
      ),
    );
  }
}
```

図2-19：Centerで配置を中央揃えにしたアプリ画面。Flutter Studioでは正確に表示がされないが、実際に動かしてみるとちゃんと中央にテキストが表示されている。

Column return Scaffold?　return new Scaffold?

読者の中には、自分の環境で作られたコードが掲載コードと微妙に異なっているのに気がついた人もいることでしょう。特に、「return Scaffold」が「return new Scaffold」となっていたり、「Center」が「new Center」となっている、など、インスタンス作成時に「new」がつけられているかも知れません。

Flutterで使われているDartでは、インスタンスを作成する際、「new ○○」という形で作成をします。ただし、このnewは省略可能なのです。つまり「return Scaffold」と「return new Scaffold」は同じもの、というわけです。

両者が混在しているとわかりにくくなるので、ここではnewを省略する形に統一しています。

Center クラスの基本形

現在のFlutter Studioでは、階層的に組み込まれたレイアウトまで正確に再現されないようで、Centerウィジェットを配置した中にTextを配置すると左上に表示されてしまいますが、生成されたコードを実際にビルドし実行すると、画面の中央にTextのテキストが表示されることがわかります。

このCenterは、以下のような形で記述されます。

```
Center(
   child: ……ウィジェット……
)
```

childという値が用意されており、ここに配置するウィジェットを用意します。この他には特に用意すべき値はありません。非常にシンプルなウィジェットですね。

Containerクラスについて

Centerは、中央にウィジェットを配置するだけですが、場合によっては右側に寄せたり、あるいは画面の下に配置したりしたいこともあります。またそのような場合には、画面の端から少しだけスペースを空けておきたいでしょう。

こうした細かな配置の設定を行えるのが「**Container**」というクラスです。これは文字通り、コンテナ(他のウィジェットを自身の中に格納できるウィジェット)のもっとも基本的なクラスです。

Flutter Studioで、左側のジャンルから「Layout」を選ぶと、そこに「Container」アイコンが表示されます。これをプレビューにドラッグ&ドロップで配置すると、右側に主なプロパティが表示されます。用意されるのは以下のようなものです。

Color	色の指定。通常、ウィジェットはMaterialAppで設定されたテーマに沿った色で背景などが設定されるが、これをONにすることで、コンテナ独自の背景色を設定できる
Alignment	配置場所の指定。これは上下左右を9ヶ所に分け、そのどれかを選択する
Sized	表示サイズを最大化するためのもの
Padding	余白幅の設定。上下左右の余白を整数で指定する

図2-20：Containerを配置したところ。右側に主なプロパティが表示される。

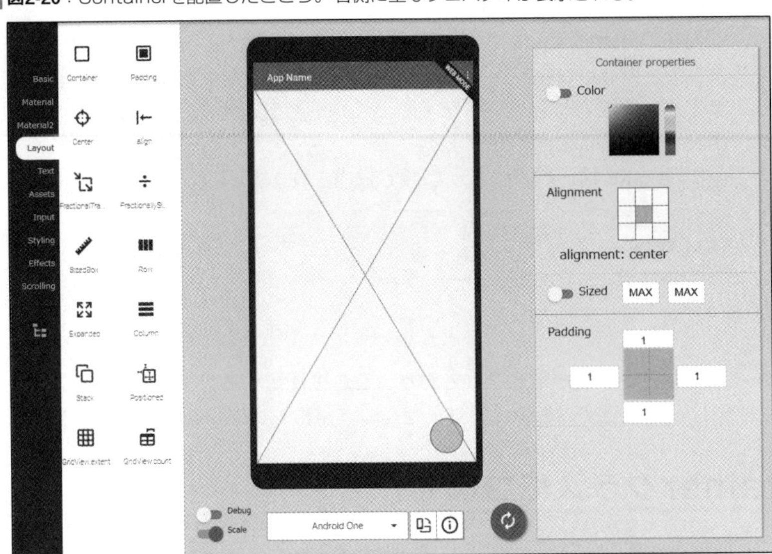

Container の利用例

　では、実際にContainerを利用した場合のソースコードを見てみましょう。ここでは、Textを画面の右下に配置するように表示した例を考えてみます。_MyHomePageStateクラス部分だけ掲載しましょう。

リスト2-10

```
class _MyHomePageState extends State<MyHomePage> {
  @override
  Widget build(BuildContext context) {
    return Scaffold(
      appBar: AppBar(
        title: Text('App Name'),
      ),
      body:
      Container(
        child:
        Text(
          "Hello Flutter!",
          style: TextStyle(fontSize:32.0,
              color: const Color(0xff000000),
              fontWeight: FontWeight.w700,
              fontFamily: "Roboto"),
        ),
        padding: const EdgeInsets.all(10.0),
        alignment: Alignment.bottomCenter,
```

```
        ),
      );
    }
}
```

図2-21：ContainerにTextを組み込んだもの。配置は、bottomCenterにしてある。

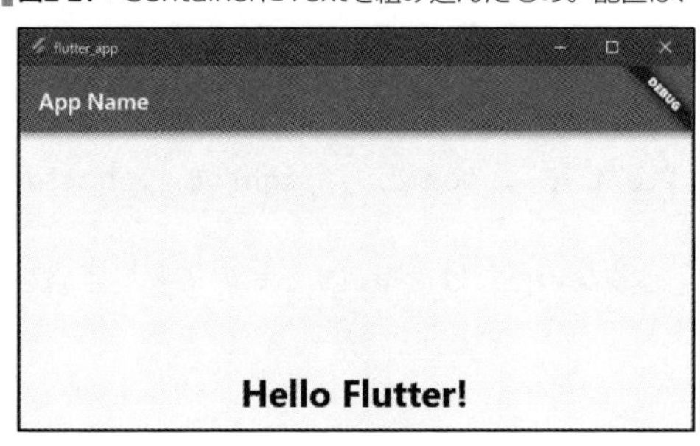

Containerクラスの基本形

これは、Alignmentで下の中央(bottomCenter)を選択した場合のソースコードです。Containerクラスのインスタンスを生成する場合には、以下のような形で値が用意されることがわかります。

```
Container(
  child: ……ウィジェット……,
  padding: 《EdgeInsets》,
  alignment: 《Alignment》,
)
```

Centerと同様、中に組み込むウィジェットのインスタンスをchildに指定します。その他に、paddiingとalignmentが用意されています。これらで、余白と位置揃えを設定しています。

この他、Flutter StudioでColorのチェックをONにして色を指定した場合は、colorという値が追記され、const Colorインスタンスで色の値が指定されます。

EdgeInsetsについて

周辺の余白は、paddingという値を使います。これは「**EdgeInsets**」というクラスを使って設定しています。

EdgeInsetsクラスは、上下左右の余白幅を設定するためのものです。これは、EdgeInsetsクラスに用意されているいくつかのメソッドを使ってインスタンスを作成します。主なものを以下にまとめておきましょう。

■全方向を設定

```
EdgeInsets.all(《double》)
```

allは、引数で指定した値に上下左右すべての余白幅を設定するものです。

■個別に設定

```
EdgeInsets.fromLTRB( 左 , 上 , 右 , 下 )
```

fromLTRBは、左・上・右・下の順に余白幅を数値で指定します。全部で4つの引数を用意する必要があります。

■個別に設定

```
const EdgeInsets.only(left:左 , top:上 , right:右 , bottom:下 )
```

onlyは、上下左右のうち、必要な項目だけを指定するものです。省略したものはすべてゼロが指定されます。

■シンメトリック

```
const EdgeInsets.symmetric( 横 , 縦 )
```

symmetricは、横(左右)と縦(上下)にそれぞれ同じ値を設定します。引数には横方向の余白幅と、縦方向の余白幅をそれぞれ指定します。

Alignmentについて

配置場所を示すalignmentは、**Alignment**クラスを使って指定をします。これは、クラス内に用意されている定数を使って指定をします。用意されているのは以下のものです。

topLeft	左上
topCenter	中央上
topRight	右上
centerLeft	左中央
center	中央
centerRight	右中央
bottomLeft	左下
bottomCenter	中央下
bottomRight	右下

これらの他に、全体の位置を-1.0 ～ 1.0の範囲で指定するやり方もあります。これは以下のようにしてインスタンスを作成して指定します。

```
const Alignment( 横 , 縦 )
```

この2つの値は、全体の配置を実数で表します。中央がゼロになり、一番上および一番左端が-1.0、一番下および一番右端が1.0となります。実数でこれらの値を指定することで、画面全体の中でどのぐらいの位置に表示されるかを指定できます。

例えば、先ほどのリストで、Containerのalignmentの値を以下のように書き換えてみましょう。

リスト2-11

```
alignment: const Alignment(0.5, -0.5),
```

図2-22：画面の中央やや上の少し右にずれたあたりにテキストが表示される。

こうすると、画面の中央やや上のあたり(上端と中央の中間)のやや右にずれたあたりにテキストが表示されるようになります。(0.5, -0.5)というように、横方向に中央から右端までの半分、縦方向に中央から上端までの半分の位置をそれぞれ指定しています。実数を使うと、このように「全体の中のこのあたり」といった位置の指定ができるようになります。

2-4 複数ウィジェットの配置

Columnを使う

ここまで使ったコンテナ型(自身の中にウィジェットを組み込めるタイプ)のウィジェットは、すべて「1つのウィジェットだけ」を組み込めるようになっていました。が、実際のデザインでは、1つの画面内に複数のUI部品が配置されます。

これには、複数のウィジェットを組み込めるコンテナを利用する必要があります。こうしたコンテナは、レイアウトの方式に応じて何種類か用意されています。

最初に取り上げるのは、「**Column**」というウィジェットです。これは複数のウィジェットを縦に並べて配置するものです。

Flutter Studioでは、「Layout」ジャンルの中に用意されています。「Column」アイコンをプレビューにドラッグ＆ドロップで配置すると、いくつかの四角いエリアが縦に並んだような表示が現れます。これが、Columnです。

Columnには、いくつかのプロパティが用意されています。以下に簡単にまとめましょう。

Main Axis Alignment	Columnウィジェットの配置場所を指定する。値はMainAxisAlignmentクラスのstart、center、endのいずれか。
Cross Axis Alignment	Columnに組み込まれたウィジェットの配置場所を指定する。値は、CrossAxisAlignmentクラスのstart、center、end、baseline、stretchのいずれか。
Main Asix Size	ウィジェットのサイズを指定する。値は、MainAxisSizeクラスのmin、maxのいずれか。

これらのプロパティは、いずれも専用のクラスを使って値を設定します。**MainAxisAlignment**と**CrossAxisAlignment**は、ウィジェットがコンテナ内に配置された最初の位置か、コンテナの一番後の位置か、という形で配置場所を考えます。コンテナによっては並び方が異なる場合もあるため、AlignmentのtopLeftのように上下左右の位置を指定するような形では位置を指定しません。

MainAxisSizeは、ウィジェットを最小サイズにするか、最大サイズにするかです。最小サイズというのは、Textならば表示するテキストがぴったりとはめ込まれた矩形サイズになります。Maxは、コンテナの端から端まで広げた大きさになります。

図2-23：Columnを配置したところ。

Columnの利用例

では、実際にColumnを使って複数のウィジェットを並べた例を挙げておきましょう。今回も、_MyHomePageStateクラスのみ掲載しておきます。

リスト2-12

```
class _MyHomePageState extends State<MyHomePage> {
  @override
  Widget build(BuildContext context) {
    return Scaffold(
      appBar: AppBar(
        title: Text('App Name'),
      ),
      body:
      Column(
          mainAxisAlignment: MainAxisAlignment.start,
          mainAxisSize: MainAxisSize.max,
          crossAxisAlignment: CrossAxisAlignment.center,
          children: <Widget>[
            Text(
              "One",
              style: TextStyle(fontSize:32.0,
                  color: const Color(0xff000000),
                  fontWeight: FontWeight.w700,
                  fontFamily: "Roboto"),
            ),
            Text(
              "Two",
              style: TextStyle(fontSize:32.0,
                  color: const Color(0xff000000),
                  fontWeight: FontWeight.w700,
                  fontFamily: "Roboto"),
            ),
            Text(
              "Three",
              style: TextStyle(fontSize:32.0,
                  color: const Color(0xff000000),
                  fontWeight: FontWeight.w700,
                  fontFamily: "Roboto"),
            )
          ]
      ),
    );
  }
}
```

図2-24：Column内に3つのTextを組み込んだもの。

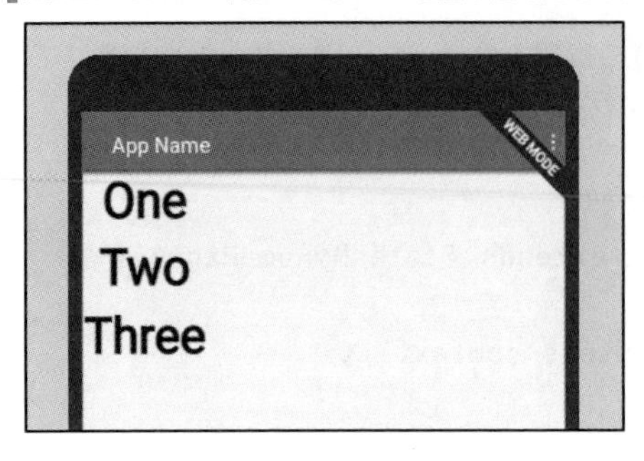

ここでは、Column内に3つのTextを組み込んで表示させています。3つが縦に整列して表示されているのがわかるでしょう。

Column の基本形

では、Columnクラスの部分を見てみましょう。Columnのインスタンスは、いくつかの値を用意して作成します。基本的な形は以下のようになるでしょう。

```
Column(
  mainAxisAlignment: [MainAxisAlignment],
  mainAxisSize: [MainAxisSize],
  crossAxisAlignment: [CrossAxisAlignment],
  children: <Widget>[……リスト……]
)
```

mainAxisAlignment、crossAxisAlignment、mainAxisSizeといった値が用意されていることがわかります。

childrenというのが、Columnに組み込まれるウィジェットを用意するところです。これはウィジェットのインスタンスをリストにまとめたものを指定します。Columnは、このchildrenのリストから順にウィジェットを表示していきます。リストの並び順が変われば、表示されるウィジェットの順番も変わります。

Rowを使う

Columnは縦にウィジェットを並べますが、横に並べるものも用意されています。それが「**Row**」です。

Flutter Studioの「Layout」ジャンルにある「Row」をドラッグし、プレビューにドロップして配置してみましょう。四角いエリアが横に並んだような形で表示されます。

右側のプロパティには、mainAxisAlignment、crossAxisAlignment、mainAxisSizeといった項目が用意されているのがわかります。見ればわかるように、これらはColumnと全く同じです。並び方が縦か横かという違いだけで、両者の働きは驚くほど似ているのです。

図2-25：Rowをプレビューに配置したところ。

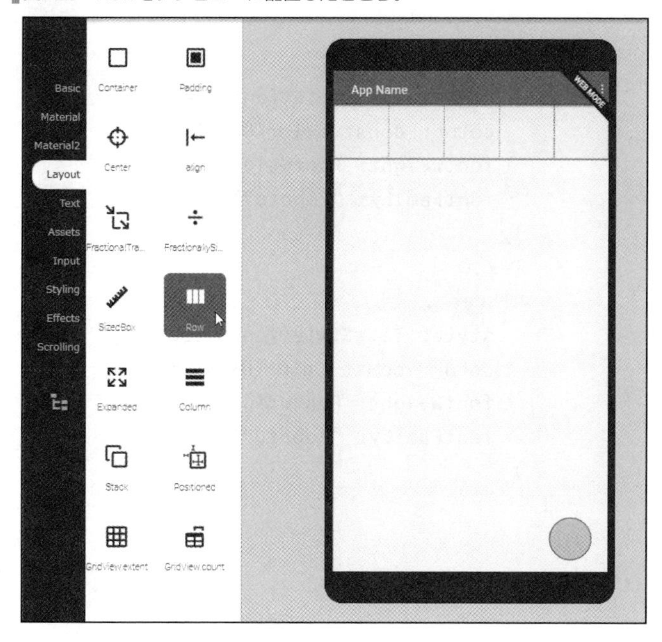

Row の利用例

では、これも利用例を上げておきましょう。_MyHomePageStateクラス部分だけを以下に掲載しておきます。

リスト2-13

```
class _MyHomePageState extends State<MyHomePage> {
    @override
    Widget build(BuildContext context) {
      return Scaffold(
        appBar: AppBar(
          title: Text('App Name'),
        ),
        body:
          Row(
            mainAxisAlignment: MainAxisAlignment.center,
            mainAxisSize: MainAxisSize.max,
            crossAxisAlignment: CrossAxisAlignment.center,
            children: <Widget>[
              Text(
              "One",
                style: TextStyle(fontSize:32.0,
                color: const Color(0xff000000),
                fontWeight: FontWeight.w400,
                fontFamily: "Roboto"),
```

```
              ),
              Text(
              "Two",
                style: TextStyle(fontSize:32.0,
                color: const Color(0xff000000),
                fontWeight: FontWeight.w400,
                fontFamily: "Roboto"),
              ),
              Text(
              "Three",
                style: TextStyle(fontSize:32.0,
                color: const Color(0xff000000),
                fontWeight: FontWeight.w400,
                fontFamily: "Roboto"),
              )
            ]
          ),
      );
    }
    void fabPressed() {}

}
```

図2-26：3つのTextをRowで横に並べたところ。

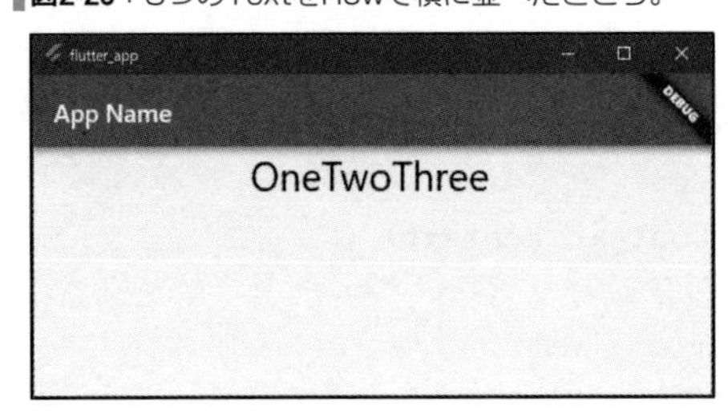

実行すると、3つのTextが横に一列に並べられて表示されます。Rowクラスの利用部分を見てみると、以下のような形で記述されていることがわかります。

```
Row(
  mainAxisAlignment: [MainAxisAlignment],
  mainAxisSize: [MainAxisSize],
  crossAxisAlignment: [CrossAxisAlignment],
  children: <Widget>[……リスト……]
)
```

見ればわかるように、Columnと全く同じですね。用意される値も全く同じですから、ColumnとRowは2つセットで覚えておくと良いでしょう。

Main Axis と Cross Axis

ColumnとRowでは、mainAxisAlignmentとcrossAxisAlignmentというプロパティが用意されており、これらで並び方を調整していました。これらのコンテナを使いこなすには、こうしたコンテナでの並び方を考える上で重要になる「**Main Axis**」と「**Cross Axis**」という考え方を理解する必要があります。

複数のウィジェットを並べて配置するコンテナでは、並ぶ方向を以下のように指定して考えます。

Main Axis	ウィジェットが順に並ぶ方向。Columnならば縦方向、Rowならば横方向になる
Cross Axis	並んだウィジェットと交差する方向。Columnならば横方向、Rowならば縦方向になる

このように、ColumnやRowでは、方向を「縦・横」ではなく、「ウィジェットが並ぶ方向・それに交差する方向」として考えます。こうすることで、ColumnやRowのように、並ぶ向きが異なるものでも同じ考え方でレイアウトを作成できるようになっているのです。

このMain AxisとCross Axisは、これ以降も登場する考え方ですので、今の段階でしっかりとその考え方を理解しておいてください。

Chapter 3

UIウィジェットをマスターする

アプリの画面を構成するのは、「ウィジェット」と呼ばれるUI部品です。Flutterには、さまざまなウィジェットが用意されています。ここでは、Flutterに用意されているマテリアルの主なUIウィジェットについて、またUIとして多用されるアラートやダイアログの表示について説明しましょう。

3-1 ボタン・ウィジェット

TextButtonについて

前章でレイアウト関連のウィジェットについて一通り説明をしました。ここでは、画面に配置して実際に操作をする、UI関係のウィジェットについて説明をしていきましょう。

まずは、「ボタン」からです。ボタンはいくつかの種類があります。もっとも基本的なボタンは「テキストボタン」でしょう。特にUIの外観などを持たない平面のボタンです。

これは「**TextButton**」というクラスとして用意されています。Flutter Studioでは「Material」ジャンルの中にある「**FlatButton**」というアイコンがTextButtonに相当します。これをプレビューにドラッグ＆ドロップするとフラットボタンが配置できます。

FlatButtonというのは、Flutter3以前に使われていたUIウィジェットの名前です。2022年10月現在、Flutter Studioはまだ最新のバージョンに対応していないため、このように古いウィジェットがそのまま表示されることがあるので注意が必要です。ただし、FlatButtonとTextButtonは、基本的な使い方はほとんど同じなので、ソースコードをコピーしてクラス名をFlatButtonからTextButtonに書き換えて利用すればいいでしょう。

TextButtonのプロパティとしては「Size」と「Weight」がありますが、これはTextButtonそのものではなく、そこに表示されるテキストのフォントサイズと太さを指定するためのものです。

図3-1：FlatButtonを配置したところ。FlatButtonは、TextButtonの古いウィジェット。

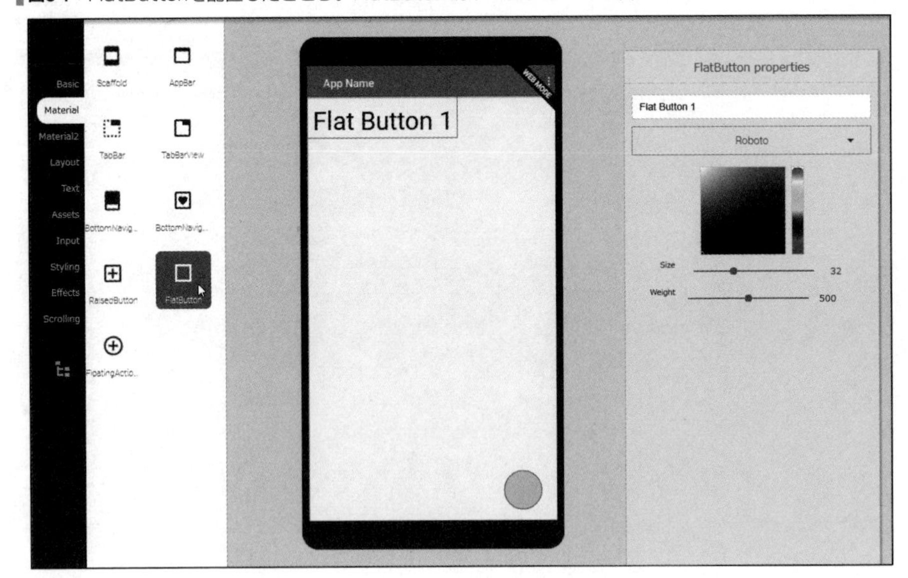

TextButtonの利用例

では、実際にFlatButtonを使った例を挙げておきましょう。ボタンは、ただ表示するだけでなく、これをクリックして何らかの処理を実行するために利用します。そこで、ごく単純な処理を持ったボタンを用意することにします。

（なお本書執筆時点では、Flutter Studioで配置されるのはFlatButtonですが、ここではすべてTextButtonとして掲載します）

リスト3-1

```
class _MyHomePageState extends State<MyHomePage> {
  static var _message = 'ok.';
  static var _janken = <String>['グー', 'チョキ', 'パー'];

  @override
  Widget build(BuildContext context) {
    return Scaffold(
      appBar: AppBar(
        title: Text('App Name'),
      ),
      body: Center(
        child: Column(
          mainAxisAlignment: MainAxisAlignment.start,
          mainAxisSize: MainAxisSize.max,
          crossAxisAlignment: CrossAxisAlignment.stretch,
          children: <Widget>[
            Padding(
              padding: EdgeInsets.all(20.0),
              child: Text(
                _message,
                style: TextStyle(
                  fontSize: 32.0,
                  fontWeight: FontWeight.w400,
                  fontFamily: "Roboto"),
              ),
            ),
            TextButton(
              onPressed: buttonPressed,
              child: Padding(
                padding: EdgeInsets.all(10.0),
                child: Text(
                  "Push me!",
                  style: TextStyle(
                    fontSize: 32.0,
                    color: const Color(0xff000000),
```

```
                        fontWeight: FontWeight.w400,
                        fontFamily: "Roboto"),
                    )
                )
            )
        ]
      ),
    ),
  );
}

void buttonPressed() {
  setState(() {
    _message = (_janken..shuffle()).first;
  });
}
}
```

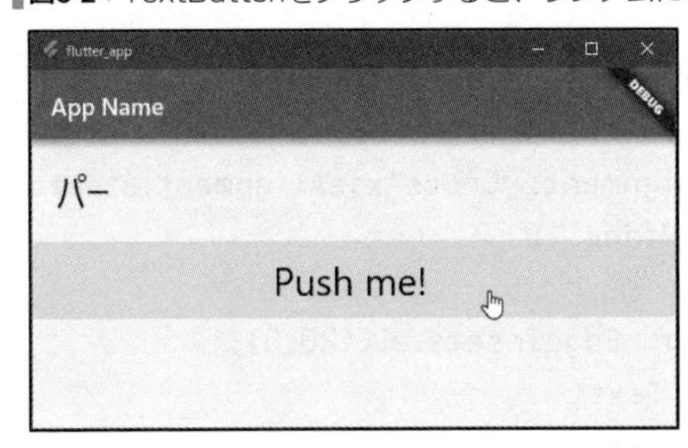

図3-2：TextButtonをクリックすると、ランダムにじゃんけんの手が表示される。

これは「グー」「チョキ」「パー」からランダムに手を選んで表示するサンプルです。「Push me!」ボタンをクリックすると、ランダムにじゃんけんの手が表示されます。

ここでは _message に、_janken..shuffle()でシャッフルしたListの最初の項目を取り出しています。shuffleはListの項目をランダムに入れ替えるものですが、voidなので値は返しません。そこで**カスケード記法**(..演算子)を使い、元のオブジェクトからfirstで最初の要素を取り出しています。

TextButtonの基本形

では、TextButtonがどのように利用されているか、ソースコードを確認しましょう。使い方を整理すると以下のように記述されていることがわかるでしょう。

```
TextButton(key:null,
  onPressed: 関数,
  child: ウィジェット
```

```
)
```

onPressedは、このTextButtonをクリックしたときに実行される処理を指定するための値です。通常、ここには関数やメソッドなどが指定されます。ここに直接関数を記述することもできます。今回の例では、buttonPressedと設定されていますね。これにより、ボタンをクリックするとbuttonPressedメソッドが呼び出されるようになります。

childは内部に組み込むウィジェットで、ここではTextを追加しています。TextButtonは、デフォルトでは何も表示らしい表示は持っていません。Textを組み込みテキストを表示することでボタンらしい表示になっているのです。

アイコンを表示する

TextButtonにテキストが表示されているのは、内部にTextが組み込まれているからです。ということは、Textの代わりに別のウィジェットを組み込めば、表示も変えることができる、ということになりますね。実際にやってみましょう。

リスト3-2

```
TextButton(
  onPressed:buttonPressed,
  child: Padding(
    padding: EdgeInsets.all(10.0),
    child:Icon (
      Icons.android,
      size: 50.0,
    )
  )
)
```

図3-3：テキストの代わりにアイコンが表示されたTextButton。

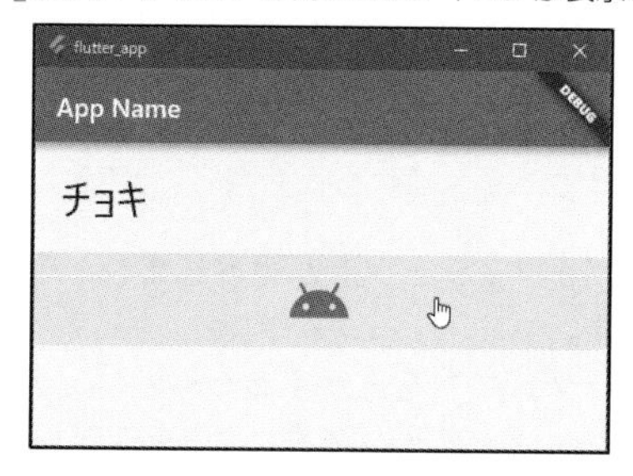

これを実行すると、テキストではなく、Androidのアイコンが表示されるようになります。ここではTextButton内にPaddingを組み込み、更にその中にIconインスタンスを組み込んでいます。これでTextButton内にIconのアイコンが表示されたボタンが出来上がります。

buttonPressedメソッドについて

ここでは、クリックしたときの処理について、「onPressed:buttonPressed」とメソッドを設定しています。このbuttonPressメソッドは、以下のように定義されています。

リスト3-3

```
void buttonPressed(){
  setState((){
    _message = (_janken..shuffle()).first;
  });
}
```

引数なし、戻り値なしのシンプルなメソッドですね。内部にsetStateメソッドを用意し、その中で_messageの値を変更しています。以前、FloatingActionButtonでアクションボタンをクリックしたときの処理を作りましたが、あれと処理の書き方はほぼ同じです。このsetState内で処理を行えば、ボタンクリック時に実行され表示が更新されます。

Paddingについて

TextButtonについてはだいたいわかりましたが、実をいえば先ほどのソースコードには、TextButtonの他にも新しいクラスが使われていました。それは「**Padding**」というものです。Columnのchildrenの部分を見ると、このようになっていました。

```
children: <Widget>[
  Padding(
    padding: EdgeInsets.all(20.0),
    child: Text(……),
    TextButton(
      onPressed: buttonPressed,
      child: Padding(
        padding: EdgeInsets.all(10.0),
          child: Text(……)
```

Textを組み込む際、まずPaddingというウィジェットが組み込まれ、その中のchildにTextが組み込まれているのがわかります。

このPaddingは、名前の通りパディング(余白)を表示するためのコンテナです。この中にウィジェットを組み込むと、そのウィジェットの周囲に余白を作成します。余白は、paddingプロパティにEdgeInsetsを使って設定します。

ウィジェットの中には、paddingプロパティを持っていて余白設定できるものもありますが、そうでないものもあります。余白の機能を持っていないウィジェットで余白設定をしたい場合に用いられるものと考えてください。

ElevatedButtonについて

このTextButtonと同じような働きをするものに「**ElevatedButton**」というものもあります。同じボタンですが、こちらはボタンが少し立体的に表示されます。

Flutter Studioでは、「Material」内に「RaisedButton」としてアイコンが用意されています。TextButtonと同様、Flutter3以前に使われていた「RaisedButton」というウィジェットがそのまま表示されていますが、基本的な使い方はほぼ同じなのでコードをコピーしRaisedButtonからElevatedButtonに置換して利用すればいいでしょう。

プレビューエリアに配置すると、右側にフォント、色を選ぶカラーパレット、Size、Weightといったプロパティが用意されます。

図3-4：RaisedButtonを配置したところ。RaisedButtonはElevatedButtonの古いウィジェット。

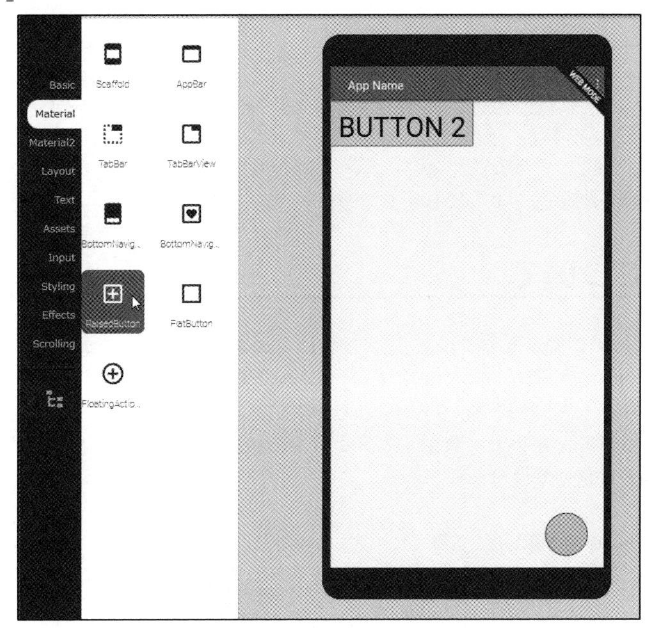

ElevatedButton の利用例

では、ElevatedButtonの利用例を見てみましょう。先ほどのTextButtonを、ElevatedButtonに書き直してみます。

リスト3-4

```
ElevatedButton(
  onPressed:buttonPressed,
  child: Padding(
    padding: EdgeInsets.all(10.0),
    child:Icon (
      Icons.android,
      size: 50.0,
```

```
        )
    )
)
```

図3-5：ElevatedButtonでは立体的にボタンが表示される。

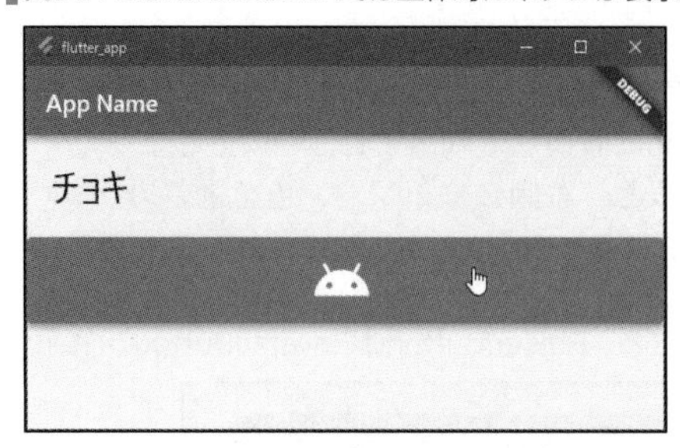

実行すると、タイトルバー部分と同じブルーの色をしたボタンが表示されます。周囲に立体的な影がついており、立体的に見えるようになっています。基本的な動作はまったく同じですから、デザインに合わせて平面的なTextButtonか、立体的なElevatedButtonかを選ぶようにしましょう。

IconButtonについて

クリックして利用するボタンには、もう1つ「**IconButton**」というものがあります。これは、Flutter Studioでは「Material2」のジャンルに用意されています。

これをプレビューにドラッグ＆ドロップすると、カラーパレットとアイコンの種類、「Size」のプロパティが表示されます。アイコンの色と種類、そして大きさを指定すれば、IconButtonを作成できます。

図3-6：IconButtonを配置したところ。

IconButton の利用例

では、実際にIcojnButtonを使ってみましょう。先ほどのTextButton/ElevatedButtonのサンプルコードをIconButtonに書き直してみます。

リスト3-5
```
IconButton(
  icon: const Icon(Icons.insert_emoticon),
  iconSize: 100.0,
  color: Colors.red,
  onPressed:buttonPressed,
)
```

図3-7：アイコンをクリックすると薄いグレーに背景が変わり、onPressedの処理を実行する。

アクセスすると、赤いアイコンが表示されます。これをクリックすると、先ほどのサンプルと同様にじゃんけんの手がランダムに表示されます。

ここでは、IconButtonインスタンスを作成する際、以下のような値を用意しています。

icon	表示するアイコン。Iconインスタンスとして用意する
iconSize	アイコンサイズ。double値で指定
color	アイコンの色
onPressed	クリックしたときに実行するメソッド

これらの中で注意すべきは、iconでしょう。これはIconインスタンスを利用しますが、constする際、引数にIconsクラスの値を使って使用アイコンを指定しています。

また、このIconButtonは、これまでのボタン類と違って、コンテナではありません。中にウィジェットを組み込むことはできないのです。この点も注意しましょう。

FloatingActionButtonについて

アイコンを表示するボタンは、既に「**FloatingActionButton**」というものを利用しています。これは、ScaffoldのfloatingActionButtonにインスタンスを設定することで、画面の右下に自動的にボタンが追加表示されるようになります。

このFloatingActionButtonは、実は普通のボタンとしてウィジェットに組み込んで使うこともできます。先ほどの例で、IconButtonの代わりにFloatingActionButtonを組み込んでみましょう。

リスト3-6

```
FloatingActionButton(
  child: Icon(Icons.android),
  onPressed: buttonPressed
),
```

図3-8：FloatingActionButtonをそのまま画面に配置して使う。

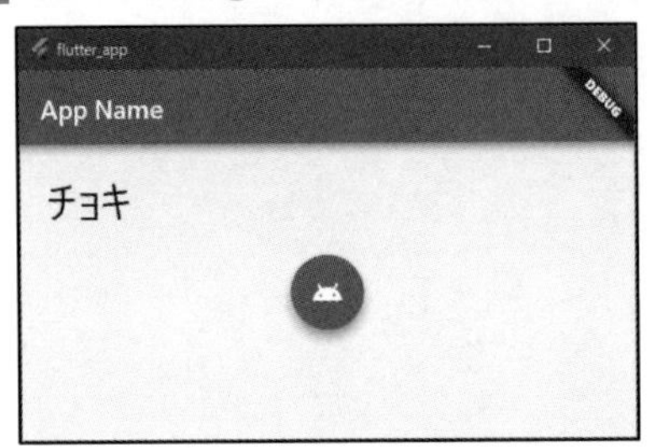

実行すると、テキストの下にFloatingActionButtonのアイコンが表示されます。もちろん、クリックすればちゃんと機能します。

動作そのものはまったく問題ないのですが、やはりFloatingActionButtonは、右下に常に表示されるボタンとして利用するのが一番でしょう。まったく同じボタンが他の場所にあるとユーザーは混乱します。が、「普通のボタンとして使うこともできる」ということは知識として知っておくと良いでしょう。

RawMaterialButtonについて

基本的に、マテリアルデザイン用に用意されているUIは、テーマなどの設定に応じて自動的に表示の色などが調整されるようになっています。「**RawMaterialButton**」は、こうしたテーマなどによる初期値の設定の影響を受けないボタンです。RawMaterialButtonは、自身で使用する色をすべて設定して利用します。

これまでのサンプルで掲載したボタン作成のソースコードをRawMaterialButtonで作成してみましょう。

リスト3-7

```
RawMaterialButton(
  fillColor: Colors.white,
  elevation: 10.0,
  padding: EdgeInsets.all(10.0),
  child: Text(
      "Push me!",
      style: TextStyle(fontSize:32.0,
      color: const Color(0xff000000),
      fontWeight: FontWeight.w400,
      fontFamily: "Roboto"),
    ),
```

```
    onPressed: buttonPressed
),
```

図3-9：RawMaterialButtonによるボタン表示。やや立体的な表示に見える。

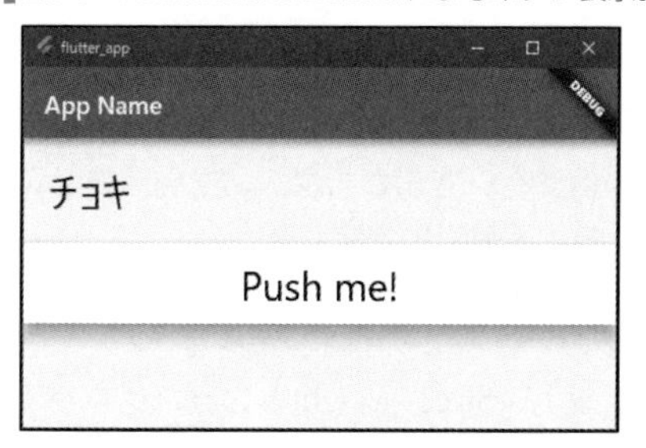

実行すると、横長の白いボタンが表示されます。これがRawMaterialButtonです。クリックすればちゃんとbuttonPressedメソッドの処理が実行されます。

ここでは、fillColorとelevation:という値が用意されています。RawMaterialButtonには、他にも表示に関する値が用意されています。主なものを以下にまとめておきましょう。

fillColor	背景色
highlightColor	クリックしてハイライトしたときの色
splashColor	クリックされたことをあらわす効果として使われる色
elevation	ボタンの高さ（影の幅）
highlightElevation	クリックしたときのボタンの高さ（影の幅）

これらの値を個別に設定することで、独自の立体感あるボタンを作成できます。自分で細かく表示を設定したいような場合、あるいはカスタマイズしたボタンを作成するベースとしてRawMaterialButtonは役立つでしょう。

ただし、RawMaterialButtonは他のボタンのようにテーマの影響を受けないため、テーマを変更した場合も表示はまったく調整されません。統一感あるUIを作成するためには、RawMaterialButtonは逆に問題となることもある、ということは理解しておきましょう。

3-2 入力のためのUI

TextFieldについて

UIには、処理を実行するボタンの他にも、さまざまな入力を行うためのものもあります。今度は、こうした入力用のUIについて見ていきましょう。

まずは「**TextField**」からです。TextFieldは、テキストを入力するUIウィジェットです。Flutter Studioでは、「Input」ジャンルのところにアイコンが用意されています。これを配置すると、フォント名、カラーパレット、Size、Weightといったプロパティが表示されます(一番上にテキストを入力する欄が表示されますが、これは機能しません)。

図3-10：TextFieldを配置したところ。

TextField の利用例

では、実際の利用例を見てみましょう。TextFieldは、入力のためのウィジェットですから、ただ表示するだけでなく、記入されたテキストを利用する方法も理解しておかなければいけません。それらを含めたサンプルを挙げておきます。今回は、ステートクラスである_MyHomePageStateクラスのソースコードを掲載しておきます。

リスト3-8

```
class _MyHomePageState extends State<MyHomePage> {
  static var _message = 'ok.';
  static final _controller = TextEditingController();

  @override
  Widget build(BuildContext context) {
    return Scaffold(
      appBar: AppBar(
        title: Text('App Name'),
      ),
      body: Center(
```

```
        child: Column(
          mainAxisAlignment: MainAxisAlignment.start,
          mainAxisSize: MainAxisSize.max,
          crossAxisAlignment: CrossAxisAlignment.stretch,
          children: <Widget>[
            Padding(
              padding: EdgeInsets.all(20.0),
              child: Text(
                _message,
                style: TextStyle(
                  fontSize: 32.0,
                  fontWeight: FontWeight.w400,
                  fontFamily: "Roboto"),
              ),
            ),
            Padding(
              padding: EdgeInsets.all(10.0),
              child: TextField(
                controller: _controller,
                style: TextStyle(
                  fontSize: 28.0,
                  color: const Color(0xffFF0000),
                  fontWeight: FontWeight.w400,
                  fontFamily: "Roboto"),
              ),
            ),
            ElevatedButton(
                child: Text(
                  "Push me!",
                  style: TextStyle(
                    fontSize: 32.0,
                    color: const Color(0xff000000),
                    fontWeight: FontWeight.w400,
                    fontFamily: "Roboto"),
                ),
                onPressed: buttonPressed),
          ],
        ),
      ),
    );
  }

  void buttonPressed() {
    setState(() {
```

```
        _message = 'you said: ' + _controller.text;
    });
  }
}
```

図3-11：テキストを記入しボタンをクリックすると、「you said: ○○」とメッセージが表示される。

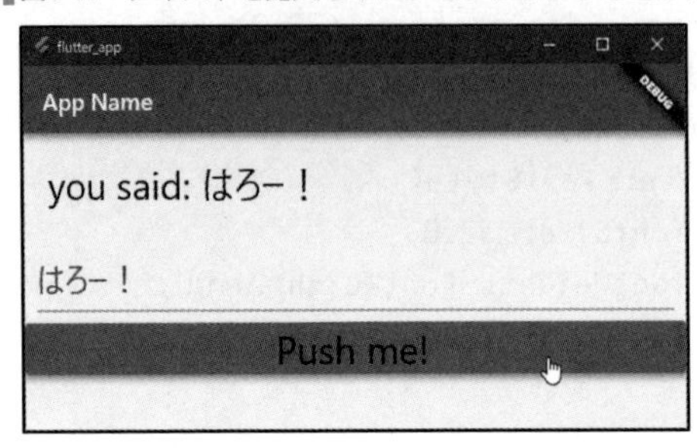

実行すると、テキストを入力するフィールドとボタンが表示されます。テキストを記入し、ボタンをクリックすると、その上に「you said: ○○」とメッセージが表示されます。

TextFieldとController

では、TextFieldの作成部分を見てみましょう。ここではColumnの中にTextやElevatedButtonとともにTextFieldを追加しています。このインスタンス作成部分は、整理するとこのように行っています。

```
TextField(
  controller:《TextEditingController》,
  style:《TextStyle》
)
```

styleはテキストスタイルを設定するものですからわかりますね。問題は「**controller**」という値です。これは、「**Controller (コントローラー)**」と呼ばれるものを設定するためのものなのです。

Controllerは値を管理するクラス

Controllerは、ウィジェットの値を管理するための専用のクラスです。TextFieldのような入力を行うウィジェットは、自身の中に値を保管するプロパティのようなものを持っているわけではありません。値を管理するための「Controller」というクラスを組み込み、これによって値を管理するのです。

Controllerは、_controllerというフィールドとして用意をします。TextFieldでは、TextEditingControllerというクラスが用意されており、このインスタンスをcontrollerに組み込みます。ここではクラスの冒頭に以下のようにしてインスタンスを用意していました。

```
static final _controller = TextEditingController();
```

TextEditingControllerは、引数なしでインスタンスを作成します。このTextEditingControllerには「text」というプロパティが用意されており、これがウィジェットに入力されたテキストとなります。このtextプロパティの値を読み書きすることで、TextEditingControllerを組み込んだウィジェットのテキストを扱うことができます。

buttonPressedメソッドのsetStateでは、以下のように値を利用しています。

```
_message = 'you said: ' + _controller.text;
```

_controller.textで、入力したテキストを取り出し、それを利用して_messageにテキストを設定しているわけです。UIウィジェットを使うには、そのControllerを利用する、というのが基本的考え方なのです。

onChangedイベントの利用

ここでは、ボタンをクリックしたときのonPressedイベントによる処理でテキストを表示しました。ここまで、何かを実行させる場合はすべてボタンのonPressedを使ってきました。が、入力関係のUIウィジェットには、それぞれ独自のイベントも用意されています。

このTextFieldウィジェットには、「**onChanged**」というイベントが用意されています。これは、テキストが修正されると発生するイベントです。これを利用することで、テキストを編集している間、リアルタイムに入力値を利用した処理を行わせることもできます。

では、利用例を挙げておきましょう。

リスト3-9

```
class _MyHomePageState extends State<MyHomePage> {
  static var _message = 'ok.';
  static final _controller = TextEditingController();

  @override
  Widget build(BuildContext context) {
    return Scaffold(
      appBar: AppBar(
        title: Text('App Name'),
      ),
      body: Center(
        child: Column(
          mainAxisAlignment: MainAxisAlignment.start,
          mainAxisSize: MainAxisSize.max,
          crossAxisAlignment: CrossAxisAlignment.stretch,
          children: <Widget>[
            Padding(
```

```
                padding: EdgeInsets.all(20.0),
                child: Text(
                  _message,
                  style: TextStyle(
                    fontSize: 32.0,
                    fontWeight: FontWeight.w400,
                    fontFamily: "Roboto"),
                ),
              ),
              Padding(
                padding: EdgeInsets.all(10.0),
                child: TextField(
                  onChanged: textChanged,
                  controller: _controller,
                  style: TextStyle(
                    fontSize: 28.0,
                    color: const Color(0xffFF0000),
                    fontWeight: FontWeight.w400,
                    fontFamily: "Roboto"),
                ),
              ),
            ],
          ),
        ),
      );
  }

  void textChanged(String val){
    setState((){
      _message = val.toUpperCase();
    });
  }
}
```

図3-12：テキストを入力すると、記入したテキストをすべて大文字にしたものが上に表示される。

実行したら、テキストを記入してみましょう。テキストを入力すると、リアルタイムにすべて大文字に変換されたテキストが入力フィールドの上に表示されます。削除する際もリアルタイムにテキストが変わるのがわかるでしょう。

onChangedメソッドの定義

TextFieldインスタンスを作成している部分を見てみると、以下のようにしてonChangedイベントの設定がされているのがわかります。

```
onChanged: textChanged,
```

ここでは、textChangedというメソッドが指定されています。このメソッドの定義は、クラス定義の一番最後に以下のように用意されています。

```
void textChanged(String val){
  setState((){
    _message = val.toUpperCase();
  });
```

引数にString値が用意されています。これが、変更されたウィジェットのテキストになります。その中では、onPressedの場合と同様に、setStateが用意されています。StatefulWidgetのステートを操作する場合は、常にsetStateを使います。これはイベントの種類や操作するウィジェットが変わっても同じです。ここでは、toUpperCaseメソッドで引数valのテキストをすべて大文字にしてメッセージに設定してあります。

Checkboxについて

ONかOFFかといった二者択一の値を入力するのに用いられるのが「チェックボックス」です。これは、「**Checkbox**」というクラスとして用意されています。

これは、Flutter Studioの「Input」ジャンルの中に用意されています。「Checkbox」というアイコンをプレビューにドラッグ＆ドロップすると、Checkboxウィジェットが追加されます。プロパティには、Top、Bottom、Left、RightといったPaddingの値のみが表示されます。

このCheckboxは、チェックボックスのチェックの部分のみを表示します。横にテキストなどを表示させたい場合は、別途Textを追加する必要があります。

図3-13：Flutter StudioでCheckboxを配置したところ。これはRowを使い、Checkboxの横にTextを配置してチェックボックスらしくしてある。

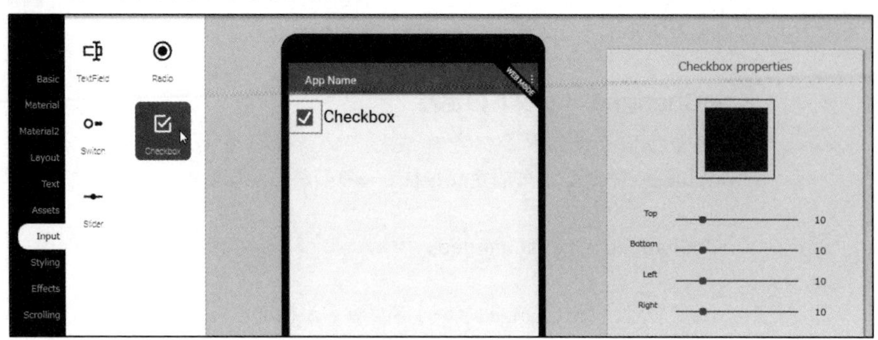

Checkbox の利用例

では、実際にCheckboxを利用してみましょう。_MyHomePageStateクラスのみ掲載しておきます。

リスト3-10

```
class _MyHomePageState extends State<MyHomePage> {
  static var _message = 'ok.';
  static var _checked = false;

  @override
  Widget build(BuildContext context) {
    return Scaffold(
      appBar: AppBar(
        title: Text('App Name'),
      ),
      body: Center(
        child: Column(
          mainAxisAlignment: MainAxisAlignment.start,
          mainAxisSize: MainAxisSize.max,
          crossAxisAlignment: CrossAxisAlignment.stretch,
          children: <Widget>[
            Padding(
              padding: EdgeInsets.all(20.0),
              child: Text(
                _message,
                style: TextStyle(
                  fontSize: 32.0,
                  fontWeight: FontWeight.w400,
                  fontFamily: "Roboto"),
              ),
            ),
```

```
                Padding(
                  padding: EdgeInsets.all(10.0),
                  child: Row(
                      mainAxisAlignment: MainAxisAlignment.start,
                      mainAxisSize: MainAxisSize.max,
                      crossAxisAlignment: CrossAxisAlignment.end,
                      children: <Widget>[
                        Checkbox(
                          value:_checked,
                          onChanged: checkChanged,
                        ),
                        Text(
                          "Checkbox",
                          style: TextStyle(fontSize:28.0,
                              fontWeight: FontWeight.w400,
                              fontFamily: "Roboto"),
                        )
                      ]
                  )
                ),
              ],
            ),
          ),
        );
  }

  void checkChanged(bool? value){
    setState(() {
      _checked = value!;
      _message = value ? 'checked!' : 'not checked...';
    });
  }

}
```

図3-14：チェックをクリックするとチェック状態がON/OFFされ、同時に現在の状態がテキストで表示される。

実行すると、チェックボックスが1つだけ表示されます。このチェック部分をクリックするとチェックがON/OFFされます。同時に、チェックボックスの上に「checked!」「not checked...」といったテキストが表示されます。

Checkboxの基本

では、Checkboxインスタンスを作成している部分を見てみましょう。これは以下のように記述されているのがわかります。

```
Checkbox(
  value:《bool》,
  onChanged: 関数,
),
```

valueは、チェックの状態を示すもので、bool値で指定をします。trueならばON、falseならばOFFになります。onChangedは、チェック状態が変更された際に発生するイベントの処理を指定するためのものです。ここにメソッドを指定すれば、チェックボックスを操作した際に処理を自動的に呼び出すことができます。

このonChangedに割り当てているメソッド(サンプルでは、checkChanged)がどのようになっているか見てみましょう。

```
void checkChanged(bool? value){
  setState(() {
    _checked = value!;
    _message = value ? 'checked!' : 'not checked...';
  });
}
```

引数にはbool値が1つ渡されています。これは、現在のチェックの状態を表す値です。その中では、setStateで_checkedと_messageの値を変更していますね。これで、Checkboxのチェック状態とTextのメッセージが変更されるというわけです。

重要なのは、_checkedの変更です。ここではCheckboxを作成する際、value:_checkedというようにvalueに_checkedを代入しています。_checkedをsetStateで変更すれば、valueの値が変わり、チェック状態も変更されるのです。

このようにsetStateでチェック状態を変更する処理を用意しないと、チェックボックスをクリックしてもチェックの状態は変わりません。つまり、チェック状態の変更は、ウィジェットに自動的に用意されているわけではなく、プログラマが明示的に処理してやらなければいけないのです。

Column ?と!

ここでは、checkChangedの引数にbool? valueと値が指定されています。そしてこの値を変数に格納しているときは、_checked = value!;と記述されています。どちらも、変数valueのあとに?や!といった記号が付けられていますね。
これは、「nullを許容するかどうか」を示すものです。?は「Null許容(値にnullが代入されるのを許可する)」を示す記号で、!は「非null保証(nullではないことを保証する)」の記号です。Dartは「nullセーフティ」といって、nullによる例外が発生しないように設計されています。このために必要となる記号なのです。

Switchについて

このCheckboxと非常に似たものに、「スイッチ」があります。これもクリックしてON/OFFするウィジェットです。

Flutter Studioの「Input」に「**Switch**」として用意されています。プロパティには、テキスト関連の値(フォント名、色、Size、Weight)が表示されますが、これはSwitchとは関係のないものです。Switch特有のプロパティは表示されないようです。

図3-15：Flutter StudioでSwitchを配置したところ。

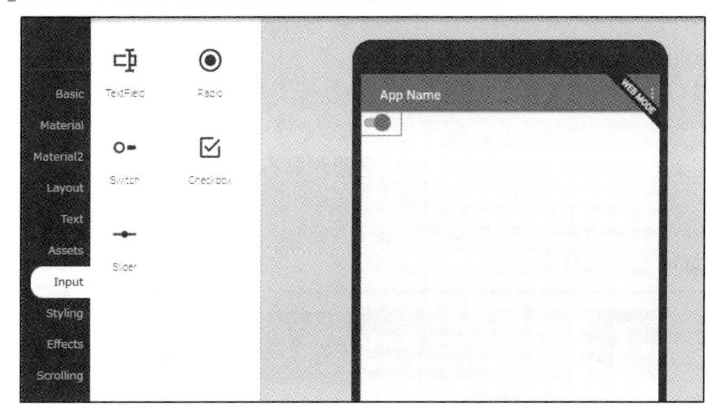

Switch の利用例

このSwitchは、Checkboxと見た目が違うだけで、基本的な機能はほぼ同じです。先ほどのサンプルにあった、Checkboxの部分を以下のように書き換えてみましょう。

リスト3-11

```
Switch(
  value:_checked,
  onChanged: checkChanged,
),
```

図3-16：SwitchをクリックしてON/OFFすると、現在の状態が上に表示される。

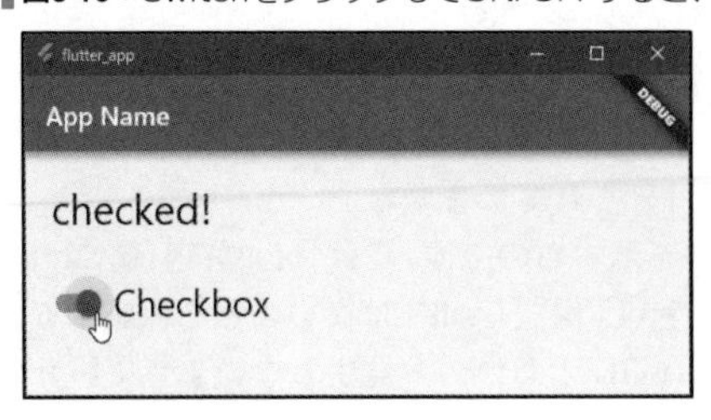

実行すると、Checkboxの代わりにSwitchが表示されます。これをクリックすると、checkChangedメソッドが呼び出され現在の状態がテキストに表示されます。

見ればわかるように、ここではCheckboxをSwitchに変更しただけで、実行する処理などはまったく変更していません。また、checkChangedメソッドや、そこで実行する処理もそのままになっています。これらはCheckboxと何一つ変更されてはいないのです。

基本的な使い方はまったく同じですから、CheckboxとSwitchは「外観が異なるだけで同じウィジェット」と考えても良いでしょう。

Radioについて

複数の項目から1つを選ぶラジオボタンもFlutterには用意されています。これはFlutter Studioの「Input」に「**Radio**」というアイコンとして用意されています。実際にドラッグ＆ドロップして配置してみるとわかりますが、Radioにはプロパティが何も用意されていません。したがって、配置したあとでソースコードを開発ツールにコピーし、あとは手作業でコーディングをしていく必要があるでしょう。

図3-17：Radioを配置したところ。RowとColumnを組み合わせ、Radioの横にはTextを配置してある。プロパティは特に表示されない。

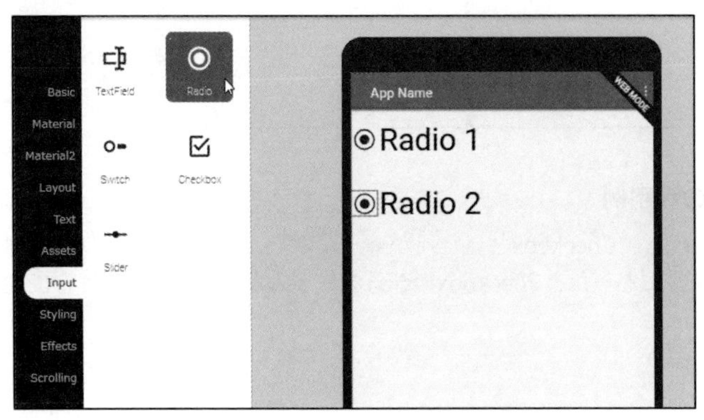

Radioの利用例

では、実際にラジオボタンを表示してみましょう。ラジオボタンは、複数の項目から1つだけを選択する必要があります。この処理もプログラマがイベントを利用して用意しなくてはいけません。それらを含めた簡単な例を挙げておきましょう。

リスト3-12

```
class _MyHomePageState extends State<MyHomePage> {
  static var _message = 'ok.';
  static var _selected = 'A';

  @override
  Widget build(BuildContext context) {
    return Scaffold(
      appBar: AppBar(
        title: Text('App Name'),
      ),
      body: Center(
        child: Column(
          mainAxisAlignment: MainAxisAlignment.start,
          mainAxisSize: MainAxisSize.max,
          crossAxisAlignment: CrossAxisAlignment.stretch,
          children: <Widget>[
            Padding(
              padding: EdgeInsets.all(20.0),
              child: Text(
                _message,
                style: TextStyle(
                  fontSize: 32.0,
                  fontWeight: FontWeight.w400,
                  fontFamily: "Roboto"),
              ),
            ),

            Padding(
              padding: EdgeInsets.all(10.0),
            ),

            Row(
                mainAxisAlignment: MainAxisAlignment.start,
                mainAxisSize: MainAxisSize.max,
                crossAxisAlignment: CrossAxisAlignment.center,
                children: <Widget>[

                  Radio<String>(
                    value: 'A',
                    groupValue: _selected,
                    onChanged: checkChanged,
                  ),
                  Text(
```

```
                    "radio A",
                    style: TextStyle(fontSize:28.0,
                      fontWeight: FontWeight.w400,
                      fontFamily: "Roboto"),
                  )
                ]
            ),

            Row(
                mainAxisAlignment: MainAxisAlignment.start,
                mainAxisSize: MainAxisSize.max,
                crossAxisAlignment: CrossAxisAlignment.center,
                children: <Widget>[

                  Radio<String>(
                    value: 'B',
                    groupValue: _selected,
                    onChanged: checkChanged,
                  ),
                  Text(
                    "radio B",
                    style: TextStyle(fontSize:28.0,
                      fontWeight: FontWeight.w400,
                      fontFamily: "Roboto"),
                  )
                ]
            ),
          ],
        ),
      ),
    );
  }

  void checkChanged(String? value){
    setState(() {
      _selected = value ?? 'nodata';
      _message = 'select: $_selected';
    });
  }
}
```

図3-18：2つのラジオボタンを表示する。クリックすると、上に選択したラジオボタン名が表示される。

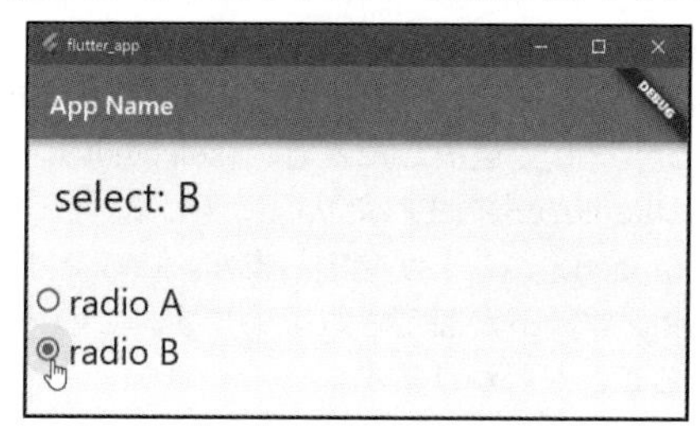

実行すると、2つのラジオボタンが表示されます。ボタンをクリックすると、そのボタンが選択され、上に「select: ○○」と選択したボタン名が表示されます。

Radio の値の仕組み

では、Radioの利用の仕方を見ていきましょう。Radioのインスタンスは、以下のような形で作成をします。

```
Radio<型>(
  value: 値 ,
  groupValue: 値 ,
  onChanged:……メソッド……,
)
```

ここで重要なのは、<型>です。Radioを使うとき、最初に考えなければいけないのは、「どんな値を、各ボタンの値として利用するか」です。Radioにはvalueプロパティがあり、これで各Radio固有の値を設定します。この値は、どんな型の値でもかまいません。数字でもテキストでも他のオブジェクトでもかまわないのです。ただし、「これを使う」となったら、そのRadioを含むグループのすべてのRadioで同じ型をvalueとして使わなければいけません。

例えば、ここではStringの値をvalueとして使っています。Radio作成部分を見るとこんな具合に書かれていますね。

```
Radio<String>(
  value: 'A',
  groupValue: _selected,
  onChanged: checkChanged,
),
```

Stringを値として利用するため、Radio<String>(……) という形でインスタンスを作成しています。valueには、各Radioごとに固有の値を設定しておきます。

gourpValue の働き

その後の「**groupValue**」は、グループで選択された値を示します。例えば、ここではvalue:'A'のRadioと、value:'B'のRadioが用意されています。value:'A'のRadioが選択されていたなら、groupValueの値は'A'となります。そしてvalue:'B'のRadioが選択されたなら、groupValueは'B'となるのです。

ここでは、_selectedというString型のフィールドを用意し、これをgroupValueに設定しています。これで、Radioをクリックして選択したとき、_selectedの値をクリックしたRadioのvalueに変更すれば、そのRadioが選択された状態に変わる、というわけです。

選択状態が変更されると、onChangedイベントが発生します。ここでは、onChanged: checkChangedとしてcheckChangedメソッドが設定されています。このメソッドの処理を見ると、以下のようになっていることがわかります。

```
void checkChanged(String? value){
  setState(() {
    _selected = value ?? 'nodata';
    _message = 'select: $_selected';
  });
}
```

引数にはString値が渡されていますね。これが、選択されたRadioのvalueです。この値を、groupValueに設定してある_selectedに代入することで、そのRadioが選択された状態と認識されるのです。

_selectedへの代入は、value ?? 'nodata'というようになっていますね。この「??」という演算子は、「値がnullだった場合の値」を示すものです。checkChangedの引数をよく見てください。String? valueというように、null許容の値になっていますね？ そこで??を使い、「valueがnullだった場合は'nodata'という値を代入する」というようにしているのです。

ここではStringをvalueとして利用しましたが、これはString以外のものでもかまわないのです。使用する値を統一すること、RadioやonChangedなどでの型を正しく指定すること、これらを正確に行えばどんな値でも使うことが可能です。

DropdownButtonについて

ラジオボタンのように複数の項目から1つを選ぶようなUIは他にもあります。その1つが「ドロップダウンボタン」です。クリックするとメニューが現れ、そこから項目を選ぶとそれが表示される、といったものです。

Flutter Studioでは、「Material 2」ジャンルの中に「**DropdownButton**」というアイコンとして用意されています。これをドロップすると、テキストの表示に関するプロパティ(表示テキスト、カラーパレット、Size、Weightなど)が表示されます。これで表示されるテキストの設定は行えます。ただし、メニューに表示される項目などの設定は用意されていません。

図3-19：DropdownButtonを配置したところ。

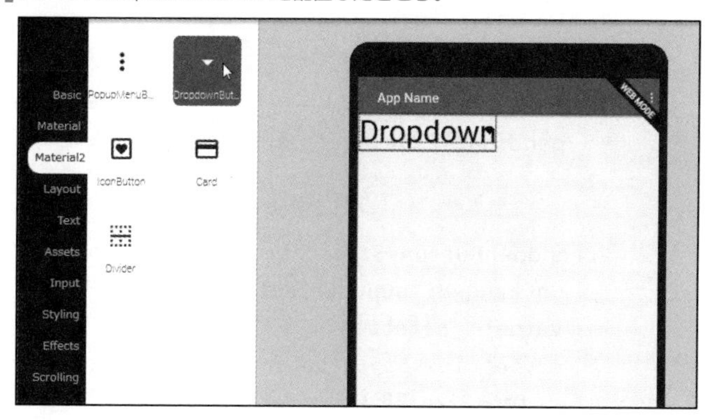

DropdownButtonの利用例

では、実際にDropdownButtonを利用したサンプルを挙げておきましょう。ここでは3つのメニュー項目を持ったDropdownButtonを用意し、選択した項目を表示する処理を用意しておきます。

リスト3-13

```
class _MyHomePageState extends State<MyHomePage> {
  static var _message = 'ok.';
  static var _selected = 'One';

  @override
  Widget build(BuildContext context) {
    return Scaffold(
      appBar: AppBar(
        title: Text('App Name'),
      ),
      body: Center(
        child: Column(
          mainAxisAlignment: MainAxisAlignment.start,
          mainAxisSize: MainAxisSize.max,
          crossAxisAlignment: CrossAxisAlignment.stretch,
          children: <Widget>[
            Padding(
              padding: EdgeInsets.all(20.0),
              child: Text(
                _message,
                style: TextStyle(
                  fontSize: 32.0,
                  fontWeight: FontWeight.w400,
                  fontFamily: "Roboto"),
```

```
              ),
            ),

            Padding(
              padding: EdgeInsets.all(10.0),
            ),

            DropdownButton<String>(
              onChanged: popupSelected,
              value: _selected,
              style: TextStyle(color:Colors.black,
                fontSize:28.0,
                fontWeight: FontWeight.w400,
                fontFamily: 'Roboto'),

              items: <DropdownMenuItem<String>>[
                const DropdownMenuItem<String>(value: 'One',
                  child: const Text('One')),
                const DropdownMenuItem<String>(value: 'Two',
                  child: const Text('Two')),
                const DropdownMenuItem<String>(value: 'Three',
                  child: const Text('Three')),
              ],
            ),
          ],
        ),
      ),
    );
  }

  void popupSelected(String? value){
    setState(() {
      _selected = value ?? 'not selected...';
      _message = 'select: $_selected';
    });
  }
}
```

図3-20：DropdownButtonをクリックするとメニューがポップアップして現れる。そこから項目を選ぶと、選んだ項目名が表示される。

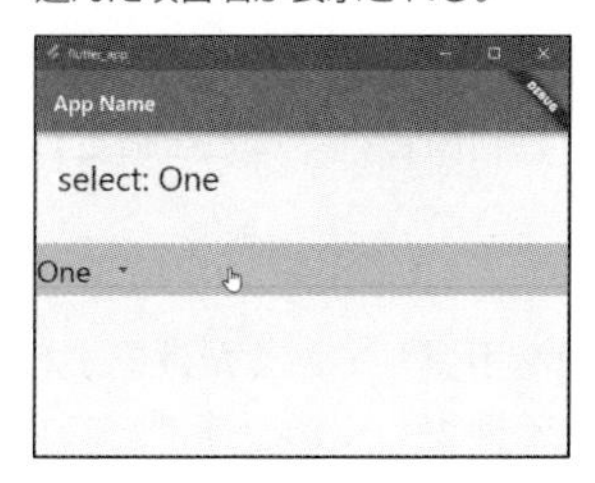

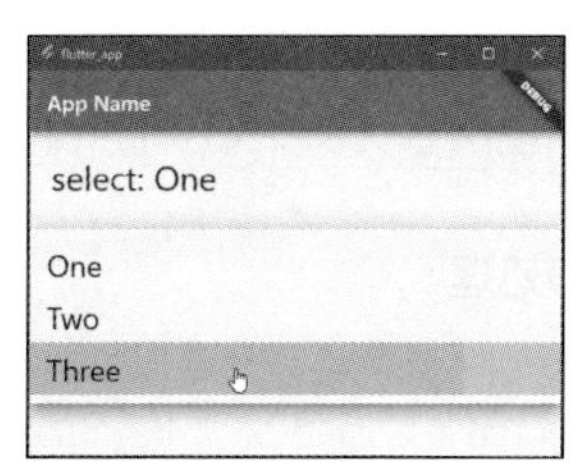

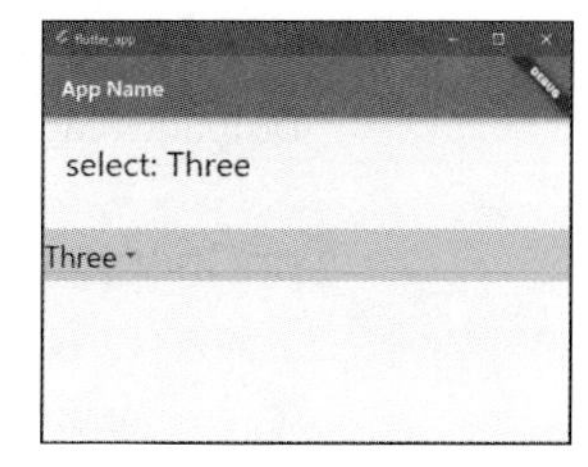

実行すると、DropdownButtonのある画面が現れます。これをクリックすると、その場に3つの項目があるメニューが現れます。ここでどれかをクリックして選ぶと、その項目名が「select: ○○」というように表示されます。

DropdownButtonの基本形

では、DropdownButtonがどのように利用されているのか見てみましょう。まずDropdownButtonインスタンスがどのように作成されているか、整理しておきましょう。

```
DropdownButton<型>(
  onChanged: 関数,
  value: 値 ,
  style: 《TextStyle》,
  items: [《DropdownMenuItem》, …]
)
```

onChangedは、値が変更されたときのイベント処理ですね。valueは、選択された値です。そしてitemsには、表示する項目の情報をまとめておきます。

このDrokpdownButtonも、先ほどのRadioと同様に「どんな型を値として利用するか」を考えて設計する必要があります。インスタンスは、DropdownButton<型>(……) というように、型を指定して作成します。valueは、この型の値になります。

DropdownMenuItemについて

itemsに用意するメニュー項目の情報も、この「型」が重要になります。メニュー項目は、「**DropdownMenuItem**」というクラスのインスタンスとして作成します。このインスタンスの配列（リスト）を作成し、itemsに設定するのです。

このDropdownMenuItemは、以下のような形でインスタンスを作成します。

```
DropdownMenuItem<型>(value: 値, child: ウィジェット )
```

引数には、valueでそのDropdownMenuItemの値を指定します。これは、<型>で指定された型の値でなければいけません。childには、このメニュー項目内に組み込まれるウィジェットを指定します。通常はTextを使い、メニュー項目に表示されるテキストを設定します。が、例えばIconを使ってアイコンを組み込んだりすることも可能です。

こうして作成されたDropdownMenuItemは、以下のような形でitemsにまとめられます。

```
items: <DropdownMenuItem<型>>[《DropdownMenuItem》, …]
```

<DropdownMenuItem>は型を特定するジェネリクスです。これでリストにはDropdownMenuItemインスタンスだけが保管され利用されることを指定します。

onChangedの処理

あとは、onChangedでメニュー選択時の処理を用意しておくだけですね。onChangedでは、popupSelectedというメソッドを値として指定してあります。このメソッドは、以下のような処理を行っています。

```
void popupSelected(String? value){
  setState(() {
    _selected = value ?? 'not selected...';
    _message = 'select: $_selected';
  });
}
```

引数のString値は、選択されたDropdownMenuItemインスタンスのvalueが渡されます。これを_selectedに指定することで、DropdownButtonのvalueに選択した項目のvalueが設定され、その項目が選択された状態となる、というわけです。

ここでも、引数のvalueはnull許容であるため、_selectedへの代入は、value ?? 'not selected...'というようにしてnullの場合の値も用意しておきます。

PopupMenuButton

DropdownButtonと似たようなものに、「**PopupMenuButton**」というものもあります。これは、ポップアップメニューを呼び出すための専用ボタンです。一般のアプリでは、画面の右上あたりに「⋮」というマークのようなものがあって、これをクリックするとメニューが現れるようになっているはずです。あの「⋮」が、PopupMenuButtonなのです。

これは通常、AppBarなどの中に配置するのが一般的で、画面の適当な場所に表示させることはあまりないのですが、使い方だけは覚えておきましょう。

PopupMenuButtonの利用例

では、先ほどのサンプルで、DropdownButtonインスタンスの作成部分を以下のように書き換えてみてください。

リスト3-14

```
Align(alignment: Alignment.centerRight,
  child: PopupMenuButton(
    onSelected: (String value)=> popupSelected(value),
    itemBuilder: (BuildContext context) =>
    <PopupMenuEntry<String>>[
```

```
        const PopupMenuItem( child: const Text("One"),
          value: "One",),
        const PopupMenuItem( child: const Text("Two"),
          value: "Two",),
        const PopupMenuItem( child: const Text("Three"),
          value: "Three",),
      ],
    ),
  ),
```

図3-21：「⋮」マークをクリックするとメニューが現れる。

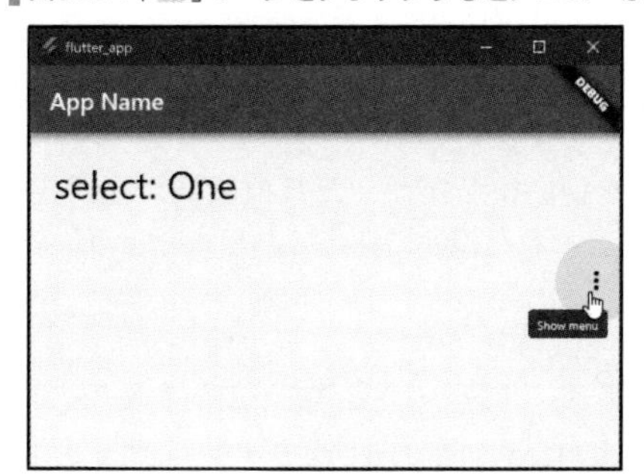

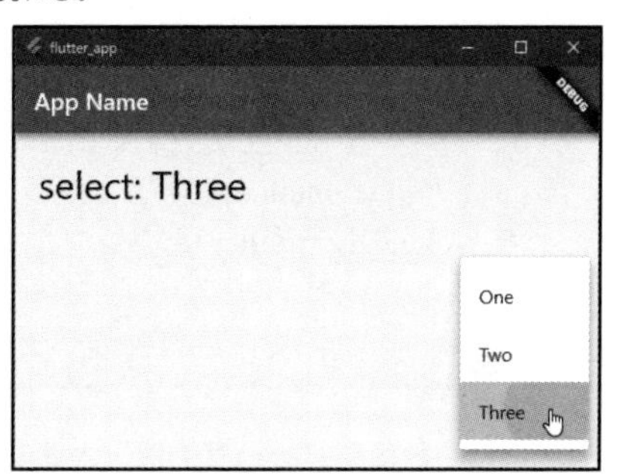

実行すると、画面上部のテキストの右下あたりに「⋮」マークが表示されます。これをクリックすると、メニューがポップアップして現れます。ここからメニュー項目を選ぶと、選んだメニューの値がメッセージとして表示されます。

ここでは、onSelectedに先のサンプルとまったく同じ形でpopupSelectedメソッドを割り当てています。メソッドはそのままで変更していませんから、DropdownButtonがそのままPopupMenuButtonに置き換わっただけで、まったく同じ処理を実行していることがわかります。

PopupMenuEntry と PopupMenuItem

ここでは、「**itemBuilder**」というものにメニュー項目の情報がまとめられています。これは、以下のような形をしています。

```
itemBuilder: (BuildContext context) =><PopupMenuEntry<型>>[……]
```

BuildContextというクラスのインスタンスを引数として渡す形で、**PopupMenuEntry**のリストを用意しています。BuildContextはウィジェット類のベースとなっているクラスです。このリストでは、PopupMenuEntryには**PopupMenuItem**というPopupMenuEntryのサブクラスを使っています。

```
const PopupMenuItem( child: ウィジェット, value: 値,),
```

このように、valiueにこのPopupMenuItemの値を、そしてchildにはメニュー項目内に表示するウィジェット(通常はText)を用意します。このあたりの使い方は、DropdownMenuItemとほとんど同じですね。クラス名が異なるだけで、基本的な構造や仕組みはDropdownButtonの場合とほとんど同じなのです。

Alignについて

今回、PopupMenuButtonは「**Align**」というウィジェットの中に組み込んで配置しています。このAlignは、ウィジェットの位置揃えを調整するコンテナです。これは以下のように作成します。

```
Align(alignment:《Alignment》, child:……)
```

alignmentには、Alignmentというクラスを指定します。このクラスの中に主な位置揃えの値がまとめられているので、それを値として指定すれば左右中央の好みの位置にウィジェットを配置することができます。

先にContainerというコンテナを使いましたが、ただ位置揃えを設定するだけならAlignのほうが扱いもシンプルです。これを機会に覚えておきましょう。

Slider

数値をアナログ的に入力するのに用いられるのが「**スライダー**」です。ドラッグして動かすノブがあり、それを左右(または上下)にスライドして値を設定するものですね。

これは、Flutter Studioの「Input」ジャンル内に「**Slider**」というアイコンで用意されています。配置すると、上下左右の余白を指定するプロパティのみが表示されます。Sliderには、設定する値に関するプロパティがいくつもあるのですが、こうした独自のプロパティは現時点では表示できないようです。ウィジェットを配置したあと、ソースコードをコピー&ペーストしてあとは自分でコーディングすることになるでしょう。

図3-22：Sliderを配置したところ。プロパティにはSliderに関する設定は表示されない。

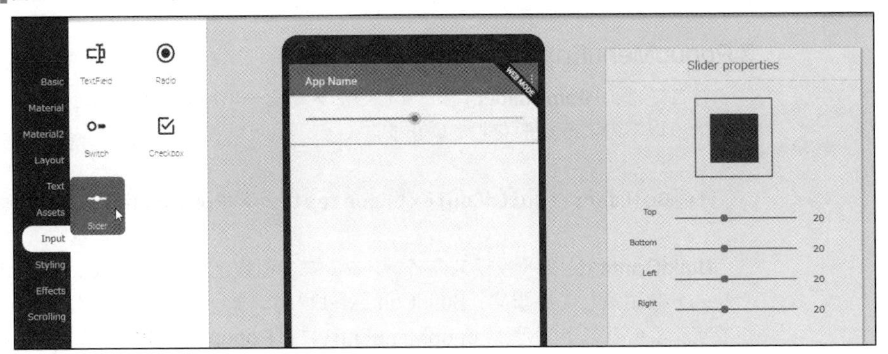

Sliderの利用例

では、実際の利用例を挙げましょう。ここでは、0～100までの範囲を20分割し、5刻みで値を入力するスライダーを作成し利用してみます。

リスト3-15

```
class _MyHomePageState extends State<MyHomePage> {
  static var _message = 'ok.';
  static var _value = 0.0;

  @override
  Widget build(BuildContext context) {
    return Scaffold(
      appBar: AppBar(
        title: Text('App Name'),
      ),
      body: Center(
        child: Column(
          mainAxisAlignment: MainAxisAlignment.start,
          mainAxisSize: MainAxisSize.max,
          crossAxisAlignment: CrossAxisAlignment.stretch,
          children: <Widget>[
            Padding(
              padding: EdgeInsets.all(20.0),
              child: Text(
                _message,
                style: TextStyle(
                  fontSize: 32.0,
                  fontWeight: FontWeight.w400,
                  fontFamily: "Roboto"),
              ),
            ),

            Padding(
              padding: EdgeInsets.all(10.0),
            ),

            Slider(
              onChanged: sliderChanged,
              min: 0.0,
              max: 100.0,
              divisions: 20,
              value:_value,
            ),
          ],
        ),
      ),
    );
  }
```

```
  void sliderChanged(double value){
    setState(() {
      _value = value.floorToDouble();
      _message = 'set value: $_value';
    });
  }
}
```

図3-23：スライダーをドラッグすると5刻みで値が表示される。

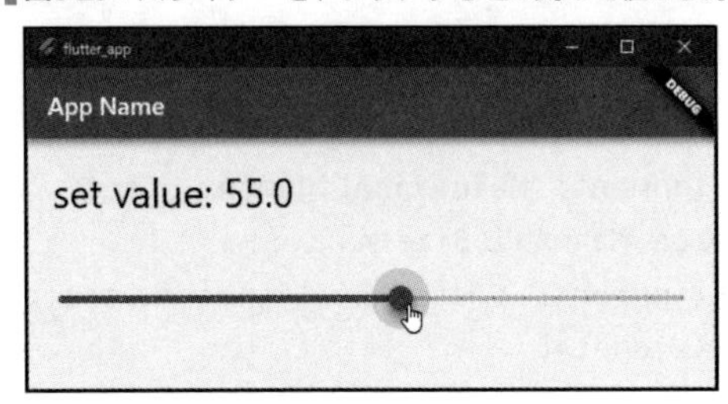

実行すると、横長のスライダーが表示されます。このノブをドラッグして動かすと、0～100までの値が5刻みで表示されていきます。

Sliderの基本形

では、Sliderインスタンスを作成している部分を見てみましょう。Sliderは多くのプロパティを持っていますが、一般的に利用されるプロパティはそう多くはありません。整理すると以下のようになるでしょう。

```
Slider(
  onChanged: 関数,
  min:《double》,
  max:《double》,
  divisions:《int》,
  value:《double》,
),
```

onChanged	変更時のイベント処理。ドラッグ中、値が変わる度に呼び出される
min	最小値
max	最大値
divisions	分割数。例えばmin:0, max:10でdivisions:10ならば、1ずつ値が選択される。省略すると実数のままなめらかに値が変化していく
value	現在選択されている値

divisionsは、実数で値を取り出し利用する場合は必要ないでしょう。例えばmin～

maxの範囲で整数の値だけを取り出すような場合に用いられます。ただし、divisionsを指定したからといって、valueがintに変わるわけではありません。あくまでdivisionsは「全体をいくつに分割するか」を指定するだけなので、int値が欲しければvalueをintに変換する必要があります。

ここではonChangedで呼び出しているsliderChangedメソッドで以下のような処理を行っています。

```
void sliderChanged(double value){
  setState(() {
    _value = value.floorToDouble();
    _message = 'set value: $_value';
  });
}
```

valueをfloorToDoubleで整数化(ただし値そのものはdoubleのまま)して_valueに代入しています。整数で表示したければ、floorなどで整数部分だけ取り出し利用すればいいでしょう。

3-3 アラートとダイアログ

showDialog関数について

UIというのは、最初から画面に表示されているものばかりではありません。必要に応じて画面に現れるものもあります。アラートやダイアログと呼ばれるUIです。これらの使い方について説明しましょう。

アラートなどを画面に表示するには、「**showDialog**」という関数を利用します。この関数は以下のような形をしています。

```
showDialog(
  context: 《BuildContext》,
  builder: 《WidgetBuilder》
)
```

contextには、**BuildContext**インスタンスを指定します。このBuildContext、前にも一度登場していますね。PopupMenuButtonのitemBuilderのところです(リスト3-14)。このBuildContextというクラスはウィジェットのベースとなるものです。このcontext上にダイアログが表示されます。

そしてbuilderは**WidgetBuilder**というクラスで、これはBuildContextのtypedef(関数型エイリアス、関数を引数や戻り値などで利用するためのもの)で、表示するウィジェットを生成する関数を指定します。

showDialogを利用する

では、実際にshowDialogを使って、簡単なウィジェットをアラートとして表示してみましょう。_MyHomePageStateクラスのみ以下に掲載します。

リスト3-16

```
class _MyHomePageState extends State<MyHomePage> {
  static var _message = 'ok.';

  @override
  Widget build(BuildContext context) {
    return Scaffold(
      appBar: AppBar(
        title: Text('App Name'),
      ),
      body: Center(
        child: Column(
          mainAxisAlignment: MainAxisAlignment.start,
          mainAxisSize: MainAxisSize.max,
          crossAxisAlignment: CrossAxisAlignment.stretch,
          children: <Widget>[
            Padding(
              padding: EdgeInsets.all(20.0),
              child: Text(
                _message,
                style: TextStyle(
                  fontSize: 32.0,
                  fontWeight: FontWeight.w400,
                  fontFamily: "Roboto"),
              ),
            ),

            Padding(
              padding: EdgeInsets.all(10.0),
            ),

            Padding(
              padding: EdgeInsets.all(10.0),
              child: ElevatedButton(
                onPressed:buttonPressed,
              child: Text(
                  "tap me!",
```

```
                    style: TextStyle(fontSize:32.0,
                      color: const Color(0xff000000),
                      fontWeight: FontWeight.w400,
                      fontFamily: "Roboto"),
                  )
                )
              ),
            ],
          ),
        ),
      );
    }

    void buttonPressed(){
      showDialog(
          context: context,
          builder: (BuildContext context) => AlertDialog(
            title: Text("Hello!"),
            content: Text("This is sample."),
          )
      );
    }
  }
```

図3-24：ボタンをクリックすると、画面にメッセージが表示される。

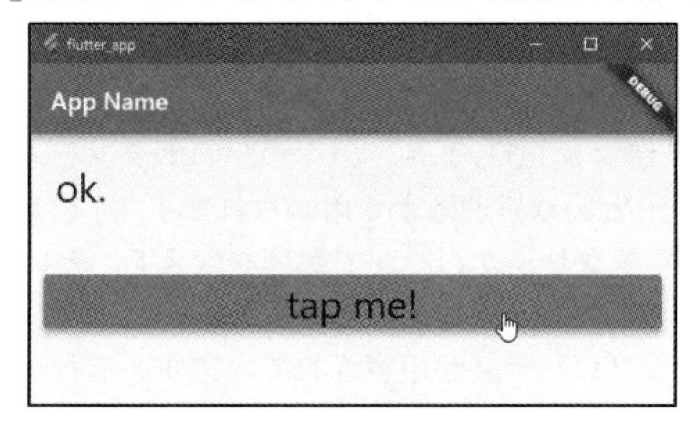

実行すると、ボタンが画面に表示されます。このボタンをクリックすると、画面に「Hello!!」とテキストが表示されます。

showDialogの基本

では、コードを確認しましょう。ここでは、ボタンをクリックしたときに呼び出されるbuttonPressedメソッドの中でshowDialogを呼び出しています。これは以下のような形で記述されています。

```
showDialog(
  context: context,
```

```
  builder: (BuildContext context) => AlertDialog(……),
)
```

contextは、contextをそのまま指定しています。これはStateクラスに用意されているプロパティです。Stateクラスはウィジェットの状態を扱うためのものですから、これ単体で存在することはまずありません。必ず、何らかのウィジェットに関連付けられています。

この関連付けられたウィジェット（BuildContext＝ウィジェットツリーにおけるウィジェットのハンドル）を保管しているのがcontextプロパティです。このStateにあるcontextをそのままshowDialogのcontextに代入すれば、このウィジェット上にアラートを表示することができるというわけです。

AlertDialogについて

もう1つのbuilderには、「**AlertDialog**」というクラスを用意しています。これは、以下のような形でインスタンスを作成します。

```
AlertDialog(
  title: ウィジェット ,
  content: ウィジェット
)
```

タイトルとコンテンツとして表示するウィジェットをそれぞれtitleとcontentに指定します。これをshowDialogで表示させればいいのです。

アラートにボタンを追加する

アラートは、単にメッセージを表示するだけでなく、さまざまな働きを用意することができます。一番一般的なのは「ボタン」でしょう。いくつかのボタンを表示し、クリックしたボタンに応じて処理を行う、という処理はよく用いられます。例えば「OK」「Cancel」といったボタンを用意し、どちらをクリックしたかで処理を変える、というような具合です。

AlertDialogには「actions」というプロパティが用意されています。これは以下のような形で記述をします。

```
actions: <Widget>[……ウィジェットのリスト……]
```

actionsにはウィジェットのリストを用意します。通常、これはボタン関係のインスタンスが用いられます。それぞれのボタンをクリックしたときの処理を用意し、更にアラートが閉じたあとの処理を用意することで、選択したボタンに応じた処理を作ることができます。

また、いくつかのボタンを表示させる場合は、アラートを閉じたあとの処理も必要になるでしょう。これは、ボタンのonPressedなどとは別に、showDialog後に記述をします。

```
showDialog(……).then<void>(……処理……)
```

このように、showDialogのあとに「**then**」というメソッドを用意し、そこに実行する処理を用意します。このthenは、showDialogのコールバック関数を指定するものです。showDialogは非同期に実行されるメソッドです。このためアラートダイアログを閉じたあとの処理はコールバック関数として用意する必要があります。

thenはそれをシンプルに実装することのできるメソッドなのです。thenの引数に実行する関数を用意することで、それがshowDialogのコールバック関数に設定され、アラートを閉じたあとに実行する処理として使われるのです。

アラートのボタンを利用する

では、実際にアラートダイアログにボタンを表示した例を作成してみましょう。先ほどのサンプルで、buttonPressedメソッドを以下のように修正してください。なお、buttonPressedの他に、resultAlertというメソッドも記述してありますが、これも_MyHomePageStateクラス内に追加します。

リスト3-17

```
void buttonPressed(){
  showDialog(
    context: context,
    builder: (BuildContext context) => AlertDialog(
      title: Text("Hello!"),
      content: const Text("This is sample."),
      actions: <Widget>[
        TextButton(
            child: const Text('Cancel'),
            onPressed: () => Navigator.pop<String>(context, 'Cancel')
        ),
        TextButton(
            child: const Text('OK'),
            onPressed: () => Navigator.pop<String>(context, 'OK')
        )
      ],
    ),
  ).then<void>((value) => resultAlert(value));
}

void resultAlert(String value) {
  setState((){
    _message = 'selected: $value';
  });
}
```

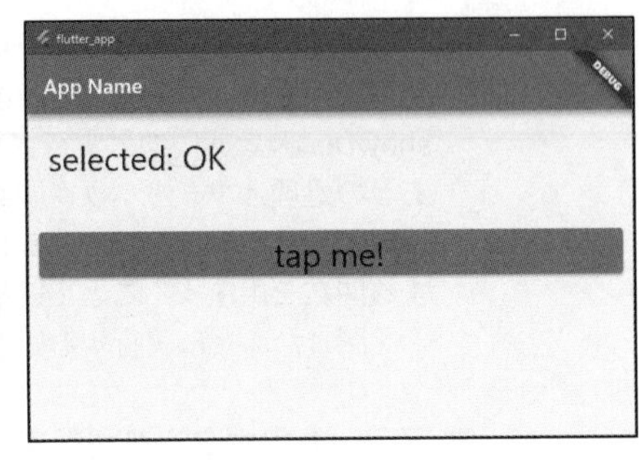

図3-25：ボタンをクリックするとアラートが表示される。そこにある「OK」「Cancel」のボタンをクリックすると、アラートが消えメッセージが表示される。

アプリのボタンをクリックすると、画面にアラートが表示されます。今回はメッセージの下に「Cancel」「OK」という2つのボタンが追加表示されます。これらのボタンをクリックすると、アラートが消え、「selected: ○○」と選択したボタンがメッセージとして表示されます。なお、どちらのボタンも選ばず、アラート外をクリックしてアラートを消した場合は「selected: null」になります。

actionsのボタンについて

ここでは、showDialogのactionsにWidgetリストを用意し、その赤にTextButtonを2つ用意しています。これが、ボタンとして表示されたものです。それぞれのTextButtonでは、クリックした際の処理を以下のように用意しています。

```
onPressed: () => Navigator.pop<String>(context, 'Cancel')
```

Navigator.popは、表示されているアラートダイアログを消す働きをします。これはContextと、アラートを閉じる際に送られる値を引数に指定しています。この値は、どんなものでもいいのですが、あらかじめ「どういう型の値か」を決めてコーディングする必要があります。

ここでは、String値を返すようにしています。このため、pop<String>()というように型が指定されているのです。

thenによるアラート後の処理

では、アラートが閉じたあとの処理はどうしているか？ これは、thenメソッドの中で行っています。ここでは以下のように処理を記述してあります。

```
then<void>((value) => resultAlert(value));
```

これにより、resultAlertメソッドがコールバックとして呼び出されるようになります。このとき、valueという引数が渡されますが、これはNavigator.popの第2引数に指定された値が格納されています。このvalueをチェックすることで、どのボタンを選んでアラートが閉じられたかがわかります。

SimpleDialogについて

ダイアログは、アラートのようにメッセージを表示するだけでなく、ユーザーに何らかの入力をしてもらうものもあります。複数の項目から1つを選ぶような入力は、簡単に作成できるクラスが用意されています。それが「**SimpleDialog**」クラスです。

これはAlertDialogと同じくDialogというクラスを継承して作られたものです。このクラスは以下のようにしてインスタンスを作成します。

```
SimpleDialog(
  title: ウィジェット,
  children: [ウィジェットのリスト],
)
```

titleとchildrenという2つの値を用意します。titleには、タイトルのテキストなどを設定します。通常はTextを指定するでしょう。childrenには、選択肢として表示する項目のリストを用意します。これは通常、「**SimpleDialogOption**」というクラスのインスタンスを指定します。

SimpleDialogOption について

このSimpleDialogOptionクラスは、SimpleDialogの選択肢の項目として使う専用のクラスで、以下のようにインスタンスを用意します。

```
SimpleDialogOption(
  child: ウィジェット ,
  onPressed: ……処理……,
)
```

childには、項目内に表示するウィジェットを指定します。テキストを表示するだけなら、Textでいいでしょう。onPressedには、その項目をクリックしたときの処理を用意します。といっても、これはダイアログを閉じたあとの処理ではありません。ダイアログを閉じるなど、項目を選択したときの基本的な処理を用意します。

ダイアログを閉じたあとの処理は、shwoDialogにthenメソッドをつけ、その中に記述します。このあたりは、AlertDialogなどとまったく変わりありません。

SimpleDialog を利用する

では、実際にSimpleDialogを使ってみましょう。先のbuttonPressedメソッドを以下のように書き換えてください(resultAlertは削除しないでください)。

リスト3-18

```
void buttonPressed(){
  showDialog(
    context: context,
    builder: (BuildContext context) => SimpleDialog(
      title: const Text('Select assignment'),
```

```
        children: <Widget>[
          SimpleDialogOption(
            onPressed: () => Navigator.pop<String>(context, 'One'),
            child: const Text('One'),
          ),
          SimpleDialogOption(
            onPressed: () => Navigator.pop<String>(context, 'Two'),
            child: const Text('Two'),
          ),
          SimpleDialogOption(
            onPressed: () => Navigator.pop<String>(context, 'Three'),
            child: const Text('Three'),
          ),
        ],
      ),
    ).then<void>((value) => resultAlert(value));
  }
```

図3-26：ボタンをクリックすると、「One」「Two」「Three」という項目を持ったダイアログが現れる。ここから項目を選択すると、選択した項目がメッセージに表示される。

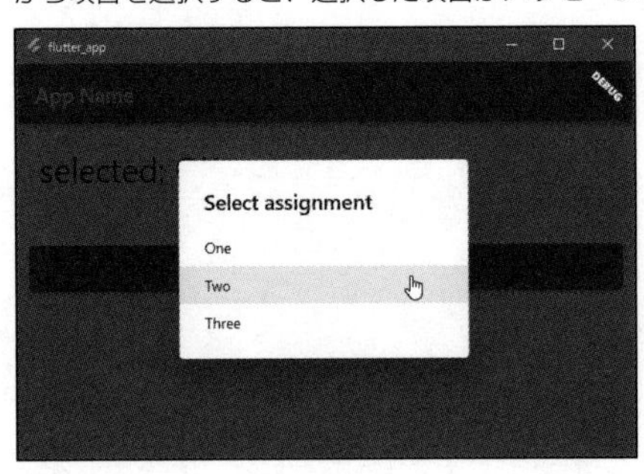

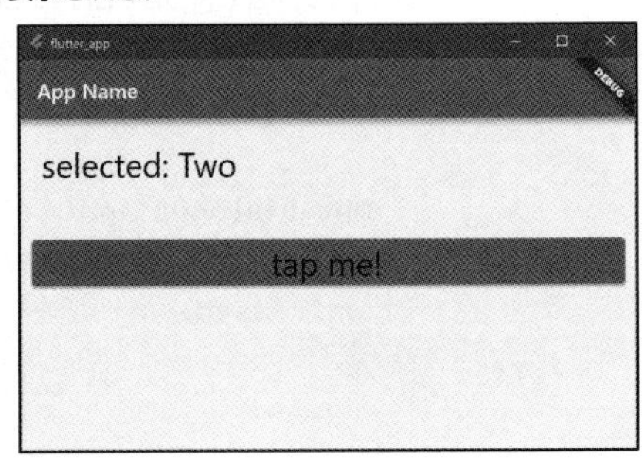

実行し、ボタンをクリックすると、画面にダイアログが現れます。このダイアログには、「One」「Two」「Three」といった項目が表示されています。このいずれかを選ぶと、ダイアログが消え、「selected: ○○」とメッセージが表示されます。

ここでは、SimpleDialogOptionクラスは以下のような形で作成をされています。

```
SimpleDialogOption(
  onPressed: () => Navigator.pop<String>(context, 'One'),
  child: const Text('One'),
),
```

onPressedには、Navigator.popを用意しダイアログを閉じています。chileにはTextを用意してテキストを表示してあります。これで、選択項目が用意できます。

あとは、thenでresultAlertをコールバックに設定し処理させるだけです。resultAlertの処理は先の例から何も変わっていません。popで引数指定された値がresultAlertの引数に渡されるという点はまったく変わらないので、コールバック皮の処理は同じものでかまわないのです。

Chapter 4

複雑な構造のUIウィジェット

UIウィジェットの中には、いくつものウィジェットが組み合わせられて作られているものもあります。こうした複雑なウィジェットについてここで説明しましょう。この章で取り上げるのはAppBar、BottomNavigationBar、ListView、SingleChildScrollView、Navigator、TabBar、Drawerといったものです。

4-1 複雑な構造のウィジェット

AppBarについて

Flutterに用意されているウィジェットは、ボタンのようにシンプルなものばかりではありません。たくさんの部品を組み合わせた複雑な構造のウィジェットも用意されています。基本的なUIウィジェットについて一通り理解したところで、今度はこうした複雑な構造のウィジェットについて見ていくことにしましょう。

まずは、Scaffoldに組み込まれるウィジェットについてです。ここまで、アプリの基本画面は、Scaffoldをベースにしてきました。これはアプリの画面を構成する基本的な要素を一通り備えているからです。

ここまでのサンプルは、appBarにアプリケーションバーを、そしてbodyにアプリのコンテンツを設定してきました。この「**AppBar**」について、もう少し詳しく見ていきましょう。

AppBarの基本形

AppBarは、既に何度となく登場しています。titleにTextを用意することでタイトルの表示を行えました。

が、AppBarに用意されているプロパティは、これだけではありません。この他にも重要なプロパティがあります。それらを含めたインスタンス作成の基本形をまとめておきましょう。

```
AppBar(
  title: ウィジェット ,
  leading: ウィジェット ,
  actions: <Widget>[ ウィジェットのリスト ],
  bottom: 《PreferredSize》,
)
```

title	タイトル表示部分。通常はTextを用意。
leading	左端に表示される。通常はボタンかアイコンを用意。
actions	タイトルの右側に表示される。ボタン・アイコンなどのリストを用意。
bottom	上記の下に追加表示される部分。PreferredSizeインスタンスを用意。

これらの中で説明が必要なのは、bottomでしょう。これは通常、特別な用途などがない限り使うことはありません。このbottomを利用する際には、PreferredSizeというクラスを使います。これはデバイスの画面サイズなどに応じた最適なサイズを調整するためのもので、この中にウィジェットを組み込んで表示させます。

図4-1：AppBarに用意されるウィジェットとプロパティ。4つのエリアにウィジェットを配置できる。

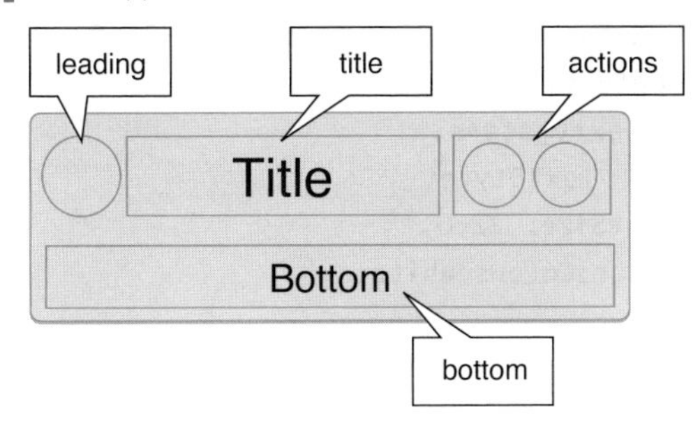

AppBar をカスタマイズする

では、これらのプロパティにウィジェットを配置した例を挙げておきましょう。前章から利用しているサンプルをそのまま使い、_MyHomePageStateクラスを以下のリストのように書き換えてください。

リスト4-1

```
class _MyHomePageState extends State<MyHomePage> {
  static var _message = 'ok';
  static var _stars = '☆☆☆☆☆';
  static var _star = 0;

  @override
  Widget build(BuildContext context) {
    return Scaffold(
      appBar: AppBar(
        title: Text('My App'),
        leading: BackButton(
          color: Colors.white,
        ),

        actions: <Widget>[
          IconButton(
            icon: Icon(Icons.android),
            tooltip: 'add star...',
            onPressed: iconPressedA,
          ),
          IconButton(
            icon: Icon(Icons.favorite),
            tooltip: 'subtract star...',
            onPressed: iconPressedB,
          ),
        ],
```

```
          bottom: PreferredSize(
            preferredSize: const Size.fromHeight(30.0),
            child: Center(
              child: Text(_stars,
                style: TextStyle(
                  fontSize: 22.0,
                  color:Colors.white,
                ),
              ),
            ),
          ),
        ),

        body: Center(
            child: Text(
              _message,
              style: const TextStyle(
                fontSize: 28.0,
              ),
            )
        ),
      );
    }

  void iconPressedA() {
    _message = 'tap "android".';
    _star++;
    update();
  }
  void iconPressedB() {
    _message = 'tap "favorite".';
    _star--;
    update();
  }

  void update() {
    _star = _star < 0 ? 0 : _star > 5 ? 5 : _star;
    setState(() {
      _stars = '★★★★★☆☆☆☆☆'.substring(5 - _star,
        5 - _star + 5) ;
      _message = _message + '[$_star]';
    });
  }
}
```

図4-2：右上の2つのアイコンをクリックすると、AppBarのbottomに表示される星の数が増減する。

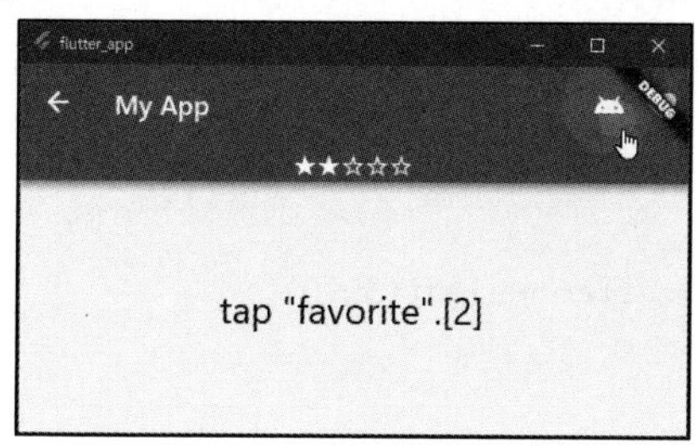

実行すると、AppBarの左側に1つ、右側に2つアイコンが表示されます（右端のものは「DEBUG」という表示に隠れてしまってますが、クリックすればちゃんと動きます）。右側のアイコン2つは、クリックすると「tap: "アイコン名".[星数]」といった形でメッセージが表示され、bottomの星の数が増減します。

BackButtonについて

では、順に見ていきましょう。まずは、**leading**です。これは、以下のようにウィジェットが設定されていますね。

```
leading: BackButton(
  color: Colors.white,
),
```

ここで使っている「**BackButton**」というのは、「前に戻る」ための専用ボタンです。今回は、表示を移動したりしていないので必要ないのですが、一般的にleadingに配置されるウィジェットの例として作成しておきました。BackButtonは、colorでアイコンの色を指定するだけで、他には特にプロパティはありません。

actionsのアイコンについて

続いて、**actions**です。ここが、おそらくAppBarでもっとも活用される部分でしょう。これはウィジェットのリストを用意します。ここでは以下のように指定しています。

```
actions: <Widget>[
  IconButton(
    icon: Icon(Icons.android),
    tooltip: 'add star...',
    onPressed: iconPressedA,
  ),
  ……略……
],
```

今回は、IconButtonインスタンスを用意しました。actionsは、タイトルの右側の限られたエリアに表示するものなので、アイコンなど小さいスペースで表示内容がわかるものを使います。onPressedでクリック時の処理を用意します。

bottomの表示

bottomは、★マークのテキストを表示させています。この部分は以下のように作成されています。

```
bottom: PreferredSize(
  preferredSize: const Size.fromHeight(30.0),
  child: Center(
    child: Text(_stars,
      style: TextStyle(
        fontSize: 22.0,
        color:Colors.white,
      ),
    ),
  ),
),
```

PreferredSizeは、サイズを示すpreferredSizeと、中に組み込むchildを用意します。preferredSizeには、Sizeクラスの「fromHeight」というものを使い、高さ30の大きさのPreferredSizeを用意しています。

chileには、Textを用意しています。ここでは_starsをテキストとして表示することで、_starsを操作して表示を変更しています。このあたりは、これまで散々やってきたsetStateによるステート変更の処理ですから改めて説明は不要でしょう。

BottomNavigationBarについて

Scaffoldでは、AppBarのように画面の上部だけでなく、下部にもバーを表示することができます。これを実現するのが「**BottomNavigationBar**」です。

Scaffoldには、「bottomNavigationBar」という値が用意されています。これにBottomNavigationBarクラスのインスタンスを設定することで、下部のバーを表示できます。このBottomNavigationBarには、**BottomNavigationBarItem**というウィジェットを組み込むことで、アイコンを表示し、クリックして操作できるようになります。

Flutter Studioにも、これらのウィジェットは用意されています。「Material」ジャンルを選択すると、そこに「BottomNavigationBar」と「BottomNavigationBarItem」のアイコンが用意されているのがわかります。

まず、「BottomNavigationBar」のアイコンをプレビュー部分までドラッグ＆ドロップすると、画面下部にバーが追加されます。続いて、「BottomNavigationBarItem」のアイコンを、追加したバーの部分にドラッグ＆ドロップすると、項目が追加され、プロパティ欄にアイコンとタイトルを設定する表示が追加されます。

図4-3：BottomNavigationBarとBottomNavigationBarItemを追加したところ。

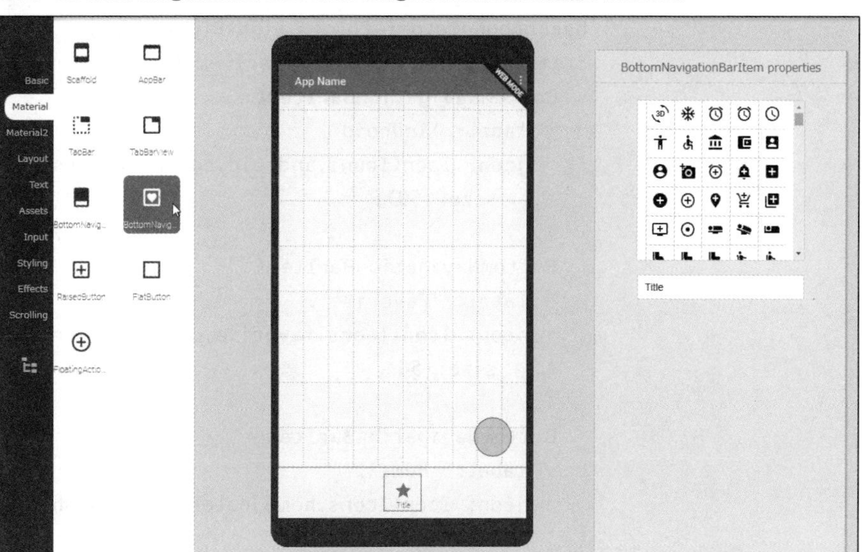

BottomNavigationBar の利用例

では、実際にBottomNavigationBarを利用する例を見ながら、その使い方について説明していくことにしましょう。_MyHomePageStateクラスを以下のように修正してください。

リスト4-2

```
class _MyHomePageState extends State<MyHomePage> {
  static var _message = 'ok';
  static var _index = 0;

  @override
  Widget build(BuildContext context) {
    return Scaffold(
      appBar: AppBar(
        title: Text('My App'),
      ),
      body: Center(
        child: Text(
          _message,
          style: const TextStyle(
            fontSize: 28.0,
          ),
        )
      ),
      bottomNavigationBar: BottomNavigationBar(
```

```
        currentIndex: _index,
        backgroundColor: Colors.lightBlueAccent,
        items: <BottomNavigationBarItem>[
          BottomNavigationBarItem(
            label: 'Android',
            icon: Icon(Icons.android,color: Colors.black,
              size: 50),
          ),
          BottomNavigationBarItem(
            label: 'Favorite',
            icon: Icon(Icons.favorite,color: Colors.red,
              size: 50),
          ),
          BottomNavigationBarItem(
            label: 'Home',
            icon: Icon(Icons.home,color: Colors.white,
              size: 50),
          ),
        ],
        onTap: tapBottomIcon,
      ),
    );
  }

  void tapBottomIcon(int value) {
    var items = ['Android', 'Heart', 'Home'];
    setState(() {
      _index = value;
      _message = 'you tapped: "' + items[_index] + '".';
    });
  }
}
```

図4-4：下部にバーが表示される。アイコンをクリックすると、メッセージが表示される。

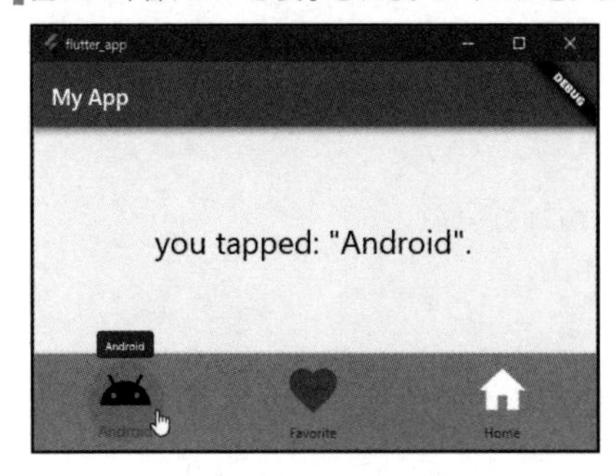

実行すると、下部に3つのアイコンを表示したバーが現れます。これが、BottomNavigationBarです。アイコンをクリックすると、そのアイコンが選択され、「you tapped: ○○」とメッセージが表示されます。

BottomNavigationBarの仕組み

このBottomNavigationBarを利用するためには、BottomNavigationBarがどういう仕組みで動いているのか理解しなければいけません。AppBarのように、ただアイコンやボタンを追加してイベント処理を書けばいいというわけではないのです。

BottomNavigationBarインスタンスの作成をどのように行っているのか整理すると以下のようになります。

```
BottomNavigationBar(
  currentIndex: 《int値》,
  items: <BottomNavigationBarItem>[ リスト ],
  onTap: 関数
)
```

currentIndex	現在、選択されている項目のインデックス。これに設定されたインデックスのアイコン(BottomNavigationBarItem)が選択状態で表示される。
items	表示する項目。BottomNavigationBarItemインスタンスのリストとして用意。
onTap	バーに表示されるアイコンをクリックしたときに呼び出される処理。

BottomNavigationBarは、いくつかのアイコンを表示しますが、これは一般的なボタンやアイコンとは少し働きが違います。一般的なボタン類は、それぞれのボタンにonPressedイベントが用意されており、個別に処理を用意できます。が、BottomNavigationBarに組み込まれるBottomNavigationBarItemには、こうしたイベントがありいません。組み込まれている個々のBottomNavigationBarItemにはイベント処理は設定できないのです。

ではどこに用意するのか? それは、これらのアイコンを組み込んでいるBottomNavigationBar側です。

この**onTap**に割り当てるメソッドは、以下のような形で定義されます。

```
void メソッド (int value) {…… }
```

引数に、int値が渡されます。これは、クリックした項目のインデックス番号です。この番号で、何番目の項目がクリックされたかをチェックし、処理を行います。

アイコンのカラーとサイズ

BottomNavigationBarItemではIconを指定して表示するアイコンを用意していますが、ここではアイコンのカラーを以下のように設定しています。

```
Icon(Icons.android,color: Colors.black, size: 50)
```

color引数にColorを指定することで、アイコンの色を変更できます。またsizeにdouble値を指定することで、アイコンの大きさを指定できます。

NavigationBarやBottomNavigationBarではアイコンを結構多用するので、カラーやサイズの調整方法ぐらいは知っておくと良いでしょう。

ListViewについて

Flutterには、AppBar以外にもかなり複雑な構造のウィジェットが用意されています。これらは使い方をよく理解していないとうまく使いこなせないでしょう。こうした複雑なウィジェットの使い方について見ていきましょう。

まずは「**ListView**」です。ListViewは、リストを表示するためのウィジェットです。リストは、スマートフォンのシステムの設定など多数の項目を並べて表示するようなところでよく見られるインターフェイスですね。

このListViewは、Flutter Studioの「Scrolling」というジャンルに用意されています。ListViewをドラッグ＆ドロップで配置すると、上下左右のスペースを調整するプロパティが表示されます。ListViewには、表示する項目などのプロパティがありますが、これらは特に用意されておらず、自分でコーディングする必要があります。

図4-5：ListViewを配置したところ。

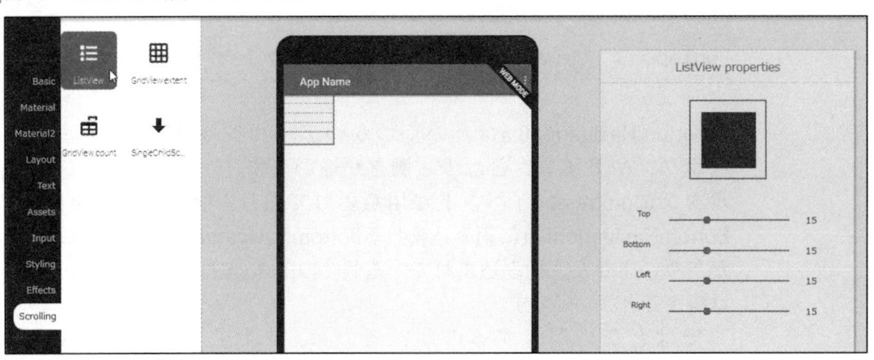

ListViewの利用例

では、実際にListViewを配置した例を見てみましょう。ここではColumn内にTextとListViewを配置したものを表示します。

リスト4-3
```
class _MyHomePageState extends State<MyHomePage> {
  static var _message = 'ok.';

  @override
  Widget build(BuildContext context) {
    return Scaffold(
```

```
      appBar: AppBar(
        title: Text('My App'),
      ),

      body: Column(
        children: <Widget>[
          Text(
            _message,
            style: TextStyle(
              fontSize: 32.0,
            ),
          ),

          ListView(
            shrinkWrap: true,
            padding: const EdgeInsets.all(20.0),

            children: <Widget>[

              Text('First item',
                style: TextStyle(fontSize: 24.0),
              ),
              Text('Second item',
                style: TextStyle(fontSize: 24.0),
              ),
              Text('Third item',
                style: TextStyle(fontSize: 24.0),
              ),
            ],
          ),
        ],
      ),
    );
  }
}
```

図4-6：ごく単純なListView。ただテキストを表示するだけで操作はできない。

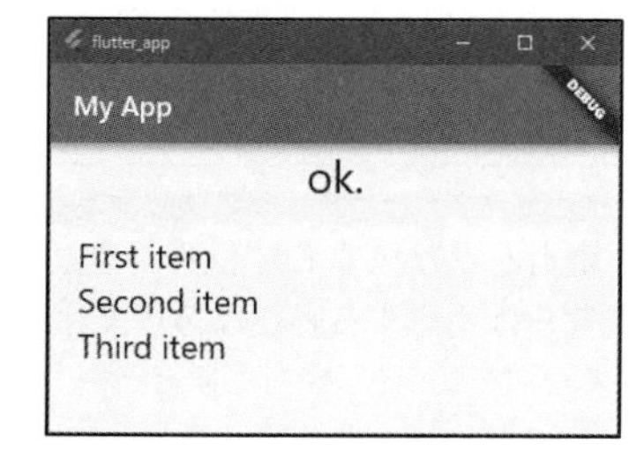

いくつかのテキストをListViewで表示したものです。ここでは、以下のようにしてListViewのインスタンスを作成しています。

```
ListView(
  shrinkWrap: 《bool値》,
  padding:《EdgeInsets》,
  children:<Widget>[ リスト ],
)
```

shrinkWrapは、追加された項目に応じて大きさを自動調整するための設定です。trueにすると表示項目に応じて大きさが自動調整されます。

リストに表示される項目は、childrenに用意します。これはウィジェットのリストですが、今回はTextを複数用意してあります。

これでリストに複数のテキストを表示することができます。もっとも、Textですからクリックして操作したりはできません。あくまで「ListViewで項目を表示する」という基本部分だけのサンプルです。

ListTileで項目を用意する

ListViewは、通常、表示された項目をクリックして操作するなどの使い方をします。こうした使い方をするならば、ListView用に用意されている専用のウィジェットを使うべきでしょう。それが「**ListTile**」です。

ListTileは、ListViewの項目となるウィジェットで、以下のようにインスタンスを作成します。

```
ListTile(
  leading:《Icon》,
  title: ウィジェット,
  selected:《bool値》,
  onTap: 関数,
  onLongPress: 関数
)
```

leading	項目の左端に表示するアイコン。Iconインスタンスで指定。
title	項目に表示する内容。
selected	その項目の選択状態。trueならば選択されている。
onTap	クリックされた際のイベント処理。
onLongPress	ロングクリックされた際のイベント処理。

ざっとこれらの値を用意しておけば、項目をクリックして操作できるようになるでしょう。なお、onTapやonLongTapは不要ならば用意する必要はありません。

ListTileの利用例

では、実際にListTileを使ってListViewの項目を作成し、クリックして操作してみましょう。_MyHomePageStateクラスを以下に掲載しておきます。

リスト4-4

```
class _MyHomePageState extends State<MyHomePage> {
  static var _message = 'ok.';
  static var _index = 0;

  @override
  Widget build(BuildContext context) {
    return Scaffold(

      appBar: AppBar(
        title: Text('My App'),
      ),

      body: Column(
        children: <Widget>[
          Text(
            _message,
            style: TextStyle(
              fontSize: 32.0,
            ),
          ),
          ListView(
            shrinkWrap: true,
            padding: const EdgeInsets.all(20.0),
            children: <Widget>[

              ListTile(
                leading: const Icon(Icons.android, size:32),
                title: const Text('first item',
                  style: TextStyle(fontSize: 28)),
                selected: _index == 1,
                onTap: () {
                  _index = 1;
                  tapTile();
                },
              ),

              ListTile(
                leading: const Icon(Icons.favorite, size:32),
```

```
                    title: const Text('second item',
                      style: TextStyle(fontSize: 28)),
                    selected: _index == 2,
                    onTap: () {
                      _index = 2;
                      tapTile();
                    },
                  ),

                  ListTile(
                    leading: const Icon(Icons.home, size:32),
                    title: const Text('third item',
                      style: TextStyle(fontSize: 28)),
                    selected: _index == 3,
                    onTap: () {
                      _index = 3;
                      tapTile();
                    },
                  ),
                ],
              ),
            ],
          ),
        );
  }

  void tapTile() {
    setState(() {
      _message = 'you tapped: No, $_index.';
    });

  }
}
```

図4-7：リストをクリックすると、その項目が選択され、クリックした項目の番号が表示される。

実行すると、アイコンが表示されたリスト項目が3つ表示されます。これらが、ListTileによる項目です。クリックすると、その項目が選択され、上に「you tapped: No, ○○」とクリックした項目の番号が表示されます。

ListTileの基本形

では、ListTileがどのように作成されているか見てみましょう。ここでは以下のように作成されています。

```
ListTile(
  leading: const Icon(Icons.android, size:32),
  title: const Text('first item',
    style: TextStyle(fontSize: 28)),
  selected: _index == 1,
  onTap: () {
    _index = 1;
    tapTile();
  },
),
```

leadingでは、Iconインスタンスを作成し設定しています。これはconst Iconで作成し、引数にIcons.android, size:32を指定しています。titleにはTextを設定しています。このあたりは今までやったことの組み合わせですからわかるでしょう。

選択状態を示すselectedは、_indexとこのListTileに割り当てた番号が等しいかどうかをチェックした結果を代入しています。selected: _index == 1では、_indexの値が1ならばtrueとなり、選択された状態となるわけですね。_indexの値を操作することで、特定の項目だけを選択できるようにしているのです。

onTapでは、_indexの値を設定した後、tapTileメソッドを呼び出しています。このtapTileで、setStateを呼び出して表示を更新しています。

SingleChildScrollViewについて

ListViewを利用すると、「項目が増えて、表示しきれなくなったときはどうすればいいのか？」ということを考えてしまいます。こうした場合、Flutterにはウィジェットをスクロールするためのコンテナが用意されているので、これを利用するのが一番です。

このクラスは「**SingleChildScrollView**」というものです。SingleChildScrollViewは、名前のとおり、1つのウィジェットを内部に持てるコンテナで、そのウィジェットの幅に応じて自動的にスクロール表示することができます。

Flutter Studioでは、SingleChildScrollViewは「Scrolling」ジャンルの中に用意されています。これをドラッグ&ドロップで配置すると、プロパティ欄には上下左右のスペース設定と、「Vertical」「Horizontal」というスクロール方向の切り替えボタンが表示されます。スクロール方向の切り替えは便利ですが、それ以外のプロパティは用意されておらず、後は直接コードを書いて対応させるしかないようです。

図4-8：SingleChildScrollViewを配置したところ。

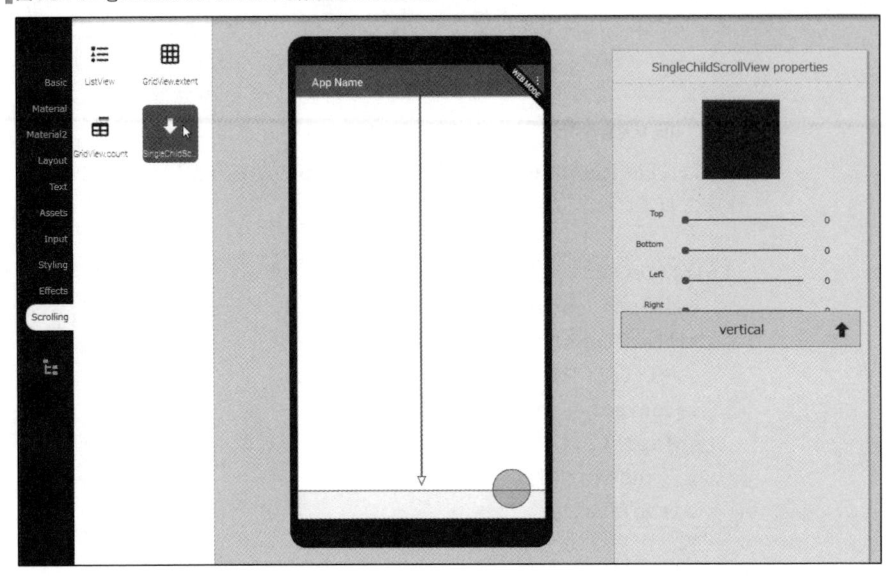

SingleChildScrollView の利用例

では、実際にSingleChildScrollViewを使ったスクロール表示を行ってみましょう。ここではいくつかのコンテナを並べてスクロールされるようにしてみます。

リスト4-5

```
class _MyHomePageState extends State<MyHomePage> {

@override
Widget build(BuildContext context) {
   return Scaffold(

     appBar: AppBar(
       title: Text('My App'),
     ),

     body: SingleChildScrollView(
       child: Column(
           mainAxisSize: MainAxisSize.min,
           mainAxisAlignment: MainAxisAlignment.spaceAround,
           children: <Widget>[
             Container(
               color: Colors.blue,
               height: 120.0,
               child: const Center(
                 child: Text('One',
```

```
                  style: const TextStyle(fontSize: 32.0)),
                  ),
                ),
                Container(
                  color:Colors.white,
                  height: 120.0,
                  child: const Center(
                    child: Text('Two',
                  style: const TextStyle(fontSize: 32.0)),
                  ),
                ),
                Container(
                  color: Colors.blue,
                  height: 120.0,
                  child: const Center(
                    child: Text('Three',
                  style: const TextStyle(fontSize: 32.0)),
                  ),
                ),
                Container(
                  color:Colors.white,
                  height: 120.0,
                  child: const Center(
                    child: Text('Four',
                  style: const TextStyle(fontSize: 32.0)),
                  ),
                ),
                Container(
                  color: Colors.blue,
                  height: 120.0,
                  child: const Center(
                    child: Text('Five',
                  style: const TextStyle(fontSize: 32.0)),
                  ),
                ),
              ],
            ),
          ),
    );
}

}
```

図4-9：画面の右端にマウスポインタを移動するとスクロールバーが現れ、スクロール表示できる。

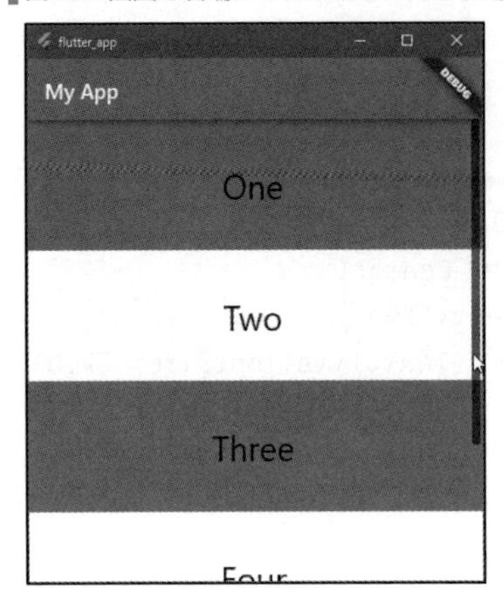

実行すると、青と白の背景の四角い項目が5つ表示されます。全部表示しきれない場合は、マウスで上下にドラッグすることでスクロールし表示できるようになります。

SingleChildScrollView インスタンスの基本

ここでは、Scaffoldのbodyに、SingleChildScrollViewを配置しています。これは以下のような形で記述をします。

```
SingleChildScrollView(
child: ウィジェット
)
```

childに、中に組み込むウィジェットを用意するのです。ここではColumnを用意し、その中に複数のContainerを追加してあります。これらの縦幅が画面サイズを超えると、SingleChildScrollViewにより上下にスクロールできるようになります。

SingleChildScrollViewは、特別な設定などもなく、ただウィジェットを中に入れておけば、そのサイズに応じて自動的にスクロール表示できます。もっともシンプルな「スクロール表示用のコンテナ」といえるでしょう。

4-2 ナビゲーションとルーティング

表示切り替えとナビゲーション

アプリは、1つの画面のみで完結しているとは限りません。いくつかの画面を切り替えながら操作する場合もあります。こうした場合、ボタンなどに新たなウィジェットを作成して組み込む処理を作ってもいいのですが、もっと便利なやり方があります。「ナビゲーション」機能を使うのです。

ナビゲーション機能は、「**Navigator**」というクラスとして用意されています。この機能は、以下のような働きをします。

- 移動先のウィジェットを追加すると、そのウィジェットに表示を切り替える。
- 保管されたウィジェットを取り出すと、そのウィジェットに表示を戻す。

「追加する」「取り出す」というとなんだかリストなどのコレクションのように見えますが、実はそうです。Navigatorは、コレクション的な機能と表示の切り替えが一体化したようなものです。このクラスには、2つの重要なメソッドが用意されています。

■移動先をプッシュする

```
Navigator.push( 《BuildContext》,《Route》);
```

■移動をポップする

```
Navigator.pop(《BuildContext》);
```

多数のデータを蓄積する方法として、「Last In First Out(あるいは、First In Last Out)」と呼ばれる方式があります。データを追加すると、それまであったデータの上にそれを積み重ねていき、取り出すときは一番上にあるもの(最後に追加したもの)から順に取り出していく、というやり方です。

Navigatorのpushは、現在の表示をプッシュ(データを保管する)し、起動先に表示を切り替える働きをします。そしてpopは、最後に保管した移動元をポップ(取り出す)し、そこに表示を戻します。つまり、「プッシュすると移動し、ポップすると戻る」のです。

図4-10：Navigatorでは、pushにより現在の表示を保管し、表示を切り替える。popすると最後に保管しておいた表示に戻る。

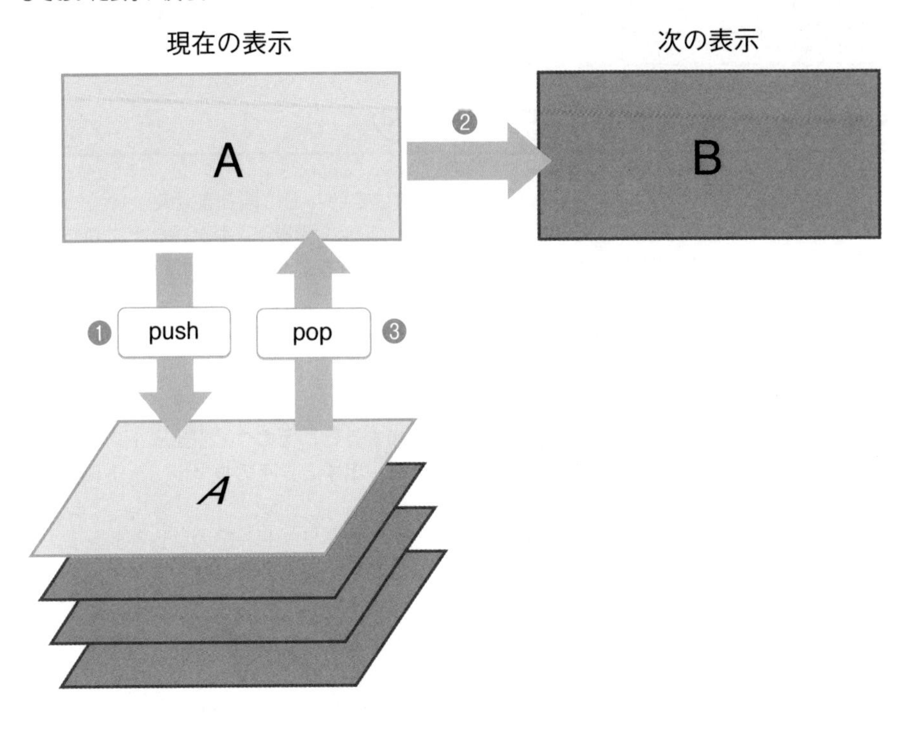

Navigatorで移動する

では、実際にNavigatorによる表示の切り替えを行ってみましょう。今回は、main.dartの全ソースコードを掲載しておきます。

リスト4-6

```
import 'package:flutter/material.dart';

void main() {
  runApp(MyApp());
}
class MyApp extends StatelessWidget {

  @override
  Widget build(BuildContext context) {
    return MaterialApp(
      title: 'Generated App',
      theme: ThemeData(
        primarySwatch: Colors.blue,
        primaryColor: const Color(0xff2196f3),
```

```
          canvasColor: const Color(0xfffafafa),
        ),
        home: FirstScreen(),
      );
    }
  }

  // 1つ目のスクリーン
  class FirstScreen extends StatelessWidget {
    @override
    Widget build(BuildContext context) {
      return Scaffold(
        appBar: AppBar(
          title: const Text('Home'),
        ),
        body: Center(
          child: Container(
            child: const Text('Home Screen',
                style: const TextStyle(fontSize: 32.0)),
          ),
        ),
        bottomNavigationBar: BottomNavigationBar(
          currentIndex: 1,
          items: <BottomNavigationBarItem>[
            const BottomNavigationBarItem(
              label: 'Home',
              icon: const Icon(Icons.home, size:32),
            ),
            const BottomNavigationBarItem(
              label: 'next',
              icon: const Icon(Icons.navigate_next, size:32),
            ),
          ],
          onTap: (int value) {
            if (value == 1)
              Navigator.push(
                context,
                MaterialPageRoute(builder:
                  (context)=>SecondScreen()),
              );
          },
        ),
      );
    }
```

```
}

// 2つ目のスクリーン
class SecondScreen extends StatelessWidget {
  @override
  Widget build(BuildContext context) {
    return Scaffold(
      appBar: AppBar(
        title: const Text("Next"),
      ),
      body: Center(
        child: const Text('Next Screen',
            style:const TextStyle(fontSize: 32.0)),
      ),
      bottomNavigationBar: BottomNavigationBar(
        currentIndex: 0,
        items: <BottomNavigationBarItem>[
          const BottomNavigationBarItem(
            label: 'prev',
            icon: const Icon(Icons.navigate_before, size:32),
          ),
          const BottomNavigationBarItem(
            label: '?',
            icon: const Icon(Icons.android, size:32),
          ),
        ],
        onTap: (int value) {
          if (value == 0) Navigator.pop(context);
        },
      ),
    );
  }
}
```

図4-11：ナビゲーションバーの「next」アイコンをクリックすると、「Next Screen」と表示されたウィジェットに移動する。「prev」アイコンか、左上の「←」アイコンをクリックするとHome Screenの表示に戻る。

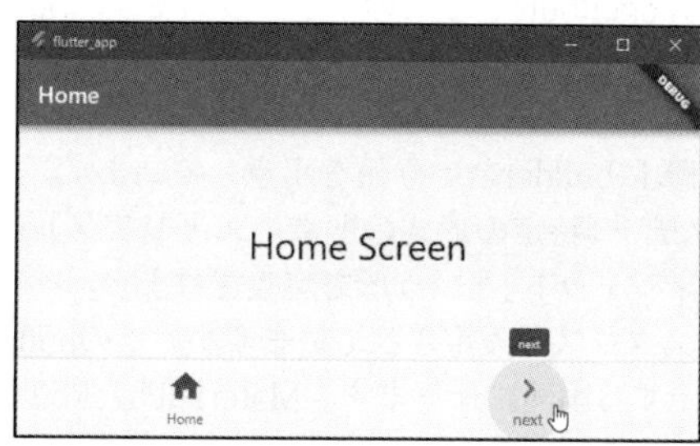

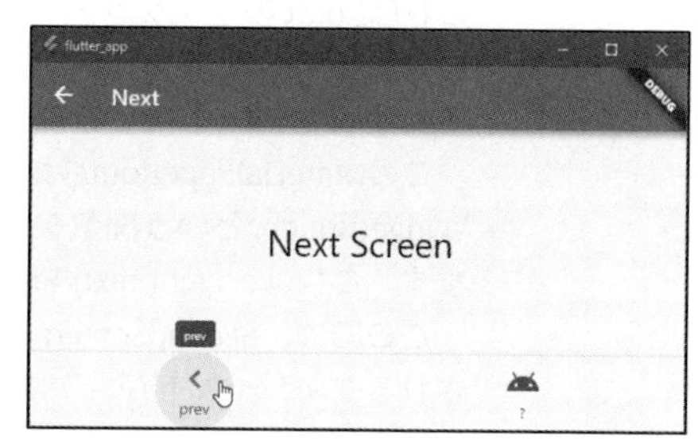

実行すると、「Home Screen」と表示された画面が現れます。下にはナビゲーションバーがあり、「home」「next」というアイコンが表示されています。この「next」アイコンをクリックすると、「Next Screen」と表示されたウィジェットに切り替わります。

ここで左下の「prev」アイコンをクリックすると、元の「Home Screen」に表示が戻ります。あるいは、Next Screenの左上に自動的に追加される「←」アイコンをクリックしても戻ることができます。

MaterialPageRouteについて

では、実行している処理を見てみましょう。今回は、StatelessWidgetを2つ作成し、これらをボタン操作で交互に表示するようにしています。

まずは、Home Screenのナビゲーションバー「next」に用意した「次の表示に移動する処理」についてです。これは、BottomNavigationBarのonTapで実行される処理に記述されています。以下の文です。

```
Navigator.push(
  context,
  MaterialPageRoute(builder: (context) => SecondScreen()),
);
```

Navigatorは、画面表示を切り替える機能を提供しますが、この表示の切り替えは「ある画面から別の画面に移動する」という形で扱われます。そして、画面の表示に関する情報は「Route」というクラス（正確にはそのサブクラス）で管理されています。

ここでは**Route**のサブクラスである**PageRoute**およびそのサブクラス**MaterialPageRoute**を使っています。このPageRouteクラスは、現在の表示をそのままPageRouteクラスのインスタンスに置き換えて記憶する働きをします（正確には、それだけでなく次に移動する画面の情報も記憶しています。これについては後述します）。

つまり、Navigatorにおいては、「ある画面から次の画面に移動する」というのは、「この画面をPageRouteインスタンスに置き換えて、これを保管する」ということなのです。そして「前の画面に戻る」というのは、「保管してあったPageRouteインスタンスを取り出し画面に戻す」という作業なのです。この「画面→PageRoute」「PageRoute→画面」という操作をよく理解しておいてください。

ここでは、Navigator.pushを呼び出しています。第1引数には、contextを指定しています。そして第2引数には、MaterialPageRouteクラスのインスタンスを設定しています。これはRouteのサブクラスであるPageRouteクラスのサブクラスです。pushにより「現在の表示をPageRouteインスタンスとして保管し、次の表示に移動する」ということを行っているのです。

このMaterialPageRouteは、引数にbuilderという値を用意しています。このbuilderは、WidgetBuilderという関数シグネチャ（特定の形式の関数のエイリアス）を引数に指定します。これは、「(context) => ウィジェット」という形で定義されます。

ここでは、SecondScreenインスタンスが設定されていますね。このbuilderの関数で返されるウィジェットが、次に表示する画面になります。MaterialPageRouteインスタンスには、現在の表示を置き換えるとともに、「次に何を表示するか」という情報も用意されていた、というわけです。

popで戻る

そして前の表示に戻るときは、Navigatorのpopを呼び出して行います。ここでは以下のように実行しています。

```
Navigator.pop(context);
```

このpopは、Navigatorに最後に保管されたPageRouteを取り出し、これを表示に戻します。PageRouteは、もともと画面の表示をPageRouteに置き換えたものですから、今度は逆にPageRouteから元の画面表示に戻しているのです。

Column 「←」アイコンについて

Navigatorを使ってページ移動すると、画面の左上に自動的に「←」アイコンが追加されます。そしてこれをクリックすると、何も処理を用意していないのに前の表示に戻ることができます。
これは、実はpushで表示を起動すると自動的にAppBarに追加されるアイコンなのです。これをクリックすれば自動的にpopされ前に戻ります。
pushすると自動追加されるため、pushによる移動では、実は戻るためのボタンなどは用意する必要がありません。が、その仕組みは理解しておきたいので、サンプルではわざわざ「戻る」ボタンを作成しました。

表示間の値の受け渡し

複数の表示を切り替えながら操作する場合、考えなければならないのが「どうやって必要な値を受け渡すか」でしょう。表示画面は、StatelessWidgetやStatefulWidgetクラスとして定義されます。それぞれ独立したクラスとして作成されるので、両者の間で値をやり取りするためには何か仕組みを考えなければいけません。

これは、実は意外と難しくはありません。最初の画面で必要な値を用意し、次の画面に移動する際に、値を引数に指定してインスタンスを作成すればいいのです。移動先の画面となるウィジェットクラスでは、渡された値を受け取るようにコンストラクタを用意しておけばいいでしょう。

サンプルを修正する

考え方としては簡単ですが、実際に実装する場合どのようになるのかイメージしにくいかも知れません。先ほどのサンプルを修正し、FirstScreenで入力した値をSecondScreenに渡して表示するようにFirstScreenとSecondScreenを修正しましょう。

リスト4-7

```
class FirstScreen extends StatefulWidget {
  FirstScreen({Key? key}) : super(key: key); // コンストラクタ

  @override
  _FirstScreenState createState() => _FirstScreenState();
}


class _FirstScreenState extends State<FirstScreen> {
  static final _controller = TextEditingController();
  static var _input = '';

  @override
  Widget build(BuildContext context) {
    return Scaffold(
      appBar: AppBar(
        title: Text('Home'),
      ),
      body: Column(
        children: <Widget>[
          const Text('Home Screen',
          style: const TextStyle(fontSize: 32.0)),
          Padding(
            padding: const EdgeInsets.all(20.0),
            child: TextField(
                controller: _controller,
                style: const TextStyle(fontSize: 28.0),
                onChanged: changeField,
              ),
          ),
        ],
      ),
      bottomNavigationBar: BottomNavigationBar(
        currentIndex: 1,
        items: <BottomNavigationBarItem>[
          const BottomNavigationBarItem(
```

```
            label: 'Home',
            icon: const Icon(Icons.home),
          ),
          const BottomNavigationBarItem(
            label: 'next',
            icon: const Icon(Icons.navigate_next),
          ),
        ],
        onTap: (int value) {
          if (value == 1) {
            Navigator.push(
              context,
              MaterialPageRoute(builder: (context) =>
                SecondScreen(_input)),
            );
          }
        },
      ),
    );
  }

  void changeField(String val) => _input = val;
}

class SecondScreen extends StatelessWidget {
  final String _value;

  SecondScreen(this._value);

  @override
  Widget build(BuildContext context) {
    return Scaffold(
      appBar: AppBar(
        title: const Text("Next"),
      ),
      body: Center(
        child: Text(
          'you typed: "$_value".',
          style: const TextStyle(fontSize: 32.0),
        ),
      ),
      bottomNavigationBar: BottomNavigationBar(
        currentIndex: 0,
        items: <BottomNavigationBarItem>[
```

```
          BottomNavigationBarItem(
            label: 'prev',
            icon: const Icon(Icons.navigate_before),
          ),
          BottomNavigationBarItem(
            label: '?',
            icon: const Icon(Icons.android),
          ),
        ],
        onTap: (int value) {
          if (value == 0) Navigator.pop(context);
        },
      ),
    );
  }
}
```

図4-12：フィールドにテキストを書いて右下のアイコンをクリックすると、Second Screenに移動し、「you typed:"○○".」とメッセージが表示される。

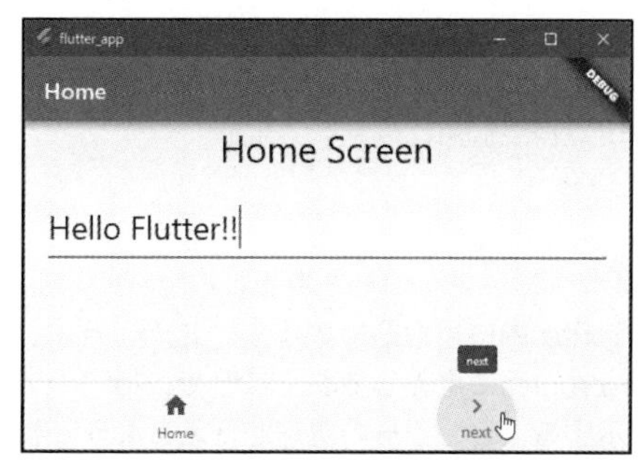

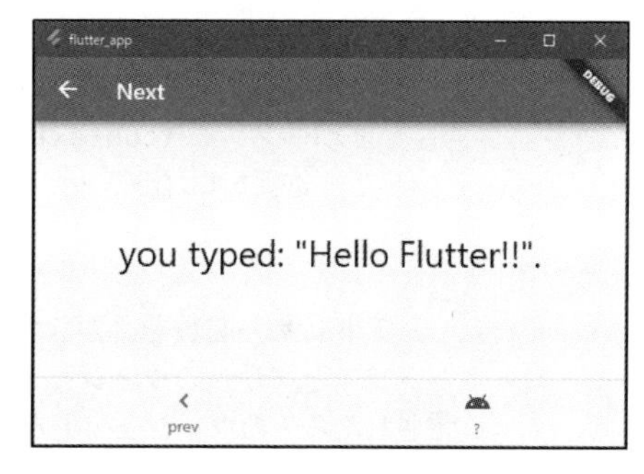

実行すると、入力フィールドを持つ画面が現れます。ここにテキストを記入してから、右下の「next」アイコンをクリックすると、Second Screenに移動し、「you type:"○○".」と、入力したテキストが表示されます。

テキスト受け渡しの流れ

ここでは、テキストを入力するため、First ScreenはStatefulWidgetにし、FirstScreenStateクラスを新たに定義して画面の表示を作成しています。TextFieldのコントローラーとしてTextEditingControllerを作成し、TextFieldのonChangedで入力されたテキストを_inputというフィールドに保管させています。

NavigatorでSecondScreenに移動するpushメソッドでは、この値を使って以下のように引数を用意しています。

```
MaterialPageRoute(builder: (context) => SecondScreen(_input))
```

SecondScreen(_input)) という具合に、_inputを引数に指定しています。この

SecondScreen側では、以下のようにしてコンストラクタを用意しています。

```
SecondScreen(this._value);
```

これで、_inputがそのまま_valueプロパティに代入されます。後は、この_valueを使ってTextを作成すればいい、というわけです。

テキストによるルーティング

Navigatorのpushによる移動は、Routeの引数で移動先となるウィジェットのインスタンスを作成してPageRouteを用意します。これは「インスタンスを作成してPageRouteを作る処理を記述しておかないといけない」という欠点もあります。

例えば、あらかじめルートと表示するウィジェットの関係を定義しておき、ルートの値(テキストなど)を設定することで指定のウィジェットが表示されるような仕組みになっていたらどうでしょう。値や変数を使って移動先のルートを指定できるようになり、ナビゲーションの柔軟性がぐんと高まります。

このような場合に用いられるのがStatelessWidget(サンプルではMyApp)に用意できる「**routes**」というプロパティです。これは、以下のような形で定義されます。

```
routes: {
  'アドレス' : (context) => ウィジェット,
  'アドレス' : (context) => ウィジェット,
  ……必要なだけ記述……
}
```

アドレスと関数を必要なだけroutes内に用意しています。このように、あらかじめアドレスと移動先のウィジェットをroutesに定義しておくことで、指定のアドレスがpushされたらそのウィジェットを表示する、という形の処理が行えるようになります。

routesによるルーティング

では、routesプロパティを利用したルーティング例を挙げておきましょう。今回も、MyApp以降を掲載しておきます。import文、main関数は省略します。

リスト4-8

```
class MyApp extends StatelessWidget {

  @override
  Widget build(BuildContext context) {
    return MaterialApp(
      title: 'Generated App',
      theme: ThemeData(
        primarySwatch: Colors.blue,
```

```
          primaryColor: const Color(0xff2196f3),
          canvasColor: const Color(0xfffafafa),
        ),
        initialRoute: '/',
        routes: {
          '/': (context) => FirstScreen(),
          '/second': (context) => SecondScreen('Second'),
          '/third': (context) => SecondScreen('Third'),
        },
      );
    }
}

class FirstScreen extends StatelessWidget {
  @override
  Widget build(BuildContext context) {
    return Scaffold(
      appBar: AppBar(
        title: Text('Home'),
      ),
      body: Center(
        child:const Text('Home Screen',
          style: const TextStyle(fontSize: 32.0),
        ),
      ),
      bottomNavigationBar: BottomNavigationBar(
        currentIndex: 1,
        items: <BottomNavigationBarItem>[
          BottomNavigationBarItem(
            label: 'Home',
            icon: const Icon(Icons.home),
          ),
          BottomNavigationBarItem(
            label: 'next',
            icon: const Icon(Icons.navigate_next),
          ),
        ],
        onTap: (int value) {
          if (value == 1)
            Navigator.pushNamed(context, '/second');
        },
      ),
    );
  }
```

```
}

class SecondScreen extends StatelessWidget {
  final String _value;
  SecondScreen(this._value);

  @override
  Widget build(BuildContext context) {
    return Scaffold(
      appBar: AppBar(
        title: Text("Next"),
      ),
      body: Center(
        child: Text(
          '$_value Screen',
          style: const TextStyle(fontSize: 32.0),
        ),
      ),
      bottomNavigationBar: BottomNavigationBar(
        currentIndex: 0,
        items: <BottomNavigationBarItem>[
          BottomNavigationBarItem(
            label: 'prev',
            icon: const Icon(Icons.navigate_before),
          ),
          BottomNavigationBarItem(
            label: '?',
            icon: const Icon(Icons.android),
          ),
        ],
        onTap: (int value) {
          if (value == 0) Navigator.pop(context);
          if (value == 1)
            Navigator.pushNamed(context, '/third');
        },
      ),
    );
  }
}
```

図4-13：右下のアイコンをクリックすることで、Home Screen、Second Screen、Third Screenと表示が切り替わる。

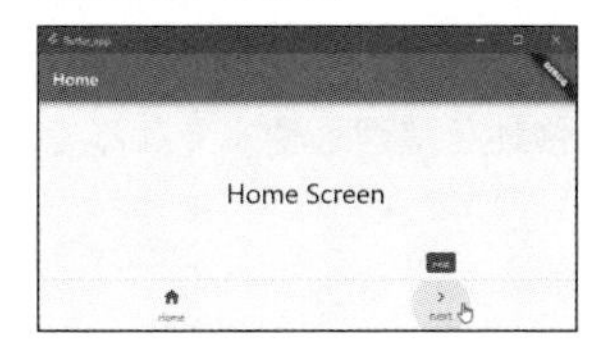

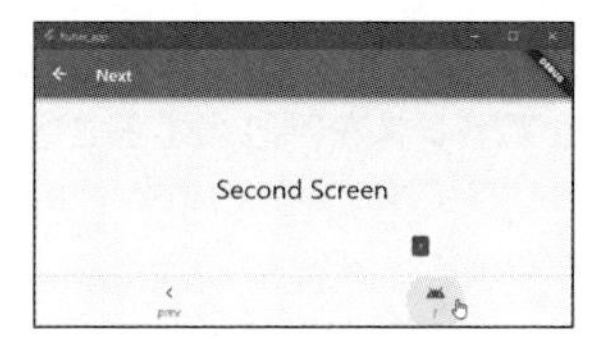

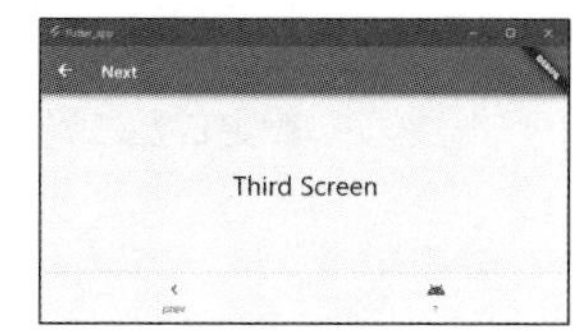

実行したら、右下のアイコンをクリックしましょう。するとFirst ScreenからSecond Screenへ、更にThird Screenへと表示が変わっていきます。

routesの定義

では、どのように表示の切り替えが行われているか見てみましょう。まず、MyAppクラス内のMaterialAppで、どのようにroutesが用意されているかを確認しておきます。

```
routes: {
  '/': (context) => FirstScreen(),
  '/second': (context) => SecondScreen('Second'),
  '/third': (context) => SecondScreen('Third'),
},
```

ここでは、'/' というアドレスにFirstScreen、'/second' にSecondScreen、'/third' にSecondScreen(引数違い)を割り当てています。このように、表示するウィジェットにアドレスを割り当てることで、そのアドレスの値で指定のウィジェットに表示が切り替えられるようになります。

また、このroutesの直前に、以下のようなプロパティが用意されていますね。

```
initialRoute: '/',
```

これは、起動時に最初に表示されるウィジェットを指定するものです、'/'を指定することで、FirstScreenが表示されるようになります。routesを利用する場合は、homeプロパティは利用しません。必ずinitialRouteで起動時のアドレスを指定してください。

pushNamedによる表示移動

routesを利用する場合、ページ移動はNavigatorのpushを使いません。「**pushNamed**」というメソッドを使います。例えば、FirstScreenクラスで、次のSecondScreenに移動する処理部分(onTapプロパティの部分)を見てみると以下のようになっています。

```
Navigator.pushNamed(
  context,
  '/second',
);
```

pushNamedは、引数にBuildContextと、アドレスの値(String)を指定します。これで、指定のアドレスをroutesから検索し、それに割り当てられたウィジェットに表示が切り替わります。pushNamed部分の記述がシンプルになった分だけ、実際の移動がわかりやすくなります。また、ウィジェットの設定などを変更してアクセスするような場合も、設定ごとに異なるアドレスを割り当てることで移動を整理しやすくなるでしょう。

4-3 タブビューとドロワー

TabBarとTabBarView

複数の表示を切り替え表示するのに用いられるのが「タブ」です。タブそのものは以前から使われているUIですが、最近はタブをクリックするとコンテンツが左右にスクロールして切り替わるようなUIが使われるようになってきました。こうしたものでは、コンテンツの部分を横にドラッグして切り替えることもできます。今までの「タブをクリックして切り替わる」という表示とは違う、新しいタブ表示UIです。

このタブ表示は、2つの部分からなります。1つは、切り替えるためのタブのノブ部分。もう1つは、タブによって表示されるコンテンツの部分です。例えば2つのタブがあった場合、タブのノブを表示する部分と、2つのコンテンツが用意されることになります。

このタブのUIを作成するのに用意されているのが、「**TabBar**」と「**TabBarView**」です。Flutter Studioでは、「Material」ジャンル内にアイコンが用意されています。まず「TabBar」のアイコンをプレビュー部分にドラッグ＆ドロップし、続けて「TabBarView」アイコンをドロップすると、タブ表示の基本的な構成が用意できます。

これらのプロパティは、現状ではAlignmentとSize関係のものが3つ表示されるだけで、タブ特有のプロパティは用意されていません。したがって、生成されたソースコードを元にコードを追記して作成していくことになります。

図4-14：TabBarとTabBarViewを配置したところ。プロパティは独自のものは用意されない。

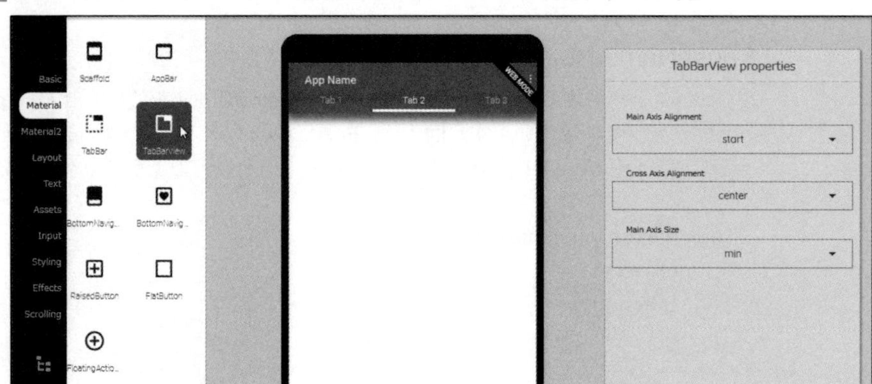

TabBarの基本形

まず、TabBarについて説明しましょう。TabBarは、タブの切り替えノブの部分を表示するUIウィジェットです。これは通常、AppBarの「bottom」にインスタンスを設定します。AppBarのbottomは、AppBarの下部にウィジェットを追加するのに用いられます。

このTabBarは、以下のような形で作成をします。

```
TabBar(
  controller:《TabController》,
  tabs: [ Tabのリスト ],
),
```

controllerに「**TabController**」というクラスのインスタンスを設定します。これは、タブ操作の制御を担当する部品です。このTabControllerをTabBarとTabBarViewの両方に設定することで、両者の操作が連動するようになります。

tabsには、タブをクリックするノブの部分のウィジェットとして、「Tab」クラスのインスタンスをリストにまとめて渡します。

TabBarViewの基本形

続いて、コンテンツとなるTabBarViewです。これは以下のような形でインスタンスを作成します。

```
TabBarView(
  controller: 《TabController》,
  children: [ ウィジェットのリスト ],
)
```

controllerには、TabBarに設定したTabControllerを指定します。またchildrenには、このタブに表示するコンテンツをリストとして用意します。これでタブの表示全体が作成されます。

TabControllerについて

タブを作るには、その中でTabControllerが重要な役割を果たしています。これは以下のような形でインスタンスを作成します。

```
TabController(
  vsync:《TickerProvider》,
  length:《int値》,
)
```

vsyncは、**TickerProvider**というクラスのインスタンスを設定します。これはアニメーションのコールバック呼び出しに関する**Ticker**というクラスを生成するためのもので、これを引数に指定することでTabBarとTabBarViewの動きが連動できるようになります。

lengthはタブの数です。この他、initialIndexという値で初期状態のインデックス（最初に表示されるタブ)を指定することもできます。

Tabクラスについて

TabBarに表示される各タブのノブ部分のウィジェットが「Tab」クラスです。これは、以下のようにして作成します。

```
Tab(text: 《String》)
```

引数には、textという値を用意します。これはString値で、ここで指定したテキストがタブのノブの部分に表示されます。

タブを利用する

では、実際にタブを組み込んで動かしてみましょう。この前にナビゲーションバーでかなりコードを書き換えているので、今回は全コードを掲載しておきます。

リスト4-9

```
import 'package:flutter/material.dart';

void main() {
  runApp(MyApp());
}

class MyApp extends StatelessWidget {

  @override
  Widget build(BuildContext context) {
    return MaterialApp(
      title: 'Generated App',
      theme: ThemeData(
        primarySwatch: Colors.blue,
        primaryColor: const Color(0xff2196f3),
        canvasColor: const Color(0xfffafafa),
      ),
      home: MyHomePage(),
    );
  }
}

class MyHomePage extends StatefulWidget {
  MyHomePage({Key? key}) : super(key: key);

  @override
```

```
  _MyHomePageState createState() => _MyHomePageState();
}

class _MyHomePageState extends State<MyHomePage>
    with SingleTickerProviderStateMixin {

  static const List<Tab> tabs = <Tab>[
    Tab(text: 'One'),
    Tab(text: 'Two'),
    Tab(text: 'Three'),
  ];

  late TabController _tabController;

  @override
  void initState() {
    super.initState();
    _tabController = TabController(
        vsync: this,
        length: tabs.length
    );
  }

  @override
  Widget build(BuildContext context) {
    return Scaffold(
      appBar: AppBar(
        title: Text('My App'),
        bottom: TabBar(
          controller: _tabController,
          tabs: tabs,
        ),
      ),

      body: TabBarView(
        controller: _tabController,
        children: tabs.map((Tab tab) {
          return createTab(tab);
        }).toList(),
      ),
    );
  }

  Widget createTab(Tab tab) {
```

```
      return Center(
          child: Text(
            'This is "${tab.text}" Tab.',
            style: const TextStyle(
              fontSize: 32.0,
              color: Colors.blue,
            ),
          )
      );
    }
  }
```

図4-15：上部にあるタブのノブ部分をクリックすると、表示されるコンテンツが切り替わる。

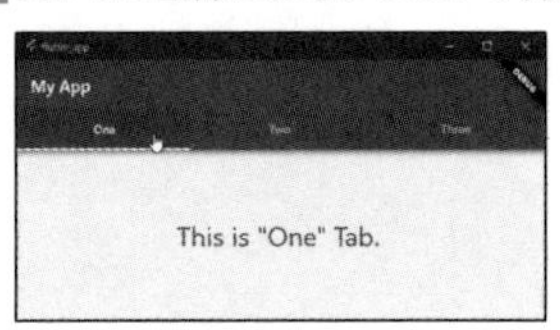

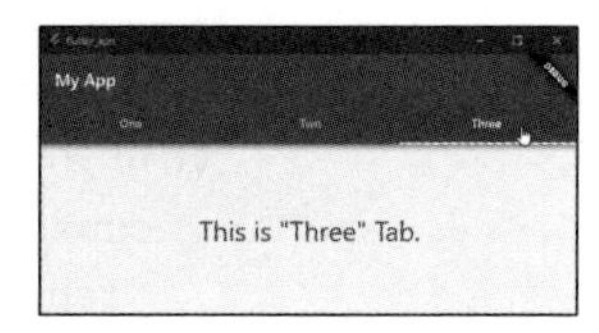

実行すると、AppBarの下部にタブを切り替えるためのリンクが表示されます。これをクリックすると、下に表示されるコンテンツが左右にスクロールして切り替わります。3つのコンテンツの表示がタブに応じて変わるのが確認できるでしょう。

SingleTickerProviderStateMixinについて

ここでは、まず_MyHomePageStateクラスの宣言部分を見てください。以下のように変更されています。

```
class _MyHomePageState extends State<MyHomePage>
    with SingleTickerProviderStateMixin {……
```

この**SingleTickerProviderStateMixin**というものは、Tickerを1つ持つTickerProviderのクラスです。ここでは、SingleTickerProviderStateMixinをミックスイン（Dartで他クラスの機能を組み込むための仕組み）で_MyHomePageStateクラスに組み込んでいます。これにより、このクラス自身がTickerProviderとして使えるようになります。これで、TabControllerを作成する際に必要となるTickerProviderが用意できました。

Tabリストの用意

クラスの冒頭では、まずTabをまとめたリストが用意されています。以下の部分ですね。

```
static const List<Tab> tabs = <Tab>[
  Tab(text: 'One'),
  Tab(text: 'Two'),
  Tab(text: 'Three'),
];
```

Tabインスタンスを作成してリストにまとめています。これは後で変更するようなこともないため、static constで宣言しています。

TabControllerの作成

その後に、TabControllerを保管するための_tabControllerフィールドが用意されています。以下の文です。

```
TabController _tabController;
```

ただし、実際にインスタンスを作成しているのは、initStateメソッドです。ここでは以下のようにしてTabControllerを作成しています。

```
void initState() {
  super.initState();
  _tabController = TabController(
    vsync: this,
    length: tabs.length
  );
}
```

vsyncにはthisを指定していますね。lengthは、あらかじめ用意しておいたTabのリスト(tabs)の要素数を調べて指定しています。これでTabControllerが用意できました。

initStateについて

ここで使った「**initState**」というメソッドは、特別な役割を持っています。@overrideがついていることからわかるように、これはスーパークラスに定義されているもので、インスタンス作成時にその初期化処理を行うためのものです。

このメソッドでは、最初にsuper.initState();という文を実行します。これにより、スーパークラスにあるinitStateを呼び出し初期化処理を実行しています。これはinitStateを利用する際に守るべきマナーと考えましょう。

TabBarの作成

後は、TabBarとTabBarViewを作成し組み込むだけです。まずは、TabBarですが、これはAppBarのbottomに組み込んで使います。

```
appBar: AppBar(
  title: Text('My App'),
  bottom: TabBar(
    controller: _tabController,
    tabs: tabs,
  ),
),
```

TabBarでは、controllerに_tabControllerを、tabsにtabsを指定しています。既にインスタンスは用意してありますから、ここでは値を指定してインスタンスを作成するだけです。

TabBarViewの作成

最後は、コンテンツ部分であるTabBarViewです。これは、AppBarのbodyにインスタンスを設定します。

```
body: TabBarView(
  controller: _tabController,
  children: tabs.map((Tab tab) {
    return createTab(tab);
  }).toList(),
),
```

controllerには_tabControllerを指定します。childrenには、Tabをまとめたリスト(tabs)のmapというものでコンテンツをIterableにまとめたものを生成しています。そしてtoListでこれをリストにしたものをchildrenに設定しています。

ここで使ったmapというメソッドは、引数に関数を指定することで、そのリストにある各要素から生成されたオブジェクトのIterableを生成する働きをします。要するにこれでTabを元にコンテンツのウィジェットを生成し、それをリストとして取り出してchildrenに設定していたのですね。

これでようやくタブが使えるようになりました。できあがってしまえば、タブの切り替えなどはすべて自動で行ってくれるため、ダイナミックに表示の切り替えるUIを簡単に構築できるのがわかるでしょう。

TabControllerには、現在選択されているタブのインデックスを示すindexというプロパティが用意されており、これを使って現在のタブを調べることもできます。これを利用し、現在のタブに応じた処理を行うことも可能です。

Column lateについて

今回のリストでは、TabControllerを用意するのに「late TabController _tabController;」といった書き方をしていました。このlateというのは一体なんでしょうか？
これは「遅延初期化」という機能のためのものです。lateをつけておくと、変数の初期化をその場で行わず、後で行うことができます。ここではinitStateでステートの初期化を行う際にインスタンスを生成し_tabControllerを初期化しています。
この遅延初期化は、一般的な変数だけでなく、final変数などでも使えます。final変数にlateをつけておき、コンストラクタで値を初期化する、などといったことが可能になります。

画面下部にタブバーを表示する

実際にタブを使ってみると、タイトルバーの下にタブの切り替えリンク(タブバー)があるのがちょっと使いにくく感じたかも知れません。これは下に配置することはできないのでしょうか。

これは、もちろん可能です。ただし、ちょっとテクニックを覚えておく必要があります。先ほどは、AppBarのbottomにTabBarを追加しましたが、これでは下には表示されないのです。AppBarではなく、ScaffoldのbottomNavigationBarにTabBarを組み込めば、画面下部に配置することができます。

では、実際にやってみましょう。まず、Tabのリストをまとめた定数tabsの内容を少し修正しましょう。

リスト4-10

```
static const List<Tab> tabs = <Tab>[
  Tab(text: 'One', icon: Icon(Icons.star)),
  Tab(text: 'Two', icon: Icon(Icons.info)),
  Tab(text: 'Three', icon: Icon(Icons.home)),
];
```

下部に表示した場合、テキストだけでなくアイコンも表示したほうがより自然な切り替えボタンになります。Tabインスタンスを作成する際、icon引数にIconインスタンスを用意することで、アイコンを表示させることができます。

buildメソッドを修正する

では、タブバーの表示を変更しましょう。これは、_MyHomePageStateクラスのbuildメソッドを修正することで行えます。buildを以下のように書き換えてください。

リスト4-11

```
@override
Widget build(BuildContext context) {
  return Scaffold(
    appBar: AppBar(
      title: Text('My App'),
    ),
    bottomNavigationBar:Container(
      color: Colors.blue,
      child:TabBar(
        controller: _tabController,
        tabs: tabs,
      ),
    ),
    body: TabBarView(
      controller: _tabController,
      children: tabs.map((Tab tab) {
        return createTab(tab);
      }).toList(),
    ),
```

```
  );
}
```

図4-16：タブバーが下部に表示されるようになった。

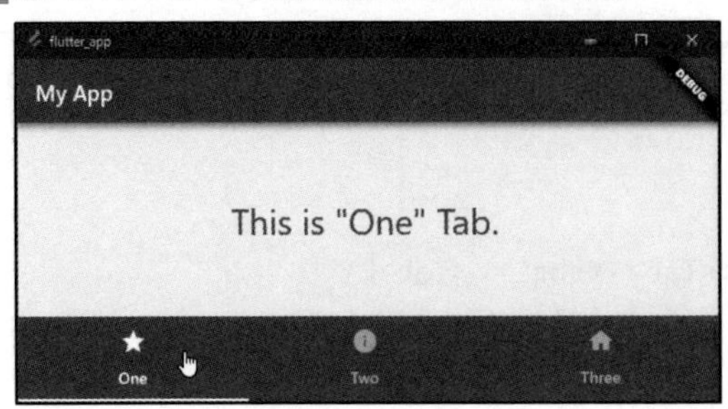

これで、タブバーが画面の下部に表示されるようになります。それぞれのタブのリンクにはアイコンも表示され、よりわかりやすくなりました。

ここではbottomNavigationBarにContainerを追加し、その中にTabBarを用意しています。こうすることで、Containerのcolorを使って背景色を設定し、全体をブルーで表示させています。Containerを使わず直接TabBarを追加すると白い背景になるので注意しましょう。

Drawer(ドロワー)について

最近のスマホアプリでは、左上に表示された「≡」アイコンをクリックすると、画面左からリストが表示するようなUIがよく用いられます。これが「ドロワー」です。ドロワーは、FlutterではScaffoldに組み込んで作ることができます。このUIは、スマホから始まり、今ではWebアプリやときにはパソコンのアプリなどでも広く使われるようになってきました。

ドロワーは、Scaffoldの「drawer」に「**Drawer**」というウィジェットを組み込んで作成します。これは以下のようにインスタンスを作成します。

```
Drawer(
  child: ウィジェット,
)
```

内部にウィジェットを組み込むだけの非常にシンプルなコンテナです。ドロワーは、この中にListViewを組み込んで作成をします。

ドロワーを実装する

では、実際に試してみましょう。例によって、_MyHomePageStateクラスを書き換えて使うことにします。

リスト4-12

```
class _MyHomePageState extends State<MyHomePage> {
  static var _items = <Widget>[];
  static var _message = 'ok.';
  static var _tapped = 0;

  @override
  void initState() {
    super.initState();
    for (var i = 0; i < 5; i++) {
      var item = ListTile(
          leading: const Icon(Icons.android),
          title: Text('No, $i'),
          onTap: (){
            _tapped = i;
            tapItem();
          }
      );
      _items.add(item);
    }
  }

  @override
  Widget build(BuildContext context) {
    return Scaffold(
      appBar: AppBar(
        title: const Text('Flutter App'),
      ),
      body: Center(
        child: Text(
          _message,
          style: const TextStyle(
            fontSize: 32.0,
          ),
        ),
      ),
      drawer: Drawer(
        child: ListView(
          shrinkWrap: true,
          padding: const EdgeInsets.all(20.0),
          children: _items,
        ),
      ),
    );
```

```
  }

  void tapItem() {
    Navigator.pop(context);
    setState((){
      _message = 'tapped:[$_tapped]';
    });
  }
}
```

図4-17：画面の左上にある「≡」アイコンをクリックするとドロワーが開き、リストが表示される。ここで項目をクリックすると、メッセージが表示される。

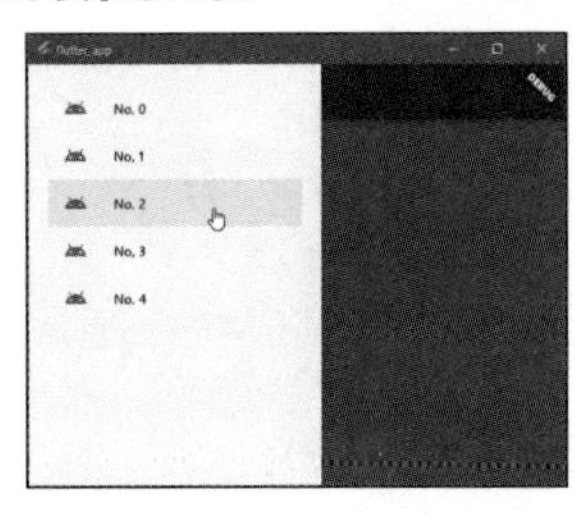

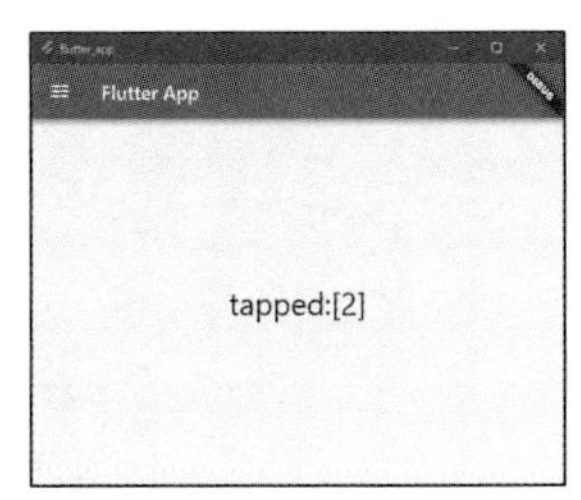

実行すると、画面の左上に「≡」アイコンが表示されるようになります。これをクリックすると、左側からリストが表示されます。ここから項目をクリックすると、ドロワーが消え、「tapped:[○○]」とメッセージが表示されます。

Drawerの組み込み部分を見てみると、このようになっています。

```
drawer: Drawer(
  child: ListView(
    shrinkWrap: true,
    padding: const EdgeInsets.all(20.0),
    children: _items,
  ),
),
```

Drawerインスタンスを作成し、childにはListViewインスタンスを設定します。このListViewでは、childrenに_itemsを指定しています。あらかじめ、_itemsにListTileインスタンスのリストを作成しておけば、これだけでドロワーが作成できます。

クリックしたときのイベント処理は、tapItemメソッドに用意してあります。ここでは、最初にこの文を実行しています。

```
Navigator.pop(context);
```

これは既に登場しましたね。これで現れたドロワーを閉じていたのです。前の状態に戻すときにこのNavigator.popは多用されます。ドロワーを開く前に戻るときもこれでOKなんですね！

Chapter 5

グラフィックとアニメーション

Flutterでは、グラフィックを描いて表示するための機能も用意されています。これを活用し、さまざまなグラフィックを表示させてみましょう。また、ウィジェットやグラフィックをアニメーションする方法についてもまとめて説明しましょう。

5-1 グラフィック描画の基本

CustomPaintについて

ここまでは、基本的にすべてウィジェットの組み合わせによって画面を構築してきました。が、例えばゲームのようなアプリの場合、ウィジェットではなくグラフィックで画面を描画する必要があります。こうしたグラフィック描画について考えていきましょう。

Flutterには、描画を行うためのクラスが用意されています。それは「**CustomPaint**」というクラスです。この中に、独自の描画を行うクラス(**CustomPainter**というクラスのサブクラス)を用意することで、独自の描画を行うことができます。つまり、CustomPaintとCustomPainterの2つを組み合わせて独自の描画を作成するわけです。

CustomPaint の基本形

CustomPaintは、内部にpainterというプロパティを持っています。ここにCustomPainterクラスのインスタンスを指定することで、CustomPainterの描画を表示するウィジェットとして機能します。

インスタンスの作成は、以下のように行います。

```
CustomPaint(
  painter: 《CustomPainter》,
);
```

painter以外の値は特に用意する必要はありません。CustomPainterをウィジェットとして扱えるようにするための最小限の機能を持ったクラスといってよいでしょう。

CustomPainter の基本形

このpainterに設定されるCustomPainterは、内部にいくつかのメソッドを持ち、そこで描画の処理を行います。クラスの基本的な定義を整理すると以下のようになるでしょう。

```
class クラス extends CustomPainter{

  @override
  void paint(Canvas canvas, Size size) {
     ……描画処理……
  }

  @override
  bool shouldRepaint(CustomPainter oldDelegate) {
```

```
        return《bool》;
    }
}
```

描画は、**paint**メソッドで行います。引数として渡されるのはCanvasとSizeです。Canvasは、描画のメソッドなどがまとめられているクラスです。ここに用意されているメソッドを呼び出すことで、さまざまな描画を行います。Sizeは、このCustomPainterの大きさを表す値です。width/heightというプロパティで縦横サイズを得ることができます。

もう1つのshouldRepaintというメソッドは、リペイントの必要があるかどうかを示すものです。引数には、古いCustomPainterが渡されます。古いCustomPainterから新しいCustomPainterへと更新されるとき、再描画する必要があるかどうかを示します。trueを返すと再描画がされ、falseだと再描画されません。

CustomPainterを作成する

では、実際にCustomPainterを作ってグラフィックを表示させてみましょう。今回は、_MyHomePageStateクラスから掲載しておきます。この_MyHomePageStateクラスと、独自に定義したCustomPainterであるMyPainterクラスを用意します。

リスト5-1

```
class _MyHomePageState extends State<MyHomePage> {

  @override
  Widget build(BuildContext context) {
    return Scaffold(
      backgroundColor: Color.fromARGB(255, 255, 255, 255),
      appBar: AppBar(
        title: Text('App Name', style: TextStyle(fontSize: 30.0),),
      ),
      body:Container(
        child: CustomPaint(
          painter: MyPainter(),
        ),
      ),
    );
  }
}

class MyPainter extends CustomPainter{

  @override
  void paint(Canvas canvas, Size size) {
    Paint p = Paint();
```

```
    p.style = PaintingStyle.fill;
    p.color = Color.fromARGB(150, 0, 200, 255);
    Rect r = Rect.fromLTWH(50.0, 50.0, 150.0, 150.0);
    canvas.drawRect(r, p);

    p.style = PaintingStyle.stroke;
    p.color = Color.fromARGB(150, 200, 0, 255);
    p.strokeWidth = 10.0;
    r = Rect.fromLTWH(100.0, 100.0, 150.0, 150.0);
    canvas.drawRect(r, p);
  }

  @override
  bool shouldRepaint(CustomPainter oldDelegate) => true;
}
```

図5-1：CustomPainterを使って図形を描画する。

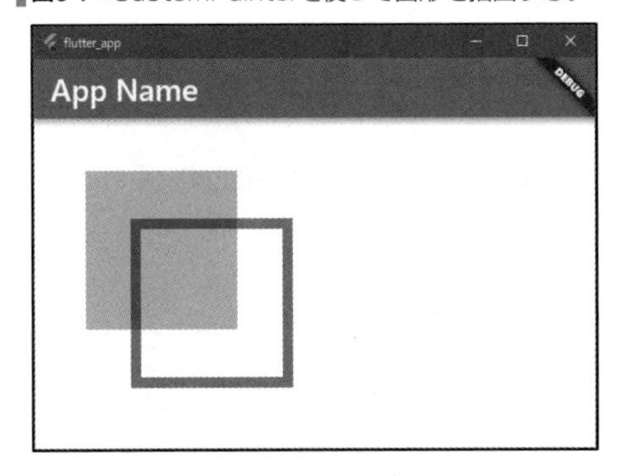

実行すると、シアンで塗りつぶした四角形と、パープルの枠線だけの四角形が表示されます。ごく単純なものですが、グラフィックを描いて表示しているのがわかりますね。

CustomPaint の組み込み

では、CustomPaintの利用方法を見てみましょう。ここでは、Scaffoldへのウィジェットの組み込みを以下のようにして行っています。

```
body:Container(
  child: CustomPaint(
    painter: MyPainter(),
  ),
),
```

ScaffoldのbodyにはContainerを設定し、その中にCustomPaintを用意しています。Containerは、要するに「何も表示されないウィジェット」を使っている、ということです。

CustomPaintをウィジェットとして配置するとき、他に何か描かれているとわかりにくいのでこれを使っています。「Containerを使わないとCustomPaintは表示できない」ということではありません。他のCenterなどウィジェットを内部に組み込めるものなら何でも使えます。

MyPanter クラスの作成

ここではMyPainterクラスをCustomPaintのpainterに設定しています。MyPainterクラスは、以下のような形で定義されています。

```
class MyPainter extends CustomPainter{

  @override
  void paint(Canvas canvas, Size size) {……}

  @override
  bool shouldRepaint(CustomPainter oldDelegate) => true;
}
```

paintで行っている描画の処理についてはこの後で触れるとして、このようにCustomPainterのサブクラスを定義して組み込めば図形が表示できることがわかります。

Paintクラスと描画

では、実際の描画処理がどのように行われているか、コードを見ながらその手順を説明しましょう。

■Paintの取得

```
Paint p = Paint();
```

最初に行うのは、**Paint**インスタンスの作成です。Paintは、描画に関する設定などを扱うためのクラスです。描画には、まずどのような設定で描画を行うかをPaintインスタンスとして用意してやる必要があります。

■スタイルの設定

```
p.style = PaintingStyle.fill;
p.style = PaintingStyle.stroke;
```

図形の描画には2つのスタイルがあります。1つは図形全体を指定の色で塗りつぶすというもの。もう1つは図形の輪郭を線分で描くというものです。これは、Paintのstyleプロパティで設定されます。設定する値は**PaintingStyle**というenum値で、以下の2つの値が用意されています。

fill	図形内部を塗りつぶす
stroke	輪郭線を描く

これでstyleを設定し、描画すると、塗りつぶしか線分のみか、どちらかの方式で描かれます。

■描画色の設定

```
p.color = Color.fromARGB(150, 0, 200, 255);
p.color = Color.fromARGB(150, 200, 0, 255);
```

図形を描画するときに使われる色は、Paintの「color」プロパティとして用意します。これは、Colorクラスのインスタンスとして設定しておきます。

■描画領域の用意

```
Rect r = Rect.fromLTWH(50.0, 50.0, 150.0, 150.0);
r = Rect.fromLTWH(100.0, 100.0, 150.0, 150.0);
```

描く図形の領域を用意します。これは「**Rect**」というクラスのインスタンスとして作成をします。ここでは、**fromLTWH**というメソッドを使っています。これは位置と大きさを指定してRectを作成するものです。

```
Rect.fromLTWH( 横位置 , 縦位置 , 横幅 , 高さ )
```

このようにしてインスタンスを作成します。Rectには他にもいくつかのメソッドが用意されています。

■線分の太さ

```
p.strokeWidth = 10.0;
```

styleにstrokeを指定した場合は、描く線分の太さを指定します。これは、PaintのstrokeWidthにdouble値で設定します。

■図形の描画

こうしてPaintとRectが用意できたら、それをもとに図形を描画します。描画は、Canvasクラスに用意されているメソッドを使います。ここでは四角形を描く「**drawRect**」というメソッドを呼び出しています。

```
c.drawRect(r, p);
```

drawRectは、第1引数にRect、第2引数にPaintを指定して実行します。これにより、指定したエリアに四角形が描かれます。図形の描画そのものは比較的かんたんですね。ただその前に準備がいろいろと必要ということです。

楕円の描画

図形の描画にはdrawRect以外にもさまざまなメソッドが用意されています。主なメソッドの使い方を見ていきましょう。

まずは、正円を描く「**drawCircle**」です。これは位置、半径、Paintといったものを引数に指定して実行します。

```
《Canvas》.drawCircle(《Offset》, 半径,《Paint》);
```

Offsetは、縦横の値をまとめて表すクラスです。これは、Offsetインスタンスを作成して使います。

```
Offset( 横位置 , 縦位置 )
```

続いて、楕円を描く「**drawOval**」です。これも、使い方は四角形の描画とさほど違いはありません。

```
《Canvas》.drawOval(《Rect》,《Paint》);
```

CanvasからdrawOvalを呼び出します。引数には領域を示すRectと、描画情報のPaintを用意するだけです。ほぼdrawRectと同じですね。

drawCircle/drawOval の例

では利用例を挙げましょう。先ほどのサンプルで、MyPainterクラスのpaintメソッドを以下のように修正してください。

リスト5-2

```
@override
void paint(Canvas canvas, Size size) {
  Paint p = Paint();

  // 正円の描画
  p.style = PaintingStyle.fill;
  p.color = Color.fromARGB(150, 0, 200, 255);
  Offset ctr = Offset(100.0, 100.0);
  canvas.drawCircle(ctr, 75.0, p);

  // 楕円1の描画
  p.style = PaintingStyle.stroke;
  p.color = Color.fromARGB(150, 200, 0, 255);
  p.strokeWidth = 10.0;
  Rect r = Rect.fromLTWH(100.0, 50.0, 200.0, 150.0);
  canvas.drawOval(r, p);
```

```
    // 楕円2の描画
    r = Rect.fromLTWH(50.0, 100.0, 150.0, 200.0);
    canvas.drawOval(r, p);
  }
```

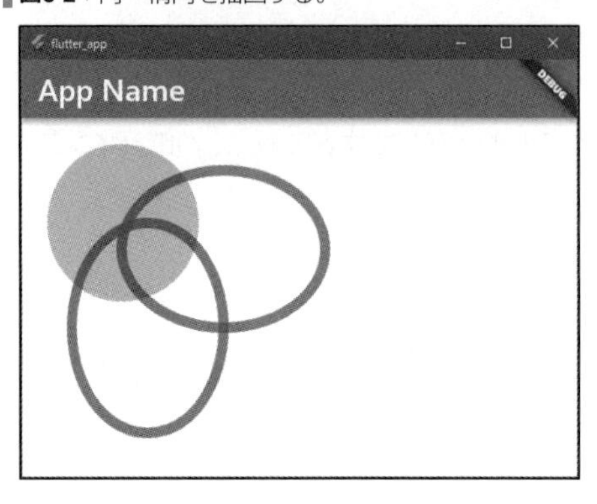

図5-2：円・楕円を描画する。

実行すると、シアンの正円の上にパープルの線分の楕円が2つ描かれます。基本的な描画の手続きは四角形と全く同じですから迷う部分はないでしょう。

直線の描画

直線は「**drawLine**」というメソッドを使って描きます。これは以下のように呼び出します。

```
《Canvas》.drawLine(《Offset》,《Offset》,《Paint》)
```

drawLineは、引数に2つのOffsetとPaintを指定します。Offsetは、Offsetでインスタンスを作成する他に、Rectから位置の値を取り出すこともできます。RectにはtopLeft、topRight、bottomLeft、bottomRightといったプロパティがあり、Rectの四隅の位置をOffsetとして取り出せます。

直線の描画例

では、直線の例を挙げておきましょう。paintメソッドを以下のように書き換えてください。

リスト5-3

```
@override
void paint(Canvas canvas, Size size) {
  Paint p = Paint();

  p.style = PaintingStyle.stroke;
```

```
  p.strokeWidth = 5.0;
  p.color = Color.fromARGB(150, 0, 200, 255);
  for (var i = 0; i <= 10; i++) {
    Rect r = Rect.fromLTRB(
        50.0 + 20 * i, 50.0,
        50.0, 250.0 - 20 * i);
    canvas.drawLine(r.topLeft, r.bottomRight, p);
  }
}
```

図5-3：直線の描画例。

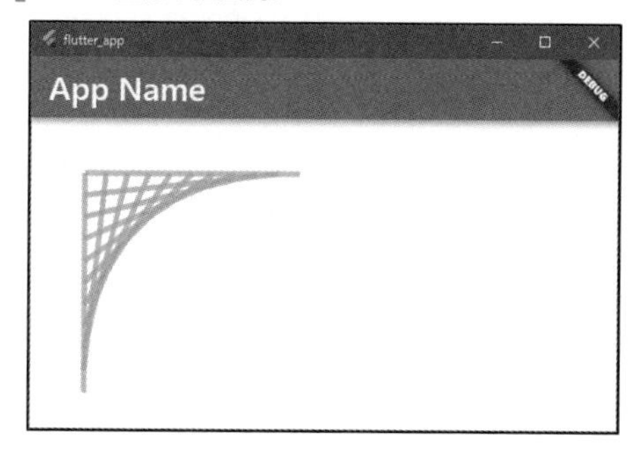

ここではforによる繰り返しを使い、直線を描いています。描画部分を抜き出すと以下のようになっています。

```
for (var i = 0; i <= 10; i++) {
  Rect r = Rect.fromLTRB(
      50.0 + 20 * i, 50.0,
      50.0, 250.0 - 20 * i);
  canvas.drawLine(r.topLeft, r.bottomRight, p);
}
```

今回は、Rect.fromLTRBというメソッドを使ってRectを作成しています。これは、左上と右下の位置の値を引数に指定してRectを作成するものです。これで作成したRectから、topLeftとbottomRightのOffsetを取り出してdrarLineを実行しています。

テキストの描画

テキストの描画は、意外と面倒です。Flutterには、パラグラフ（テキストの段落）を扱うためのクラスがいろいろと用意されていて、これらを利用してテキストを描くようになっているためです。

テキストを表示する場合、例えば長いテキストだと画面の端までいっても表示しきれないこともあります。パラグラフという考え方を導入することで、「テキストの幅はどれぐらいか」を指定し、その範囲内で折り返し描画することができるようになります。

Paragraph の作成

パラグラフは「**Paragraph**」というクラスとして用意されています。ただし、このクラスだけではParagraphは作成できません。Paragraphを作成するための「**ParagraphBuilder**」というクラスが必要になります。

Paragraph作成までの流れを整理しましょう。

■ParagraphBuilderの作成

ParagraphBuilderは、Paragraphを生成するためのクラスです。これは以下のような形でインスタンスを作成します。

```
ParagraphBuilder(
  ParagraphStyle(textDirection:《TextDirection》),
)
```

引数には、**ParagraphStyle**というクラスのインスタンスを用意します。これで、テキストの描く方向などを指定してParagraphBuilderを作成します。

■スタイルやテキストの追加

作成したParagraphBuilderには、使用するスタイルや描画するテキストなどの情報を追加していきます。これらは以下のようなメソッドで行います。

```
《ParagraphBuilder》.pushStyle(《TextStyle》);
《ParagraphBuilder》.addText(《String》);
```

pushStyleとaddTextは、何度でも呼び出してテキストを追加していくことができます。これらはパラグラフ内で逐次適用されていきます。pushStyleすると、その後にaddTextしたテキストは、直前のTextStyleが適用されます。これらを交互に呼び出すことで、マルチフォントでテキストを作成できます。

■Paragraphの作成

```
《ParagraphBuilder》.build()
```

完成したParagraphBuilderから、buildを呼び出すことで、Paragraphインスタンスを作成できます。これをもとに描画を行います。

■レイアウトの設定

```
《Paragraph》.layout(《ParagraphConstraints》);
```

描画の際には、layoutを使ってパラグラフの大きさなどを設定しておきます。これはParagraphConstraintsというクラスのインスタンスを用意し、ここで横幅などを設定します。

■パラグラフの描画

```
《Canvas》.drawParagraph(《Paragraph》,《Offset》);
```

準備が整ったら、Paragraphを描画します。drawParagraphは、Paragraphと描画位置を示すOffsetを引数に指定して実行します。

テキスト描画の例

このParagraphを使ったテキスト描画は、マルチフォントで指定のレイアウトに沿って描画できるのですが、そのために細々と設定が必要となり、かなりわかりにくいものになっています。実際の例を見ながら使い方を理解していきましょう。

では、paintメソッドを以下のように修正してください。このとき、main.dartの冒頭に import 'dart:ui' as ui; というimport文を追記するのを忘れないようにしましょう。

リスト5-4

```
// import 'dart:ui' as ui; を追記

@override
void paint(Canvas canvas, Size size) {
  Paint p = Paint();

  ui.ParagraphBuilder builder = ui.ParagraphBuilder(
    ui.ParagraphStyle(textDirection: TextDirection.ltr),
  )
    ..pushStyle(ui.TextStyle(color: Colors.red, fontSize: 48.0))
    ..addText('Hello! ')
    ..pushStyle(ui.TextStyle(color: Colors.blue[700],
      fontSize: 30.0))
    ..addText('This is a sample of paragraph text. ')
    ..pushStyle(ui.TextStyle(color: Colors.blue[200],
      fontSize: 30.0))
    ..addText('You can draw MULTI-FONT text!');

  ui.Paragraph paragraph = builder.build()
    ..layout(ui.ParagraphConstraints(width: 300.0));

  Offset off = Offset(50.0, 50.0);
  canvas.drawParagraph(paragraph, off);
}
```

図5-4：テキストの描画例。指定範囲内で折り返しながらマルチフォントのテキストを描いている。

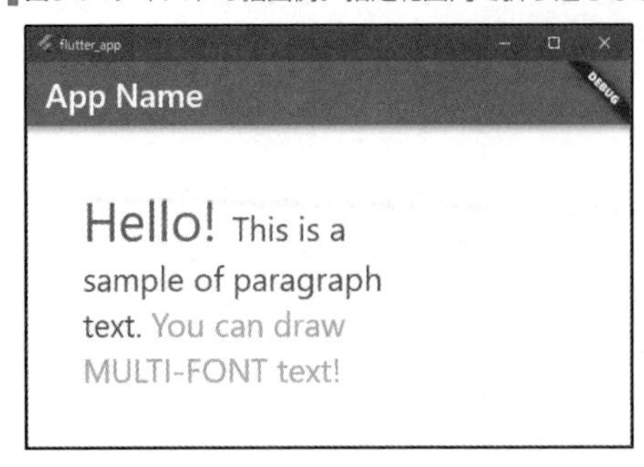

実行すると、Hello! This is a sample of paragraph text. You can draw MULTI-FONT text!」とテキストが表示されます。3つの文章はそれぞれフォントサイズやフォントカラーが微妙に異なっているのがわかるでしょう。

ParagraphBuilderの作成

では、順を追って説明しましょう。まずは、ParagraphBuilderの作成からです。これは以下のように行っています。

```
ui.ParagraphBuilder builder = ui.ParagraphBuilder(
  ui.ParagraphStyle(textDirection: TextDirection.ltr),
)
```

ParagraphBuilderの引数にParagraphStyleのインスタンスを指定しています。これはParagraph用のスタイルを設定するためのクラスです。引数のTextDirection.ltrは、テキストが左から右へ記述されることを示す値です。通常は、このクラスをそのまま記述すれば問題ないでしょう。

ParagraphStyleとテキストの追加

作成されたParagraphBuilderにスタイルとテキストを追加していきます。これは、以下のような形で行います。

```
..pushStyle(ui.TextStyle(color: Colors.red, fontSize: 48.0))
..addText('Hello! ')
```

pushStyleでは、引数にTextStyleインスタンスを指定します。ただし、このTextStyleは、これまで使っていたflutterパッケージのTextStyleではありません。flutter.uiというパッケージにあるクラスなのです。

同じ名前のクラスがあると混乱するので、ここではflutter.uiをuiというエイリアスにしてあります。従って、ここではTextStyleではなく、ui.TextStyleとなるわけです。

こうして、「pushStyleでスタイルを追加してはaddTextでテキストを追加する」ということを繰り返して、マルチフォントのテキストを作成していきます。

Paragraphの生成

ParagraphBuilderの準備が整ったら、buildでParagraphを生成します。そして、layoutでレイアウトを設定します。

```
ui.Paragraph paragraph = builder.build()
  ..layout(ui.ParagraphConstraints(width: 300.0));
```

layoutの引数には、ParagraphConstraintsインスタンスを指定します。これはnewする際、widthに横幅の値を指定します。

テキストを描画する

これでようやくテキスト描画の準備が整いました。後は描画位置のOffsetを作り、drawParagraphでテキストを描くだけです。

```
Offset off = Offset(50.0, 50.0);
canvas.drawParagraph(paragraph, off);
```

描画そのものはとてもかんたんですね。それまでの準備の手順さえ間違えなければ、決して難しいものではないことがわかるでしょう。

5-2 イメージの描画

イメージファイルの利用

イメージファイルからイメージを読み込んで表示することももちろんできます。が、イメージのロードにはそれなりに時間がかかるため、読み込みには少し複雑な処理が必要となります。

イメージは、アプリケーション内にリソースとして用意しておくのが一般的です。これは通常、「assets」というフォルダに配置します。

では、プロジェクトのフォルダ（「flutter_app」フォルダ）内に、「assets」という名前でフォルダを作成してください。その中に「images」というフォルダを用意します。そして、ここにイメージファイルを1つ配置しておきます。

ここではサンプルとして「image.jpg」というファイル名で用意しておきます。イメージサイズは、それぞれのアプリをテストする動作環境にあわせて適当に調整してかまいません。

図5-5：Visual Studio Codeで、プロジェクト内に「image.jpg」ファイルを配置したところ。

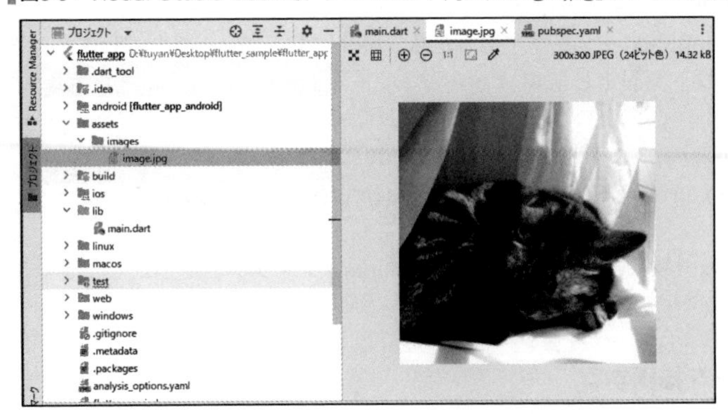

pubspec.yaml の修正

続いて、プロジェクトのpubspec.yamlを修正します。このpubspec.yamlというファイルは、Dartのパッケージマネージャ「Pub」が使用するファイルです。Flutterでは、ここに記述されている内容をもとに、Pubがパッケージのインストールなどを行うようになっているのです。

リソースファイルを追加した場合は、その情報をpubspec.yaml内に記述しておく必要があります。これを忘れると、そのファイルがアプリケーション内で認識できません。

では、ファイルを開き、以下の文を探してください。

```
flutter:
```

dependencies:という文の次行にもありますが、これではありません。左側にスペースのない、インデントされていないflutter:を探します。dev_dependencies:の少し後あたりにあります。

このflutter:の後に、イメージファイルの情報を追記します。

リスト5-5

```
flutter:
  assets:
      - assets/images/image.jpg
```

assets:はflutter:より半角スペース2つ、-assets ～はassets:より更に半角スペース2つ右にインデントさせます。yamlは半角スペースによるインデントで記述内容の構造を指定するので、インデント位置を間違えないように注意してください。

イメージを描画する

では、実際にリソースとして追加したイメージファイルを読み込んで、イメージを描画してみましょう。これは、実は意外に複雑な手続きを踏まないといけません。といっても、やることは定型的に決まっていますから、一度作ってしまえば、後は処理をコピー

&ペーストしていくらでも再利用できます。

　では、かんたんなサンプルを作成してみましょう。今回はリソースの読み込みを行う関係で、_MyHomePageState とMyPainterのコードを掲載しておきます。なお、今回は多数のimport文を追記する必要があるので、それらの記述を忘れないでください。

リスト5-6

```
// 以下のimportを用意する
// import 'package:flutter/material.dart';
// import 'package:flutter/services.dart';
// import 'dart:typed_data';
// import 'dart:ui' as ui;

class _MyHomePageState extends State<MyHomePage> {
  static ui.Image? _img = null;
  static bool _flg = false;

  Future<void> loadAssetImage(String fname) async {
    final bd = await rootBundle.load("assets/images/$fname");
    final Uint8List u8lst = await Uint8List.view(bd.buffer);
    final codec = await ui.instantiateImageCodec(u8lst);
    final frameInfo = await codec.getNextFrame();
    _img = frameInfo.image;
    setState(()=> _flg = true);
  }

  @override
  Widget build(BuildContext context) {
    loadAssetImage('image.jpg');

    return Scaffold(
      backgroundColor: Color.fromARGB(255, 255, 255, 255),
      appBar: AppBar(
        title: Text('App Name',
          style: TextStyle(fontSize: 30.0),),
      ),
      body:Container(
        child: CustomPaint(
          painter: MyPainter(_img),
        ),
      ),
    );
  }
}
```

```
class MyPainter extends CustomPainter{
  ui.Image? _img = null;

  MyPainter(this._img) ;

  @override
  void paint(Canvas canvas, Size size) {
    Paint p = Paint();

    Offset off = Offset(50.0, 50.0);
    if (_img != null) {
      canvas.drawImage(_img!, off, p);
    }
  }

  @override
  bool shouldRepaint(CustomPainter oldDelegate) => true;
}
```

図5-6：image.jpgを読み込んで表示する。

実行すると、画面にimage.jpgが表示されます。ここでは大きさの調整などは一切行っていないため、大きなイメージの場合は画面からはみ出して表示される場合もあります。ただしリソースのファイルからイメージを表示するという基本部分はこのサンプルでよくわかるでしょう。

リソースからイメージを読み込む

ここでは、loadAssetImageというメソッドとしてイメージの読み込み処理をまとめています。このメソッドを読みながら、イメージ読み込みがどのように行われているか説明していきましょう。

このloadAssetImageは、非同期関数になっています。読み込みに必要な処理の多くが非同期メソッドであるため、メソッドそのものもasyncを付けて非同期メソッドとしています。では、実行している処理を順に見ていきましょう。
　指定のリソースの読み込みは以下の文で行います。

```
final bd = await rootBundle.load("assets/images/$fname");
```

　リソースからのイメージの読み込みは、**rootBundle**というオブジェクトを使います。これは**トップレベルプロパティ**（どこからでも利用可能なプロパティ）と呼ばれるもので、AssetBundleというクラスのインスタンスが代入されています。このAssetBundleクラスは、アプリケーションに用意されているリソースのコレクションとしての機能を提供するものです。
　ここでは、「**load**」メソッドを実行しています。これは、引数に指定したリソースを読み込んでオブジェクトを返すメソッドです。このloadは非同期で実行され、戻り値は**Future<ByteData>**というものになります。ここではawaitを使い、非同期の結果が得られるのを待ってから変数に代入させています。

Future について

　ここで「Futureとは何だ？」という疑問が湧くでしょう。Futureは、Dartの非同期処理に関するもので、遅延して返される結果を扱うためのオブジェクトです。
　Dartでは、非同期処理の実行後の戻り値は、Futureオブジェクトの形で返されます。非同期ですから、戻り値といっても実行直後は値は返されません。そこで、「将来、戻り値が返されたとき」を想定してFutureが使われるのです。ここで使ったloadメソッドでは、Future<ByteData>が返されますが、これは将来的に返される値が**ByteData**であることを示します。

Uint8List.view について

　loadでリソースを読み込んだ後では、以下のような文を実行しています。これは、返されたByteDataからUint8Listというクラスのインスタンスを取り出す処理です。

```
final Uint8List u8lst = await Uint8List.view(bd.buffer);
```

　引数のbdは、先ほど返されたByteDataインスタンスです。そのbufferを呼び出すことでByteBufferというインスタンスを返します。これをviewの引数に指定して**Uint8List**インスタンスを作成しています。

Uint8List について

　このUint8Listというインスタンスは、イメージのコーデックに関するクラスです。これを利用して、**instantiateImageCodec**というものを実行します。

```
final codec = await ui.instantiateImageCodec(u8lst);
```

　このinstantiateImageCodecは、データをもとにイメージのオブジェクトを復元するものです。これも非同期で実行されるため、ここではawaitで戻り値を取得しています。

instantiateImageCodecメソッドでは、**Future<Codec>**というオブジェクトが返されます。これはFutureインスタンスですが、先に説明したようにFutureは将来的に返される戻り値を予約するものですので、実際に戻り値として渡される値は「**Codec**」クラスのインスタンスです。

getNextFrameについて

このCodecから呼び出しているのは「**getNextFrame**」というメソッドです。これも非同期処理で、以下のように呼び出しています。

```
final frameInfo = await codec.getNextFrame();
```

このメソッドは次のアニメーションフレームを取得するもので、**Future<FrameInfo>**というオブジェクトが返されます。これも非同期のコールバックなのでFutureが返されますが、awaitで得られる値は**FrameInfo**というクラスのインスタンスになっています。

ここからimageプロパティの値を取り出せば、ui.Imageクラスのインスタンスが取り出せます。

```
_img = frameInfo.image;
```

これは、以前登場したImageとは別のもので、uiパッケージのImageクラスです。

表示の更新について

Imageが取り出せたら、表示を更新してイメージが描画されるようにする必要があります。これは、以下のようにして行っています。

```
setState(()=> _flg = true);
```

setStateを使い、_flgの値を変更しています。これにより表示が更新され、MyPainterに渡されたイメージが描画されるようになる、というわけです。

以上、整理すると、イメージの読み込みは以下のようになります。

1. rootBundle.load
2. Uint8List.view
3. ui.instantiateImageCodec
4. codec.getNextFrame
5. frameInfo.image, markNeedsPaint

見た目はわかりにくいですが、今回用意したloadAssetImageメソッドを使えば、後は呼び出すだけで指定のイメージをロードできるようになります。メソッドの内容は、今すぐ理解する必要はありません。「loadAssetImageメソッドをコピペしてbuildで呼び出せばリソースからイメージを取り出せる」ということだけ覚えておきましょう。

イメージの描画

イメージはこれで読み込めました。では、読み込んだイメージはどのようにして描画すればいいのでしょうか。ui.Imageは、MyPainterインスタンス作成時に_imgに渡されています。この_imgがnullでなければ、

paintメソッドでは、以下のように描画を行っているのがわかります。

```
Paint p = Paint();

Offset off = Offset(50.0, 50.0);
if (_img != null) {
  canvas.drawImage(_img!, off, p);
}
```

PaintとOffsetを用意しています。そして_imgがnullでなければ、**drawImage**というメソッドを実行しています。これがイメージ描画を行うメソッドで、以下のように呼び出します。

```
《Canvas》.drawImage(《ui.Image》,《Offset》,《Paint》);
```

描画するui.Image、描画位置を示すOffset、そして描画の設定となるPaintをそれぞれ引数に指定します。これでようやくイメージが画面に表示できました！

領域を指定して描画する

イメージは表示できましたが、これだと大きなイメージでは画面からはみ出してしまうでしょう。

こうした場合は、イメージを指定の領域に拡大縮小して表示することができます。

```
《Canvas》.drawImage(《ui.Image》,《Rect1》,《Rect2》,《Paint》);
```

drawImageRectでは、2つのRectを指定します。これにより、イメージの指定の領域を、画面の指定の領域に拡大縮小して描画をします。イメージ全体を描画したい場合は、イメージの縦横幅を使ってRectを作成すればいいでしょう。

指定の大きさに描画する

では、実際にdrawImageRectを使い、指定した大きさでイメージを描画するようにpaintメソッドを修正してみましょう。

リスト5-7

```
@override
void paint(Canvas canvas, Size size) {
  Paint p = Paint();
```

```
    final _img = this._img;
    if (_img != null) {
      Rect r0 = Rect.fromLTWH(0.0, 0.0, _img.width.toDouble(),
        _img.height.toDouble());
      Rect r = Rect.fromLTWH(50.0, 50.0, 100.0, 100.0);
      canvas.drawImageRect(_img, r0, r, p);
      r = Rect.fromLTWH(50.0, 250.0, 200.0, 100.0);
      canvas.drawImageRect(_img, r0, r, p);
      r = Rect.fromLTWH(250.0, 50.0, 100.0, 200.0);
      canvas.drawImageRect(_img, r0, r, p);
    }
  }
```

図5-7：イメージの大きさを変更して描画する。

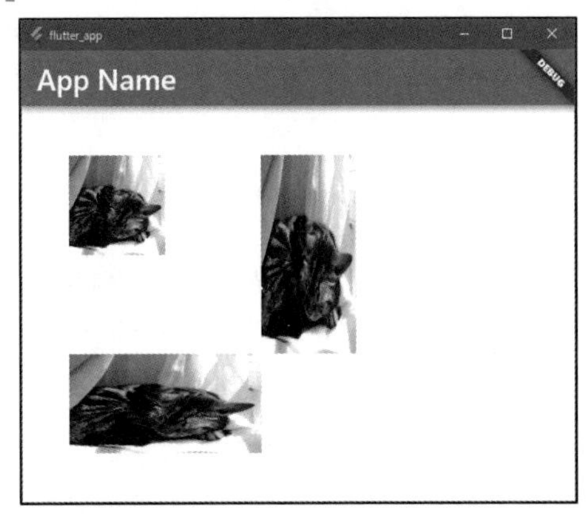

ここでは、100×100、200×100、100×200と3つの大きさに変形して描画をしています。描画する領域は、以下のような形で作成しています。

■描画先の領域

```
Rect r = Rect.fromLTWH(dx + 50.0, dy + 50.0, 200.0, 200.0);
r = Rect.fromLTWH(50.0, 250.0, 200.0, 100.0);
r = Rect.fromLTWH(250.0, 50.0, 100.0, 200.0);
```

■描画もとの領域

```
Rect r0 = Rect.fromLTWH(0.0, 0.0, _img.width.toDouble(),
  _img.height.toDouble());
```

描画もとは、イメージのwidthとheightを使ってRectを作成しています。これにより、イメージ全体の領域を示すRectが用意できます。描画先はfromLTWHを使って作成します。これで、イメージ全体を指定の領域に描画することができます。

5-3 パスと座標変換

パスについて

単純に図形やイメージを描画するのはほぼできるようになりました。が、もっと高度な表現をしようと思うならば、直接的な描画の機能だけでなく、描画に適用される各種の機能を使いこなせるようにならなければいけません。こうした描画を支援する機能について説明しましょう。

まずは「**パス**」からです。パスは、複雑な形状を作成するために用意されているクラスです。パスを作成し、そこにさまざまな図形を追加していくことで、それらのすべての図形を重ね合わせたような図形が作成できます。

図5-8：パスは、複数の図形を1つにまとめた形状の図形を作成する。

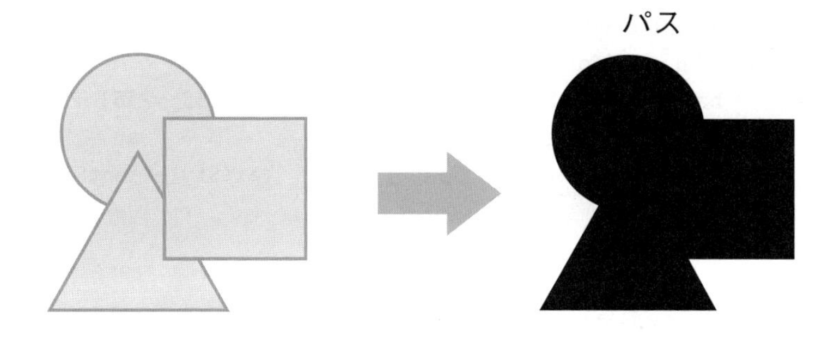

Path クラスについて

このパスは、「**Path**」というクラスとして用意されています。これは以下のように利用をします。

■1. Pathの作成

```
変数 = Path();
```

まず最初にPathインスタンスを作成します。これは引数なしのnewで作成できます。

■2. 図形の追加

```
《Path》. add○○(……);
```

作成されたPathに図形を追加していきます。これは、追加する図形に応じて複数のメソッドが用意されています。いずれも「add○○」といった名前で設定されています。

■3. パスの描画

```
《Canvas》.drawPath(《Path》,《Paint》);
```

パスが完成したら、そのパスを描画します。drawPathは、描画するPathとPaintを引数に指定して実行します。

Pathへの図形の描画を行うメソッド類について学ぶ必要がありますが、Pathそのものの利用はだいたいこのような手順で行えます。

Path を描画する

では、実際にPathを使って描画を行ってみましょう。先のサンプルで、リソースを読み込む関係で_MyHomePageStateとMyPainterをかなり書き換えてしまったので、今回はこれらをもう一度すっきりとした形に戻してサンプルを作ることにしましょう。

リスト5-8

```
class _MyHomePageState extends State<MyHomePage> {

  @override
  Widget build(BuildContext context) {
    return Scaffold(
      backgroundColor: Color.fromARGB(255, 255, 255, 255),
      appBar: AppBar(
        title: Text('App Name', style: TextStyle(fontSize: 30.0),),
      ),
      body:Container(
        child: CustomPaint(
          painter: MyPainter(),
        ),
      ),
    );
  }
}

class MyPainter extends CustomPainter{

  @override
  void paint(Canvas canvas, Size size) {
    Path path = Path();
    Rect r = Rect.fromLTWH(50.0, 50.0, 75.0, 75.0);
    path.addOval(r);
    r = Rect.fromLTWH(75.0, 75.0, 125.0, 125.0);
    path.addOval(r);
    r = Rect.fromLTWH(125.0, 125.0, 175.0, 175.0);
    path.addOval(r);
```

```
        Paint p = Paint();
        p.color = Color.fromARGB(150, 255, 0, 0);
        p.style = PaintingStyle.fill;
        canvas.drawPath(path, p);
    }

    @override
    bool shouldRepaint(CustomPainter oldDelegate) => true;
}
```

図5-9：Pathを使って描画をしたところ。

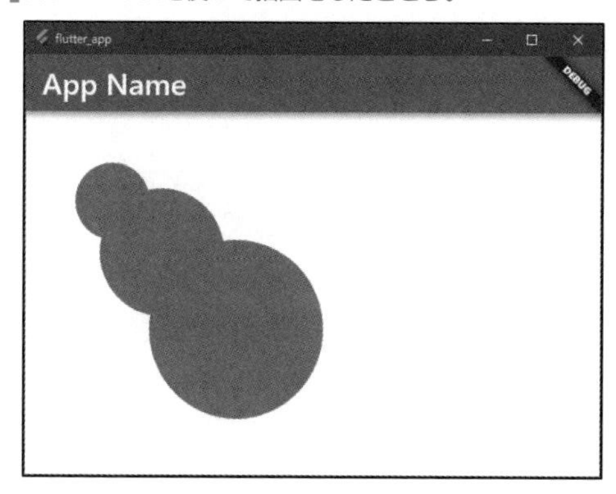

実行すると、3つの円を重ねたような図形が描かれます。これは3つの円を描いているわけではなく、1つのパスを描いているだけなのです。

ソースコードを見ると、以下のようにしてPathを作成し、図形を追加しているのがわかるでしょう。

```
Path path = Path();
Rect r = Rect.fromLTWH(50.0, 50.0, 75.0, 75.0);
path.addOval(r);
```

addOvalは、楕円をPathに追加するメソッドです。Rectで領域を作り、それをもとにaddOvalで楕円を追加しています。これを何度か繰り返し実行してパスを作り、最後にPathを描画します。

```
Paint p = Paint();
p.color = Color.fromARGB(150, 255, 0, 0);
p.style = PaintingStyle.fill;
canvas.drawPath(path, p)
```

これで、Pathの図形が描画されます。描画は、この1度だけ。それで3つの円が重なった図形が描かれます。

主なPathのメソッド

Pathの作成は、一にも二にも「図形の追加」です。従って、どのような図形を追加する機能があるかわかっていなければ、思い通りのPathは作れません。

では、Pathに図形を追加するメソッドにはどのようなものが用意されているのか、かんたんにまとめておきましょう。

■四角形の追加

```
《Path》.addRect(《Rect》);
```

■楕円の追加

```
《Path》.addOval(《Rect》);
```

■多角形の追加

```
《Path》.addPolygon( [List<Offset>],《bool》);
```

■円弧の追加

```
《Path》.addArc(《Rect》,《double》,《double》);
```

これらの中で説明が必要なのは、まず多角形でしょう。addPolygonは、多角形の各頂点の位置をOffsetのリストにまとめたものを引数に指定します。第2引数のbool値は、閉じた図形とするかどうかを示します。

円弧を追加するaddArcは、楕円の領域を表すRectと円弧の開始角度、円弧の角度をそれぞれ指定します。角度はラジアン単位で換算したdouble値になります。

座標変換

このPathによる描画は、1つの図形を描くだけだとあまりメリットを感じないかも知れません。が、作成したPathをいくつも描画すると、1つ1つの図形を描いていくより圧倒的にかんたんに描けることがわかります。

そのためには、Pathの図形を思い通りの位置や大きさで描ける方法がわからないといけません。実は、Pathには位置や大きさなどを設定するための機能がありません。作成したPathは、位置や大きさなどが固定されてしまうのです。

では、作ったPathは動かせないのか？ というと、そういうわけでもありません。Pathは動かせませんが、それを描く「座標軸」は動かせるのです。

座標変換の機能

描画を行うCanvasは、画面の左上をゼロ地点として、そこからどれだけ離れた地点に描くかを指定して描画を行います。が、このゼロ地点を動かすことができたら？ そうすれば、Pathの描画位置が固定されていたとしても、別の場所に描くことができるようになります。

こうした座標軸を操作するための機能は、Canvasにいくつか用意されています。基本的な3つのメソッドをまとめておきましょう。

■位置の移動

```
《Canvas》.translate(《double》,《double》);
```

座標軸を、引数で指定した長さだけ移動します。引数には横方向と縦方向の移動幅をdoubleで指定します。

■座標の回転

```
《Canvas》.rotate(《double》);
```

座標軸を、ゼロ地点を中心に反時計回りに回転します。引数には回転する角度をラジアン単位で換算し指定します。

■拡大縮小

```
《Canvas》.scale(《double》);
```

座標軸を拡大縮小するものです。引数には倍率をdoubleで指定します。倍率が大きくなれば描かれる図形も大きくなります。

座標操作の例

では、実際に座標を操作して、Pathの図形をいくつか表示してみましょう。paintメソッドを以下のように修正します。なお、冒頭に import 'dart:math'; と追記しておくのを忘れないでください。

リスト5-9

```
// import 'dart:math';

@override
void paint(Canvas canvas, Size size) {
  Path path = Path();
  Rect r = Rect.fromLTWH(50.0, 50.0, 75.0, 75.0);
  path.addOval(r);
  r = Rect.fromLTWH(75.0, 75.0, 125.0, 125.0);
  path.addOval(r);
  r = Rect.fromLTWH(125.0, 125.0, 175.0, 175.0);
  path.addOval(r);

  canvas.save();

  Paint p = Paint();
  p.color = Color.fromARGB(150, 255, 0, 0);
```

```
    p.style = PaintingStyle.fill;
    canvas.drawPath(path, p);

    canvas.translate(0.0, 100.0);
    p.color = Color.fromARGB(150, 0, 0, 255);
    canvas.drawPath(path, p);

    p.color = Color.fromARGB(150, 0, 255, 0);
    canvas.rotate(-0.5 * pi);
    canvas.translate(-500.0, 50.0);
    canvas.scale(1 * 1.5);
    canvas.drawPath(path, p);

    canvas.restore();
  }
```

図5-10：Pathの図形を座標変換で動かす。

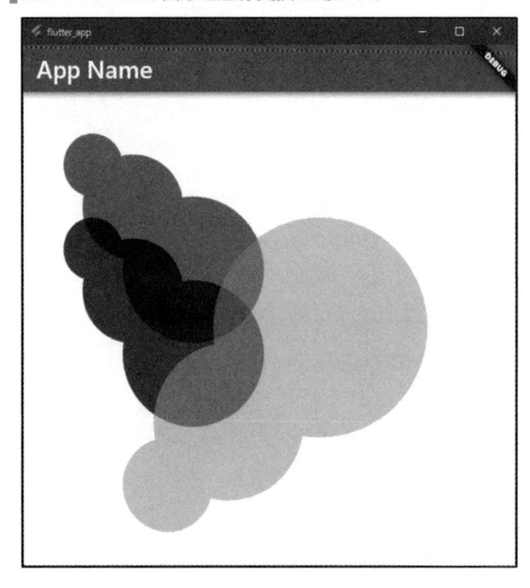

実行すると、Pathで作成した図形を3つ表示します。赤がそのままの表示、青は下に移動しての表示、そして緑は回転・移動・拡大のすべてを行っての表示になります。

座標の操作

では、座標の操作をどのように行っているか見てみましょう。赤の表示は、何も操作していない状態です。そして青の表示は、以下の操作を行ってから描画しています。

```
canvas.translate(0.0, 100.0);
```

見ればわかるように、縦に100だけ移動しています。こうすることで、青の表示はデフォルトの赤より下に描かれます。
緑はもっと複雑な変換を行っています。

```
canvas.rotate(-0.5 * pi);
canvas.translate(-500.0, 50.0);
canvas.scale(1 * 1.5);
```

回転し、移動した後、拡大します。このように座標変換の処理は、1つだけでなく、いくつも組み合わせて行うことができるのです。

save と restore

座標変換を行って描画を行う場合、注意しないといけないのは「描画したら、座標をもとに戻しておく」という点です。これを忘れると、次の描画で変換した座標のまま描かれることになってしまいます。
座標をもとに戻すには座標の「保存」と「リストア」という機能を使います。これらは以下のようなメソッドで操作します。

■現在の状態を保存する

```
《Canvas》.save();
```

■保存した状態に戻す

```
《Canvas》.restore();
```

Canvasでは、現在の描画の状態をsaveで保存することができます。最初に座標を操作する前の状態をsaveで保存しておき、座標を変え描画を行ったらrestoreでもとに戻す、ということを繰り返していくのです。こうすれば、他の描画に影響を与えることがありません。
もとに戻すのを忘れると、それ以降の描画全体がおかしくなってしまいます。座標軸を操作するときは、「描画したら必ずrestoreする」ということを忘れないようにしてください。

5-4 グラフィック描画のイベント処理

クリックのイベント処理

グラフィックは、ただ画面に表示できればいいというわけではありません。利用者の操作に応じて表示を変えたりすることもあるでしょう。そのためには、利用者のクリック操作などのイベントに応じた処理が行えなければいけません。

ウィジェットの場合、onTapのようなプロパティにイベント処理用のメソッドを設定することで処理を行うことができました。が、CustomPaintにもCustomPainterにも、イベント関係のプロパティやメソッドなどはありません。ではどうするのかというと、イベント用のコンテナを用意し、その中に組み込むのです。

ここでは、Listenerというクラスを利用します。これはポインターイベント(PointerEvent、クリックなど位置を示すイベント)を扱うためのコンテナです。このListenerにはイベント関係のプロパティが用意されています。それらにイベント処理を用意し、中にCustomPaintを組み込むことで、イベントを使った処理を作ることができます。

Listenerについて

これは、意外と複雑なので整理しながら説明しましょう。まず、**Listener**クラスです。これは、以下のように定義されます。

```
Listener(
  onTap: 処理,
  onPointerDown: 処理,
  onPointerUp: 処理,
  onPointerMove: 処理,
  onPointerCancel: 処理,
  child: ウィジェット,
}
```

Listenerには、5種類のイベント用プロパティが用意されています。これは、もちろん全部実装する必要はありません。これらの中で必要なものだけを記述します。各プロパティは以下のようになります。

onTap	クリックしたときのイベント。一般的な「クリックして操作」はこれを利用する。細かなイベントの情報などは扱えない。
onPointerDown/onPointerUp	クリックやクリックなどで押したときと、離したときに発生するイベント。クリックした位置などのイベント情報を扱える。

onPointerMove	クリックしたまま移動中に発生するイベント。移動している間、連続して発生し続ける。イベント情報を扱える。
onPointerCancel	何らかの理由でクリック操作がキャンセルされた場合のイベント。イベント情報を扱える。

onTapは、もっともシンプルで使いやすいイベントです。クリックするとここに設定されたメソッドが呼び出されます。ただし、定義するメソッドは引数を持たず、イベント関連の情報は渡されません。

それ以外のものは、いずれもイベント関連のオブジェクトが引数に渡され、そこからイベントの情報を取り出して扱うことができます。

クリックして表示をする

では、実際にクリックして表示を行う例を見てみましょう。今回は、_MyHomePageStateとMyPainterを修正します。

リスト5-10

```
class _MyHomePageState extends State<MyHomePage> {
  static List<Offset> _points = [];

  @override
  void initState() {
    super.initState();
  }

  @override
  Widget build(BuildContext context) {
    return Scaffold(
      backgroundColor: Color.fromARGB(255, 255, 255, 255),
      appBar: AppBar(
        title: Text('App Name', style: TextStyle(fontSize: 30.0),),
      ),
      body: Center(
        child: Listener(
          onPointerDown: _addPoint,
          child: CustomPaint(
            painter: MyPainter(_points),
            child: Center(),
          ),
        ),
      )
    );
  }
```

```
  void _addPoint(PointerDownEvent event) {
    setState((){
      _points.add(event.localPosition);
    });
  }
}

class MyPainter extends CustomPainter{
  final List<Offset> _points;

  MyPainter(this._points);

  @override
  void paint(Canvas canvas, Size size) {
    Paint p = Paint();

    p.style = PaintingStyle.fill;
    p.color = Color.fromARGB(100, 0, 200, 100);
    for(var pos in _points) {
      Rect r = Rect.fromLTWH(pos.dx - 25, pos.dy - 25, 50.0, 50.0);
      canvas.drawOval(r, p);
    }
  }

  @override
  bool shouldRepaint(CustomPainter oldDelegate) => true;
}
```

図5-11：画面をクリックすると円が追加される。

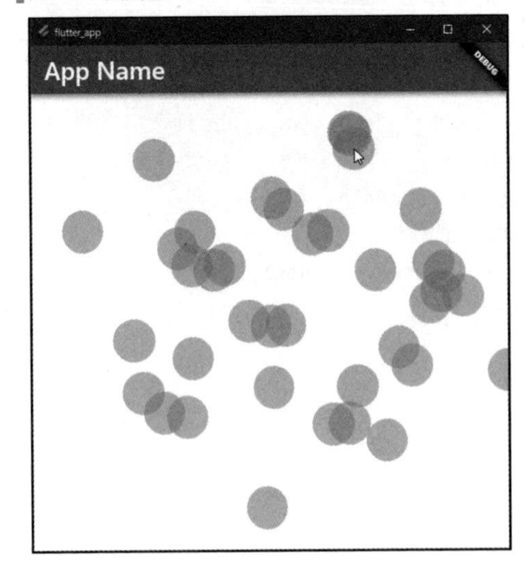

ウィンドウ内の適当な場所をクリックしてみましょう。そこに淡い緑の円が表示されます。あちこちをクリックすれば、どんどん円が追加されていきます。

Listenerの組み込み

ここでは、_MyHomePageState側にイベント処理を組み込み、MyPainter側に描画のデータを渡して描画を行わせています。_MyHomePageStateとMyPainterには、クリックした位置を保管する_pointsというフィールドを用意してあります。これはOffsetを保管するリストになっており、クリックした位置の情報を個々に蓄積していくわけです。

_MyHomePageStateのscaffoldには、bodyとして以下のようなものが用意されています。

```
body: Center(
    child: Listener(
      onPointerDown: _addPoint,
      child: CustomPaint(
        painter: MyPainter(_points),
        child: Center(),
      ),
    ),
  )
```

コンテナとなるCenterの中にListenerを組み込み、更にその中にCustomPaintが組み込まれています。Listenerには、onPointerDownに「_addPoint」というメソッドが指定されています。このメソッドで、クリック時の処理をしています。

イベント処理用メソッド

_addPointでは、クリックした位置情報を_pointsに追加する処理を用意しています。

```
void _addPoint(PointerDownEvent event) {
  setState((){
    _points.add(event.localPosition);
  });
}
```

この_addPointは、onPointerDownに割り当てられるメソッドです。onPointerDownのメソッドでは、引数に**PointerDownEvent**というクラスのインスタンスが渡されます。これは、発生したイベントの情報を管理するものです。ここでは、その中のlocalPositionというプロパティでイベントが発生した位置情報を取り出し、これを_pointsのリストに追加しています。

追加処理は、setStateの中で行います。こうすることで_pointsが変更され、表示が更新されるわけですね。

MyPainter側の処理

では、描画するMyPainter側を見てみましょう。ここでは、以下のような形でクラスを定義しています。

```
class MyPainter extends CustomPainter{
  final List<Offset> _points;

  MyPainter(this._points);
```

_pointsというリストを保管するフィールドを用意し、MyPainter(this._points);というようにしてコンストラクタで渡したリストが_pointsに設定されるようにしています。後は、この_poinstsの値を使ってグラフィックを描画するだけです。
paintメソッドでは、以下のようにして図形を描いていますね。

```
for(var pos in _points) {
  Rect r = Rect.fromLTWH(pos.dx - 25, pos.dy - 25, 50.0, 50.0);
  canvas.drawOval(r, p);
}
```

繰り返しを使い、_pointsからOffset値を順に取り出し、その値をもとにRectを作成してdrawOvalしています。これでクリックした位置の値をMyPainterに渡して図形を描画する、ということができました。
このようにグラフィックの描画でイベントを利用するときは、「State側でイベントを処理する」「CustomPainterに必要な除法を渡し、それをもとに描画する」というようにイベントと描画をきれいに分けて処理を作成するのです。

UIウィジェットで操作する

このイベントと描画の連携の方法が理解できれば、UIウィジェットを使ってグラフィックを操作することもできるようになります。State側に操作のためのウィジェットを用意し、そこでウィジェットを操作したら必要な値を変更し、描画すればいいのです。
実際にかんたんなサンプルを作ってみましょう。例によって、_MyHomePageStateとMyPainterを書き換えてください。

リスト5-11

```
class _MyHomePageState extends State<MyHomePage> {
  static double _value = 0;
  static double _opaq = 0;

  @override
  void initState() {
    super.initState();
  }

  @override
  Widget build(BuildContext context) {
```

```
    return Scaffold(
      backgroundColor: Color.fromARGB(255, 255, 255, 255),
      appBar: AppBar(
        title: Text('App Name',
          style: TextStyle(fontSize: 30.0),),
      ),
      body: Column(
        children: [
          Padding(padding: EdgeInsets.all(10)),
          Container(
            width: 300,
            height: 300,
            child: CustomPaint(
              painter: MyPainter(_value, _opaq.toInt()),
              child: Center(),
            ),
          ),
          Slider(
            min:0.0,
            max:300.0,
            value:_value,
            onChanged: _changeVal,
          ),
          Slider(
            min:0.0,
            max:255.0,
            value:_opaq,
            onChanged: _changeOpaq,
          ),
        ],
      ),
    );
  }

  void _changeVal(double value) {
    setState((){
      _value = value;
    });
  }
  void _changeOpaq(double value) {
    setState((){
      _opaq = value;
    });
  }
```

```
}

class MyPainter extends CustomPainter{
  final double _value;
  final int _opaq;

  MyPainter(this._value, this._opaq);

  @override
  void paint(Canvas canvas, Size size) {
    Paint p = Paint();

    p.style = PaintingStyle.fill;
    p.color = Color.fromARGB(_opaq, 0, 200, 100);
    Rect r = Rect.fromLTWH(
        (size.width - _value) / 2,
        (size.height - _value) / 2,
        _value, _value);
    canvas.drawOval(r, p);

    r = Rect.fromLTWH(0, 0, size.width, size.height);
    p.style = PaintingStyle.stroke;
    p.color = Color.fromARGB(255, 100, 100, 100);
    canvas.drawRect(r, p);
  }

  @override
  bool shouldRepaint(CustomPainter oldDelegate) => true;
}
```

図5-12：2つのスライダーを操作すると、円の大きさと色の濃さ（透過度）が変わる。

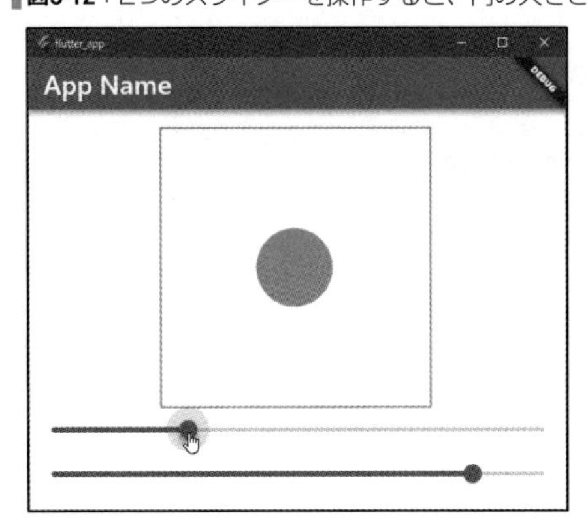

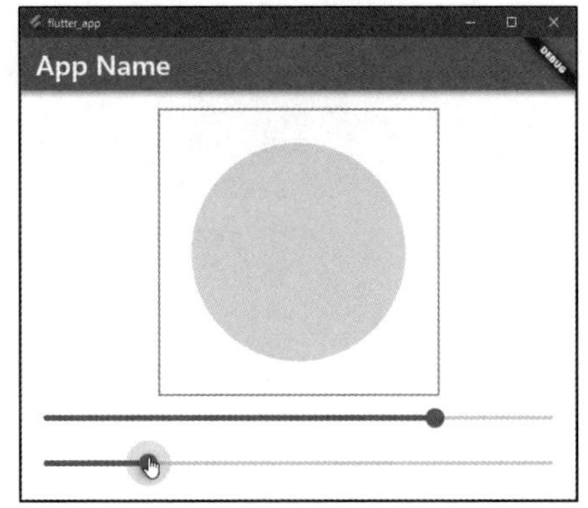

ここではグラフィックを表示するエリアの下に2つのスライダーを用意しました。このスライダーを操作すると、円の大きさと色の濃さ(透過度)がリアルタイムに変わります。

ここでは2つのSliderにそれぞれ_changeValと_changeOpaqというメソッドを指定し、それぞれ_valueまたは_opaqの値をsetState内で変更しています。MyPainter側にも2つの値を用意し、コンストラクタに MyPainter(this._value, this._opaq);と指定して渡された値をそれぞれフィールドに設定するようにしています。そしてこれらの値をもとに図形の描画を行うのです。

ValueNotifierによる更新

このように、CustomPainterの描画を外部から操作したいと思うことはよくあります。必要に応じて描画を更新したり、描画で使う値を変更したりすることですね。今やったようにsetStateで更新させることはできますが、もっとスマートなやり方として「**ValueNotifier**」というものを利用した方法も紹介しておきましょう。

ValueNotifierは、「**ChangeNotifier**」というクラスのサブクラスです。ChangeNotifierは状態の変更を通知するための仕組みを提供するためのものであり、そのサブクラスであるValueNotifierは「値の変更」を通知するための仕組みを提供します。

これは**Listenable**というクラスをインプリメントしており、これはオブジェクトの更新をクライアント(その結果を受け取る側)に通知するためのイベントリスナーを提供します。まぁ、わかりやすくいえば、「ValueNotifierを使うことで、値を変更すると自動的に通知され表示が更新できるようになる」というものなのです。

このValueNotifierは、以下のようにして作成をします。

```
ValueNotifier<型>( 初期値 )
```

<型>には、保管する値の型を指定します。例えば、ValueNotifier<int>(100)とすれば、整数を保管するValueNotifierを作成し、初期値に100を設定するわけですね。

このValueNotifierには「value」というプロパティがあり、ここに値が保管されています。そして、このvalueの値を変更すると、ValueNotifierがあるオブジェクトに通知が送られ、表示が更新されるようになるのです。

ボタンクリックで図形が増える

では、実際にValueNotifierを利用したかんたんなサンプルを作成してみましょう。今回も_MyHomePageStateとMyPainterを修正します。

リスト5-12

```
class _MyHomePageState extends State<MyHomePage> {
  static ValueNotifier<int> _value = ValueNotifier<int>(0);

  @override
  void initState() {
    super.initState();
```

```
  }

  @override
  Widget build(BuildContext context) {
    return Scaffold(
      backgroundColor: Color.fromARGB(255, 255, 255, 255),
      appBar: AppBar(
        title: Text('App Name', style: TextStyle(fontSize: 30.0),),
      ),
      body: Center(
        child:Column(
          children: [
            Padding(padding: EdgeInsets.all(10)),
            Container(
                width: 300,
                height: 300,
                child: CustomPaint(
                  painter: MyPainter(_value),
                  child: Center(),
                ),
              ),
            Padding(padding: EdgeInsets.all(5)),
            ElevatedButton(
              child: Text("Click",
                style: TextStyle(fontSize: 32),),
              onPressed: ()=>_value.value++,
            ),
          ],
        ),
      ),
    );
  }
}

class MyPainter extends CustomPainter{
  final ValueNotifier<int> _value;

  MyPainter(this._value);

  @override
  void paint(Canvas canvas, Size size) {
    Paint p = Paint();
    p.style = PaintingStyle.fill;
    p.color = Color.fromARGB(50, 0, 255, 255);
```

```
    Rect r;
    for(var i = 0; i < _value.value; i++){
      r = Rect.fromLTWH(10+i*20,10+i*20,100,100);
      canvas.drawRect(r, p);
    }
    r = Rect.fromLTWH(0, 0, size.width, size.height);
    p.style = PaintingStyle.stroke;
    p.color = Color.fromARGB(255, 100, 100, 100);
    canvas.drawRect(r, p);
    if (_value.value > 10) _value.value = 0;
  }

  @override
  bool shouldRepaint(CustomPainter oldDelegate) => true;
}
```

図5-13：ボタンをクリックすると四角形が増えていく。一定数以上になるとすべて消え、再び増えていく。

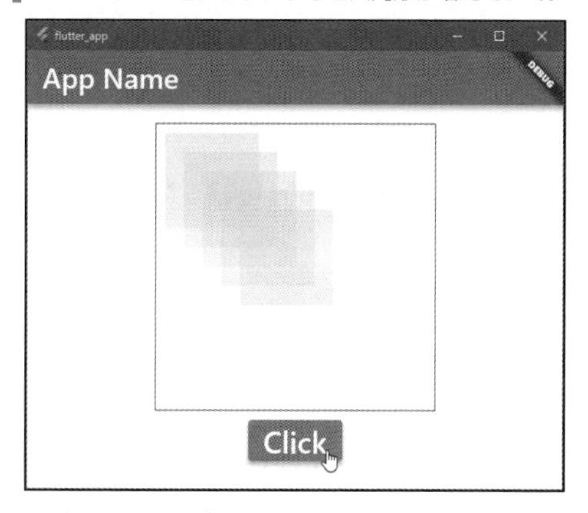

このサンプルではMyPainterを使って図形を表示する四角いエリアがあり、その下にボタンが表示されます。ボタンをクリックすると、描画エリアに淡いシアンの四角形が追加されていきます。クリックするごとに四角形が増えていき、10個を超えるとすべて消え、再びクリックするごとに四角形が増えていきます。ボタンをクリックするごとに「1から10まで増えていき、ゼロに戻る」という表示を繰り返していきます。

ValueNotifier利用の流れ

では、コードの流れをかんたんに説明しておきましょう。ここでは、まず_MyHomePageStateクラスに以下のような形でフィールドを用意しています。

```
static ValueNotifier<int> _value = ValueNotifier<int>(0);
```

これでint型の値を保管するValueNotifierが用意できました。MyPainterを作成する際には、painter: MyPainter(_value),というようにして引数に指定しています。

このValueNotifierは、ボタンをクリックした際のonPressedで以下のように使われています。

```
onPressed: ()=>_value.value++,
```

非常に単純ですね。_valueのvalueプロパティの値を1増やしているだけです。ValueNotifierの利用は、このようにただvalueの値を操作するだけです。

渡されたValueNotifierを利用する

では、MyPainterに渡されたValueNotifierはどう利用されているのでしょうか。まず、コンストラクタで値を_valueというフィールドに設定しています。

```
final ValueNotifier<int> _value;
MyPainter(this._value);
```

これでインスタンス作成時に渡されたValueNotifierは_valueに保管され使えるようになりました。後は、この値を使って表示を作成するだけです。paintでは以下のようにして四角形を描いていますね。

```
for(var i = 0; i < _value.value; i++){
  r = Rect.fromLTWH(10+i*20,10+i*20,100,100);
  canvas.drawRect(r, p);
}
```

ただValueNotifierの値を使って描画を行っているだけです。イベント処理側はただvalueを変更するだけ、描画側はただvalueを使って描くだけ、です。両者の間には何も連携する処理はありません。

にも関わらず、イベント処理側でvalueの値を変更すると、自動的にValueNotifierの値を使って描かれている表示が更新されます。これがValueNotifierの働きなのです。

5-5 アニメーション

Flutterのアニメーション

グラフィックの描画が一通りで行えるようになったら、次はグラフィックをリアルタイムに変化させることを考えてみましょう。「アニメーション」の基礎についてです。

アニメーションと一口にいっても、さまざまなものがあります。たくさんのイメージを用意して切り替え表示するような本格的なものから、図形の形や大きさ、色などをなめらかに変化させていくようなものまでありますね。ここで説明するのは、「値の変化」によるアニメーションです。

例えば、図形が右から左に移動したり、大きさが大きくなったり、色が赤から青に変わったり、といったものは、すべて「値の変化」によって行われるアニメーションです。図形の位置や大きさの値、色のRGBの値などを少しずつ変化させ表示を更新することでアニメーションしているようにみえるのです。

AnimationとAnimationController

Flutterには、アニメーションのための機能として2つのクラスが用意されています。それは「**Animation**」と「**AnimationController**」です。これらはそれぞれ以下のような働きをします。

■Animation

値のアニメーションに関する設定情報を管理します。変化する値の最小値・最大値などを指定し、必要に応じて現在の値を変化させていきます。

■AnimationController

アニメーションの制御を行うためのものです。アニメーションをどのように実行するか(片方向のみか往復か、何度も繰り返すのか、など)を設定します。

アニメーションの本体部分と、それをどのように再生するかを分けて用意するようになっている、と考えるとよいでしょう。

AnimationControllerの作成

アニメーションを用意するには、まずAniationControllerを作成します。これは以下のようにしてインスタンスを作ります。

```
AnimationController(duration:《Duration》,vsync:《TickerProvider》)
```

引数に指定できる値は他にもいくつかありますが、この2つを指定するのが基本と考えていいでしょう。

Durationについて

「duration」は、アニメーションの間隔(再生時間)を示す値です。これは**Duration**というクラスを使って用意します。Durationは以下のように作成します。

```
Duration(hours:整数, minutes:整数, seconds:整数 )
```

引数には、時分秒の値を指定することができます。これらはすべて用意する必要はありません。例えば「10秒」の間隔を示すDurationを作成したければ、引数に「seconds:10」とだけ用意しておきます。

TickerProvider について

もう1つの「vsync」は、**TickerProvider**と呼ばれるものを指定するためのものです。これは必須引数であり、必ず用意する必要があります。

TickerProviderは、**Ticker**と呼ばれるアニメーションのフレーム更新の通知を受け取るためのものです。これにより、アニメーションのフレームの切り替えを受け取り表示を更新させることができます。

このTickerProviderは、通常はStateクラスに「**SingleTickerProviderStateMixin**」というミックスインを組み込むことでStateクラスのインスタンス自身をTickerProviderとして通知の受け取り手に設定するのが一般的です。こうすることで、Stateクラスでアニメーションの表示の更新などを行えるようになります。

TweenによるAnimation生成

アニメーションを行うAnimationクラスは、そのままインスタンスを作成して使うわけではありません。一般に「**Tween**」というクラスを利用して作成するのが基本です。

Tweenは、線形補間を行うためのクラスです。というと何だか難しそうですが、「最小値・最大値の間の値を自動的に保管して数列を作成する」というものだと考えればいいでしょう。このTweenを利用することで、アニメーションで利用するための数値を生成できます。これで作成した数列をもとにAnimationを作成して表示させるのです。

Tweenは、以下のようにしてインスタンスを作成します。

```
Tween<型>(begin:開始値, end:終了値 )
```

<型>は、Tweenで扱う値の型を指定するものです。Tweenは線形補間のためのクラスですから、どのような値(整数か実数か)を保管するのか指定する必要があります。そして引数には数値の開始値と終了値を指定します。

Animation の生成

こうしてTweenが作成できたら、これをもとにAnimationインスタンスを作成します。これは「animate」メソッドを使います。

```
《Tween》.animate(《AnimationController》)
```

引数には、**AnimationController**を指定します。これでAnimationControllerの設定をもとにアニメーションするAnimationインスタンスが作成されます。

アニメーションのフレームイベント

アニメーションが実行されると、フレームの切り替えごとに通知がTickerProviderに送られます。これは通常、Stateインスタンス自身が指定されます。

アニメーションのフレーム切り替えのイベント処理は、Animationインスタンスに以下のようにして設定されます。

```
《Animation》.addListener(() {……})
```

addListenerの引数には関数を用意し、そこで必要な更新処理を行います。ただし、Animationでの現在の値(value)は自動的に変更されるため、addListenerで何らかの作業をする必要は特にありません。アニメーションの変化以外に何らかの処理が必要なとき、ここに記述すればいいでしょう。

アニメーションステータスのイベント

Animationのイベントには、フレーム更新のイベントの他にもう1つ「ステータス更新のイベント」というものがあります。これは以下のように用意されます。

```
《Animation》.addStatusListener((status) {……})
```

引数の関数には、**AnimationStatus**という値が渡されます。これはアニメーションの状態を示すenum値で以下のようなものが用意されています。

completed	アニメーションが完了した
dismissed	アニメーションが中断されている
forward	順方向に再生中
reverse	逆方向に再生中

これらの値をチェックすることで、現在アニメーションが再生中か、あるいはどの方向に再生中かを知ることができます。

図形が回転するアニメーション

AnimationとAnimationControllerを使ったアニメーションは、いくつもの要素が組み合わされているため、説明を読んだだけではどう利用するのかわからないことでしょう。実際にかんたんなサンプルを作って動きを確かめてみることにします。

今回も、_MyHomePageStateとMyPainterのコードを掲載しておきます。これらを以下のように書き換えてください。

リスト5-13

```
class _MyHomePageState extends State<MyHomePage>
      with SingleTickerProviderStateMixin {
  late Animation<double> animation;
  late AnimationController controller;

  @override
  void initState() {
    super.initState();
    controller = AnimationController(
      duration: const Duration(seconds: 3),
      vsync: this
```

```
    );
    animation = Tween<double>(begin: 0, end: pi*2)
      .animate(controller)
      ..addListener(() {
        setState(() {
        });
      });
    controller.repeat(reverse: false);
  }

  @override
  Widget build(BuildContext context) {
    return Scaffold(
      backgroundColor: Color.fromARGB(255, 255, 255, 255),
      appBar: AppBar(
        title: Text('App Name',
          style: TextStyle(fontSize: 30.0),),
      ),
      body: Center(
        child:Column(
          children: [
            Padding(padding: EdgeInsets.all(10)),
            Container(
                width: 300,
                height: 300,
                child: CustomPaint(
                  painter: MyPainter(animation.value),
                  child: Center(),
                ),
              ),
          ],
        ),
      ),
    );
  }
}

class MyPainter extends CustomPainter{
  final double value;

  MyPainter(this.value);

  @override
  void paint(Canvas canvas, Size size) {
```

```
        Paint p = Paint();
        canvas.save();

        p.style = PaintingStyle.fill;
        p.color = Color.fromARGB(100, 255, 0, 255);
        Rect r = Rect.fromLTWH(0,0,250, 250);
        canvas.translate(150, 250);
        canvas.rotate(value);
        canvas.translate(-125, -125);
        canvas.drawRect(r, p);

        canvas.restore();
        p.style = PaintingStyle.stroke;
        p.strokeWidth = 25;
        p.color = Color.fromARGB(100, 0, 255, 255);
        r = Rect.fromLTWH(0,0,250, 250);
        canvas.translate(150, 250);
        canvas.rotate(value * -1);
        canvas.translate(-125, -125);
        canvas.drawRect(r, p);
    }

    @override
    bool shouldRepaint(CustomPainter oldDelegate) => true;
}
```

図5-14：マゼンタとシアンの四角形が逆向きに回転する。

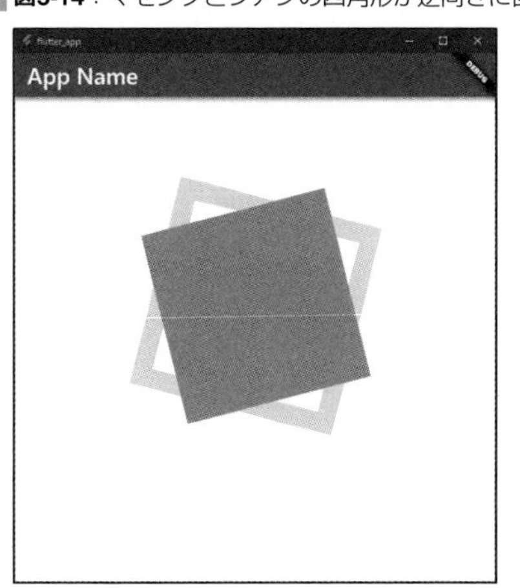

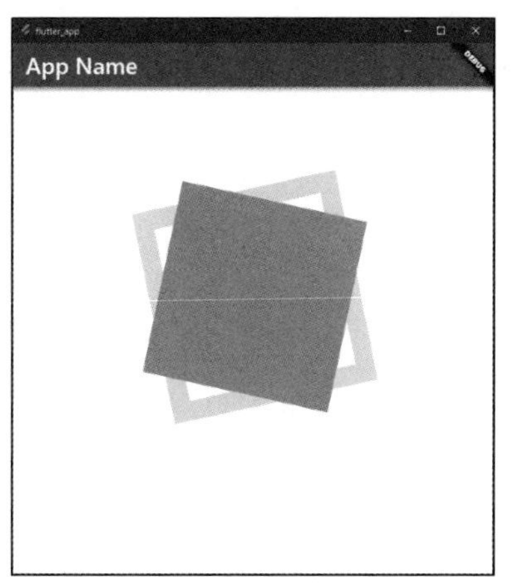

ここではマゼンタの塗りつぶした四角形と、シアンの枠線だけの四角形が表示されます。マゼンタの四角形は右回りに、シアンの四角形は左回りに回転します。

AnimationController の用意

では、コードを見ていきましょう。アニメーション関係の処理は、_MyHomePageStateクラスの初期化を行うinitStateメソッドで用意されています。ここでは、まずAnimationControllerを以下のようにして作成しています。

```
controller = AnimationController(
  duration: const Duration(seconds: 3),
  vsync: this
);
```

引数は2つあります。durationはアニメーションの間隔(再生時間)を指定するものでしたね。これは、Duration(seconds: 3)というようにして3秒の時間を示すDurationを用意しておきます。

もう1つの引数vsyncは、イベントの通知を受け取るTickerProviderを指定するものでしたね。これにはthisを指定しています。この_MyHomePageStateクラスの宣言がどうなっているのか見てください。

```
class _MyHomePageState extends State<MyHomePage>
    with SingleTickerProviderStateMixin {……}
```

with SingleTickerProviderStateMixinというミックスインが付けられることで、このクラスがTickerProviderとして利用できるようになります。

Animation の用意

続いて、Animationの作成です。今回は、Tweenインスタンスを作成し、そのanimateメソッドでAnimationを作成しています。

```
animation = Tween<double>(begin: 0, end: pi*2).animate(controller)
```

Tweenでは、begin: 0, end: pi*2としてゼロから2πの範囲で数列が用意されるようにしています。そしてanimateでは、先ほど作成したAnimationControllerインスタンスを引数に指定してAnimationを生成しています。

作成後、addListenerでイベントの処理を組み込みます。

```
..addListener(() {
  setState(() {
  });
});
```

引数の関数でsetStateを呼び出していますが、具体的には何も実行していません。フレームの切り替え時に何かを行う場合は、ここに処理を追記していきます。

AnimationController の設定

Animationが用意できたら、最後にAniationControllerで再生の設定を行います。これは、以下の文になります。

```
controller.repeat(reverse: false);
```

この「repeat」メソッドは、繰り返し再生を設定するためのものです。引数にあるreverseは往復再生(最初から最後まで再生したら、最後から最初に戻るようにする)するかどうかを指定するものです。ここではreverse: falseとして、最後から最初に戻らせず、最後まで来たらまた最初から再生するようにしています。reverse: trueとすれば往復再生をします。

繰り返しではなく、ただ一度実行するだけの場合は「forward」「reverse」といったメソッドがあります。

```
controller.forward();
controller.reverse();
```

これで一度アニメーションを再生したらそのまま終了するようにできます。forwardは最初から最後に、reverseは最後から最初に再生をします。この他にもアニメーション実行のためのメソッドはいろいろと用意されていますが、とりあえず「repeat」「forward」「reverse」の3つを覚えておけば基本的な再生は行えるでしょう。

アニメーションウィジェットの利用

AnimationとAnimationControllerを使ったアニメーションは、Flutterの基本ともいえます。ただし、ちょっとした動きをつけたいだけのときに、いちいちAnimationとAnimationControllerを作成して組み込むのはちょっと面倒ですね。

こうした表示をなめらかに変化させるアニメーションというのは、アプリを操作する際にちょっとだけ使う、ということが多いものです。こうしたことを考慮し、Flutterには、特定のプロパティの値を変更するとなめらかにアニメーションして表示を変えていく「アニメーションウィジェット」と呼ばれるものが多数用意されています。これを利用することで、ちょっとした動きをアニメーションさせることがかんたんに行えるようになります。

AnimatedAlign について

アニメーションウィジェットはいくつもの種類が用意されていますが、基本的な使い方はだいたい同じです。では、実際に主なものの使い方を説明していきましょう。

まずは「**AnimatedAlign**」というウィジェットからです。これは、位置揃えを示すalignプロパティをアニメーションするもので、以下のような形で作成します。

```
AnimatedAlign(align: 値 , duration:《Duration》,child: ウィジェット )
```

AnimatedAlignには、align、duration、childといったものが必要になります。alignは

位置揃えを示す値で、これはAlignmentという列挙型の値で指定します。durationはアニメーションの間隔を指定するのに使います。そしてchildには実際に表示するウィジェットを指定します。

アニメーションウィジェットは、それ自体は何も表示はしません。アニメーションの機能を持つ無色透明なウィジェットなのです。これ自体が何か表示するのではなく、childに組み込まれたウィジェットをアニメーションして動かすのです。

左端から右端に動く

では、実際にかんたんなサンプルを作成してみましょう。_MyHomePageStateクラスを以下のように書き換えてみてください。

リスト5-14

```
class _MyHomePageState extends State<MyHomePage> {
  bool flg = false;

  @override
  Widget build(BuildContext context) {
    return Scaffold(
      appBar: AppBar(
        title: Text('App Name',
          style: TextStyle(fontSize: 30.0),),
      ),
      body: Padding(
          padding: EdgeInsets.all(20),
        child:Column(
          children: [
            AnimatedAlign(
              alignment: flg ? Alignment.topLeft
                : Alignment.topRight,
              duration: const Duration(seconds: 1),
              child: Container(
                color: Colors.red,
                width: 100,
                height: 100,
              ),
              curve: Curves.linear,
            ),
          ],
        ),
      ),
      floatingActionButton: FloatingActionButton(
        onPressed: () {
          setState(() {
```

```
                flg = !flg;
              });
            },
            child: const Icon(Icons.star),
          ),
        );
    }
}
```

図5-15：フローティングボタンをクリックすると、赤い四角が左から右へ、右から左へとアニメーションする。

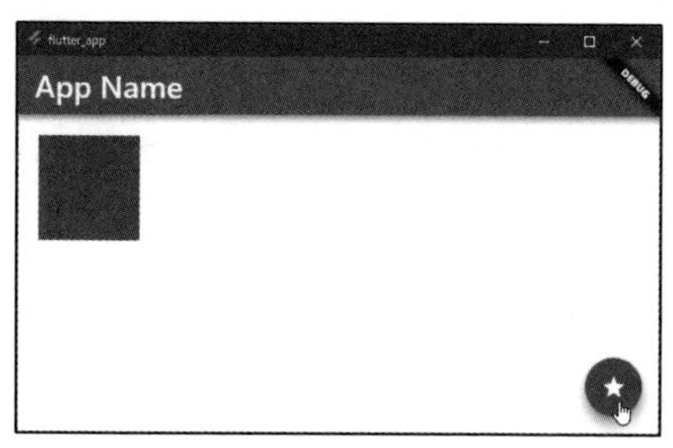

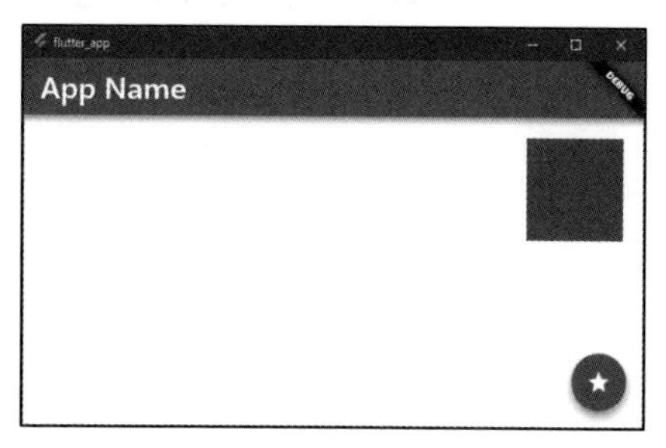

この例では、赤い四角形とフローティングアクションボタンが表示されます。ボタンをクリックすると、赤い四角形が左から右へ、再度クリックすると右から左へとなめらかに移動します。

FloatingActionButtonの処理

ここではflgというbool値を用意しておき、FloatingActionButtonをクリックするとこの値が変更されるようになっています。

```
floatingActionButton: FloatingActionButton(
  onPressed: () {
    setState(() {
      flg = !flg;
    });
  },
```

このような形ですね。setState内でflgの値を変更することで、flgの変更による表示の更新が行われるようにしています。

そして肝心のAnimatedAlignでは、以下のようにして位置揃えとアニメーションの間隔を設定しています。

```
AnimatedAlign(
  alignment: flg ? Alignment.topLeft : Alignment.topRight,
  duration: const Duration(seconds: 1), ……
```

alignmentの値は、flgによってAlignment.topLeftとAlignment.topRightを交互に切り替えるようになっています。これにより、alignmentの値が変更されると自動的にアニメーションしてウィジェットの位置が移動するようになります。

このように、アニメーションウィジェットを使うと、AnimationもAnimationControllerも使わず、ただプロパティの値を変更するだけで自動的にAnimationしてくれます。非常に便利なものですので、ぜひここで覚えておきましょう。

AnimatedDefaultTextStyleによるテキスト操作

アニメーションウィジェットには、テキストに関するものもあります。「**AnimatedDefaultTextStyle**」は、テキストのスタイルをアニメーションにより変化させるウィジェットです。

```
AnimatedDefaultTextStyle(duration:《Duration》, style:《TextStyle》,
  child:ウィジェット );
```

durationでアニメーション間隔を指定するのは同じです。AnimatedDefaultTextStyleでは、styleでテキストスタイルをTextStyleクラスで指定します。このstyleの値を操作すると、childに組み込まれたウィジェットのテキストスタイルがアニメーションにより変化する、というわけです。

Textのテキストスタイルを操作する

では、実際にAnimatedDefaultTextStyleを利用したサンプルを挙げておきましょう。先ほど作成した_MyHomePageStateクラスで、クリックしてflgを操作する仕組みをそのまま利用することにします。

_MyHomePageStateクラスのScaffoldにあるbodyプロパティ部分を以下のように書き換えてください。

リスト5-15

```
body: Padding(
  padding: EdgeInsets.all(20),
  child:Column(
    children: [
      AnimatedDefaultTextStyle(
        duration: const Duration(seconds: 1),
        style: TextStyle(
          fontSize: flg ? 48 : 96,
          fontWeight: FontWeight.bold,
          color: flg ? Colors.red : Colors.blue
        ),
        child: Text("Hello Flutter!"),
      ),
    ],
```

```
    ),
  ),
```

図5-16：フローティングボタンをクリックすると、テキストのスタイルがアニメーションして変わる。

先ほどと同様にフローティングアクションボタンをクリックすると、表示されているテキストのフォントサイズとテキストカラーが変化します。フォントサイズは48から96へ、フォントカラーは赤から青へと変化するのがわかるでしょう。再度クリックすればもとの状態に戻ります。

ここでは、bodyに以下のような形でAnimatedDefaultTextStyleを組み込んでいます。

```
AnimatedDefaultTextStyle(
  duration: const Duration(seconds: 1),
  style: TextStyle(
    fontSize: flg ? 48 : 96,
    fontWeight: FontWeight.bold,
    color: flg ? Colors.red : Colors.blue
  ),
```

styleにはTextStyleを用意しており、そのfontSizeとcolorで、flgの値によって2つの値のどちらかが設定されるようにしてあります。これにより、flgが変更されるとfontSizeとcolorの値が変わり、アニメーションするようになっていたのです。

AnimatedPositionedによる位置の移動

先ほどalignプロパティを使った位置の移動を行いましたが、あれは位置揃え「左揃え、右揃えといったもの)を変更するものでした。そうではなく、特定の位置にアニメーションでウィジェットの表示を設定したいときに使うのが「**AnimatedPositioned**」クラスです。

これは、以下のような形で作成します。

```
AnimatedPositioned(duration:《Duration》, top:値, left:値, bottom:値,
  right:値, child:ウィジェット );
```

durationとchildはこれまでのウィジェットと同じです。このAnimatedPositionedでは、top, left, bottom, rightといった値を使い、ウィジェットの位置を指定できます。これらはウィジェットの周辺からの距離として指定するためのものなので、すべて使うわけで

はありません。例えば、topで上からの位置を指定した場合は、bottomは使えませんし、leftを指定したらrightは使えなくなります。

ウィジェットを動かす

では、実際にAnimatedPositionedでウィジェットを動かしてみましょう。今回も、Scaffoldのbody部分を書き換えることにします。

リスト5-16

```
body: Padding(
  padding: EdgeInsets.all(20),
  child:Stack(
    children: [
      AnimatedPositioned(
        duration: Duration(seconds: 3),
        top: flg ? 300 : 0,
        left: flg ? 0 : 300,
        child: Container(
          color: Colors.red,
          width: 100,
          height: 100,
        ),
      ),
    ],
  ),
),
```

図5-17：フローティングボタンをクリックすると赤い四角系が移動する。

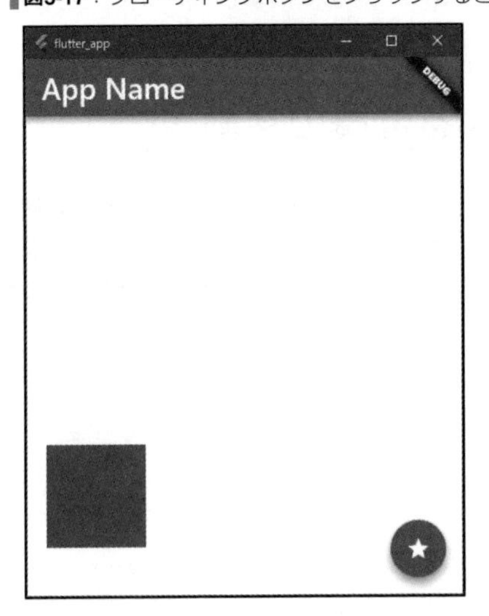

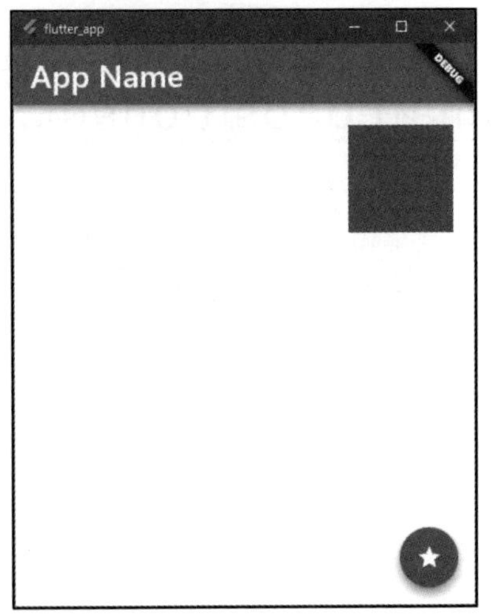

フローティングアクションボタンをクリックすると、左端やや下にある四角形が上辺のやや右の位置に移動します。再度クリックするともとの位置に戻ります。

このAnimatedPositionedの利用には、実はちょっとしたテクニックが必要になります。これは、Stackコンテナ内に配置しないと動かないのです。コードを見ると、body内にPaddingで余白を設定し、その中にStackを配置しているのがわかるでしょう。そしてStackの内部にAnimatedPositionedを配置しています。こうすることで、AnimatedPositionedのtopとleftを変更するだけでウィジェットの位置がアニメーションして移動するようになります。

AnimatedCrossFadeによるウィジェットの切り替え

複雑なUIになってくると、必要に応じてウィジェットを切り替え表示するようなことも増えてきます。このようなときに、なめらかに表示を切り替えるのに利用するのが「**AnimatedCrossFade**」というアニメーションウィジェットです。これは内部に2つのウィジェットを持っており、この2つをクロスフェード(片方が次第に消えていき、もう一方が次第に現れてくる)で切り替えるためのものです。

これは以下のように作成します。

```
AnimatedCrossFade(duration:《Duration》, firstChild:ウィジェット,
  secondChild:ウィジェット, crossFadeState:真偽値 );
```

firstChildとsecondChildにそれぞれウィジェットを用意し、crossFadeStateの値をtrue/falseで変更することで表示するウィジェットを切り替えます。この値がtrueならばfirstChild、falseならばSecondChildのウィジェットが表示されます。

Flutter ロゴを切り替え表示する

では、実際の利用例を挙げておきましょう。例によって、Scaffoldのbodyプロパティを以下のように書き換えます。

リスト5-17

```
body: Padding(
  padding: EdgeInsets.all(20),
  child:Column(
    children: [
      AnimatedCrossFade(
        duration: const Duration(seconds: 1),
        firstChild: const FlutterLogo(
            style: FlutterLogoStyle.horizontal,
            size: 300.0),
        secondChild: const FlutterLogo(
            style: FlutterLogoStyle.stacked,
            size: 300.0),
        crossFadeState: flg
```

```
                    ? CrossFadeState.showFirst
                    : CrossFadeState.showSecond,
          )
        ],
      ),
    ),
```

図5-18：フローティングボタンをクリックするとロゴの表示が変わる。

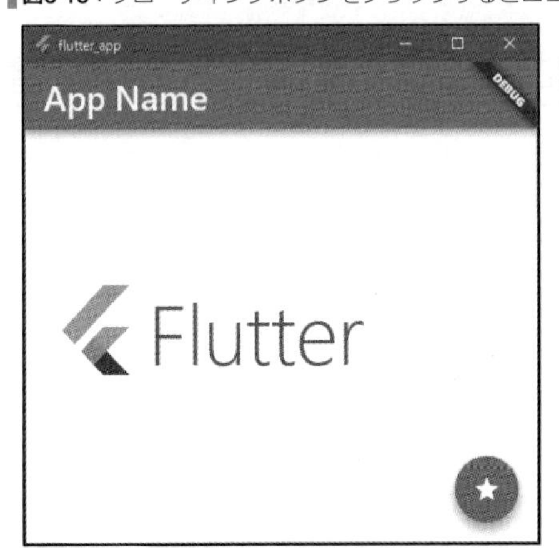

ここでは、2種類のFlutterロゴを用意し、フローティングアクションボタンで切り替え表示しています。Flutterのロゴは、FlutterLogoというウィジェットとして用意されており、そのstyleの値をFlutterLogoStyle列挙型で指定することで異なる表示のロゴを作成できます。

ここではfirstChildとsecondChildにそれぞれFlutterLogoを用意し、両者を切り替え表示しています。

AnimatedContainerによるウィジェット操作

主なアニメーションウィジェットについて説明をしましたが、実際の開発では、いくつかのプロパティを同時に操作することも多いでしょう。例えば「色を変化させつつ大きさを変更する」というような具合ですね。

このような場合、より多くのプロパティを操作できるようにしたアニメーションウィジェット「**AnimatedContainer**」が役に立ちます。これは以下のように作成をします。

```
AnimatedContainer(duration:《Duration》, child:ウィジェット );
```

durationとchildしかありませんが、これらは「必須項目の引数」であり、これ以外にも用意できる値が多数用意されています。主なものとしては以下のような項目があります。

```
alignment, color, height, width, margin, padding
```

位置揃えや大きさ、色、余白などのための項目が用意されていることがわかるでしょう。これらの値を用意することでアニメーションを使い値を操作することができるようになります。

大きさと色を操作する

では、これもサンプルコードを挙げておきましょう。例によってScaffoldのbodyの値を以下のように修正してください。

リスト5-18

```
body: Padding(
  padding: EdgeInsets.all(20),
  child:Column(
    children: [
      AnimatedContainer(
        duration: const Duration(seconds: 1),
        color: flg ? Colors.red : Colors.yellow,
        width: flg ? 100 : 300,
        height: flg ? 300 : 100,
      ),
    ],
  ),
),
```

図5-19：フローティングボタンをクリックすると四角形が縦から横へ、また赤から黄色へと変化する。

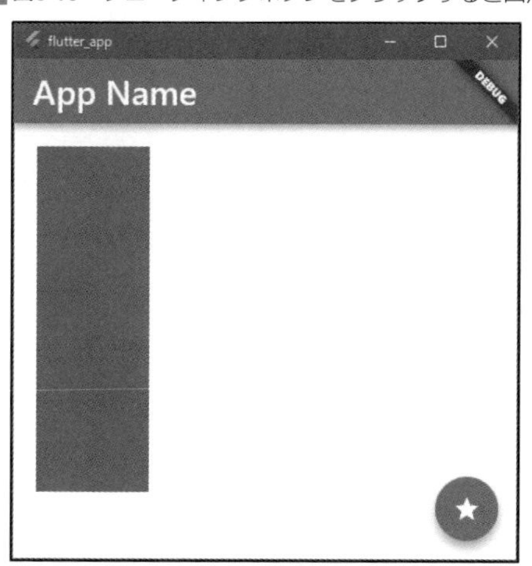

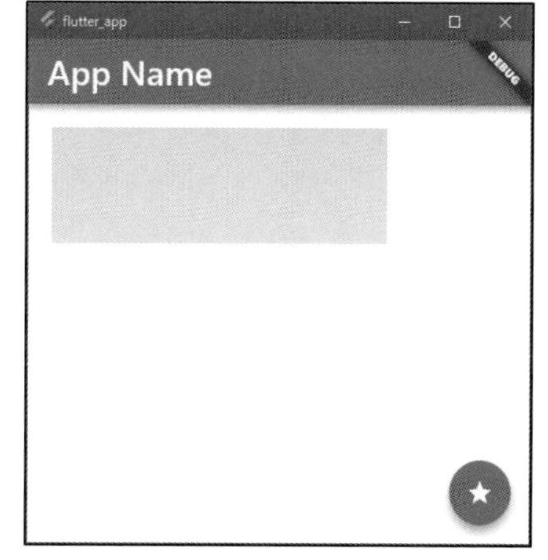

ここでは色と縦横幅を操作しています。フローティングアクションボタンをクリックすると、赤い縦長の長方形が、黄色い横長の長方形へと変わります。再度クリックするともともとの状態に戻ります。

ここでは、以下のような形で「AnimatedContainer」クラスのインスタンスを作成しています。

```
AnimatedContainer(
   duration: const Duration(seconds: 1),
   color: flg ? Colors.red : Colors.yellow,
   width: flg ? 100 : 300,
   height: flg ? 300 : 100,
),
```

color, width, heightといった項目の値をflgで操作していることがわかりますね。このように、同時に複数の値を操作しアニメーションできるのがAnimatedContainerの大きな特徴です。

これで、アニメーションウィジェットを利用したお手軽なアニメーションと、Animation/AnimationControllerを使ったオリジナルなアニメーション作成ができるようになりました。アニメーションウィジェットは、ウィジェットにちょっとしたアニメーション効果を加えるのに大変便利ですが、あまり複雑なことはできません。アニメーションを作成するときは、まず「アニメーションウィジェットで可能か？」を考え、それで済むならアニメーションウィジェットを、実現が難しいならAnimation/AnimationControllerによる方法を使うようにすればいいでしょう。

Chapter 6

データアクセス

アプリではさまざまなところからデータを取得して利用します。ここではファイル、リソース、ネットワークといったものからデータを取得する方法について説明をしましょう。

6-1 ファイルアクセス

Fileクラスとファイルアクセス

アプリのさまざまな情報というのは、終了すれば消えてしまいます。いつ起動しても常に必要な値が用意されている、というようにするためには、情報をどこかに保存し、それを必要に応じて呼び出せるようにしておくことができないといけません。

これにはいくつかやり方がありますが、もっともわかりやすいのは「ファイル」の利用でしょう。Dart言語には、アプリに必要な情報をテキストファイルに保存したり読み込んだりする機能が用意されています。これを利用すれば、そう難しくなくファイルアクセス処理を実装できます。

（※ファイルアクセスを行うFileクラスは、Webアプリでは正常に動作できません。これを利用したサンプルは、スマートフォンかPC用のアプリで動作確認してください）

File クラスについて

ファイルを扱うためには、「**File**」というクラスを利用します。これは以下のようにしてインスタンスを作成します。

```
File( ファイルパス )
```

このFileには、ファイルへの読み書きを行うためのメソッドが入っており、それらを利用することでファイルアクセスが簡単に行えます。

ファイルへの書き出し

ファイルへの値の書き出しは、Fileクラスの「**writeAsString**」というメソッドを利用します。これは以下のように行います。

```
Future<File> writeAsString( [String] );
```

引数には、保存するテキストの値を指定します。これだけで、指定のテキストファイルにテキストを書き出します。

このメソッドは非同期で実行されるため、戻り値には保存されたFileが**Future<File>**という形で返されます。同期処理で実行させたい場合は、以下のようなメソッドもあります。

```
void writeAsStringSync( [String] );
```

こちらはvoidなので戻り値はありません。ただ実行するだけでファイルにテキストが保存されます。

ファイルからの読み込み

ファイルからの読み込みは、Fileクラスの「**readAsString**」というメソッドを使います。これは以下のように利用します。

```
try {
  変数 =  await [File].readAsString();
} catch (e) {}
```

このreadAsStringメソッドは、例外を発生させるため、try内で実行するのが基本です。戻り値はファイルから読み込んだテキストの値(String)になります。これも非同期メソッドです。そして戻り値からthenでテキストを取り出します。

```
[Future<File>].then((String value){ ……valueを利用する処理…… });
```

thenの関数の引数に、取り出されたテキストが渡されるので、後はそれを利用して処理をすればいいでしょう。これも、同期で読み込みを行うメソッドが用意されています。

```
try {
  変数 =  [File].readAsStringSync();
} catch (e) {}
```

こちらは、戻り値として読み込んだテキストが返されるので、これをそのまま利用すればいいでしょう。

Path Providerのインストール

では、実際にファイルアクセスを行ってみましょう。それには、実はパッケージを1つ追加する必要があります。「**Path Provider**」というもので、これはプロジェクトのpubspec.yamlファイルに設定を記述します。

このファイル内に、dependencies:という記述があります。その後に、インデントをしてPath Providerを記述します。

dependencies:以降の記述を整理すると、以下のようになります。

リスト6-1

```
dependencies:
  flutter:
    sdk: flutter
  path_provider: any
```

これで、ビルド時にPath Providerが追加され利用できるようになります。このPath Providerは、アプリのファイルを保存する場所を調べる機能を追加します。

パソコンの場合は問題ないのですが、スマートフォンの場合、適当な場所にファイルを保存しようとしても失敗します。あらかじめアプリに割り当てられている場所に保存する必要があります。そのために、保存場所を取得するPath Providerが必要になるのです。

ファイルアクセスの例

では、実際にファイルアクセスを行ってみましょう。今回は、いろいろとimportする必要があるため、main.dartの全ソースコードを掲載しておきます。

リスト6-2

```
import 'package:flutter/material.dart';
import 'dart:ui' as ui;
import 'dart:io';
import 'package:path_provider/path_provider.dart';

void main()=> runApp(MyApp());

class MyApp extends StatelessWidget {

  @override
  Widget build(BuildContext context) {
    return MaterialApp(
      title: 'Generated App',
      theme: ThemeData(
        primarySwatch: Colors.blue,
        primaryColor: const Color(0xff2196f3),
        canvasColor: const Color(0xfffafafa),
      ),
      home: MyHomePage(),
    );
  }
}

class MyHomePage extends StatefulWidget {
  const MyHomePage({Key? key}) : super(key: key);

  @override
  _MyHomePageState createState() => _MyHomePageState();
}

class _MyHomePageState extends State<MyHomePage> {
  final _controller = TextEditingController();
  final _fname = 'flutter_sampledata.txt';

  @override
  Widget build(BuildContext context) {
```

```
    return Scaffold(
      appBar: AppBar(
        title: Text('Home'),
      ),
      body: Padding(
        padding: EdgeInsets.all(20.0),
        child:Column(
          children:<Widget>[
            Text('FILE ACCESS.',
              style: TextStyle(fontSize: 32,
                fontWeight: ui.FontWeight.w500),
            ),
            Padding(padding: EdgeInsets.all(10.0)),
            TextField(
              controller: _controller,
              style: TextStyle(fontSize: 24),
              minLines: 1,
              maxLines: 5,
            )
          ],
        ),
      ),
      bottomNavigationBar: BottomNavigationBar(
        backgroundColor: Colors.blue,
        selectedItemColor: Colors.white,
        unselectedItemColor: Colors.white,
        currentIndex: 0,
        items: <BottomNavigationBarItem>[
          BottomNavigationBarItem(
            label: 'Save',
            icon: Icon(Icons.save, color: Colors.white, size:32),
          ),
          BottomNavigationBarItem(
            label: 'Load',
            icon: Icon(Icons.open_in_new, color: Colors.white, ↵
              size:32),
          ),
        ],
        onTap: (int value) async {
          switch (value) {
            case 0:
              saveIt(_controller.text);
              setState(() {
                _controller.text = '';
```

```
              });
              showDialog(
                context: context,
                builder: (BuildContext context) => AlertDialog(
                  title: Text("saved!"),
                  content: Text("save message to file."),
                )
              );
              break;
            case 1:
            String value =  await loadIt();
            setState(() {
              _controller.text = value;
            });
            showDialog(
              context: context,
              builder: (BuildContext context) => AlertDialog(
                title: Text("loaded!"),
                content: Text("load message from file."),
              )
            );
            break;
            default:
              print('no defalut.');
          }
        },
      ),
    );
  }

  Future<File> getDataFile(String filename) async {
    final directory = await getApplicationDocumentsDirectory();
    return File(directory.path + '/' + filename);
  }

  void saveIt(String value) async {
    final file = await getDataFile(_fname);
    file.writeAsString(value);
  }

  Future<String> loadIt() async {
    try {
      final file = await getDataFile(_fname);
      return file.readAsString();
```

```
        } catch (e) {
          return '*** no data ***';
        }
    }
}
```

図6-1：テキストを書いて左下の「Save」アイコンをクリックするとファイルに保存する。

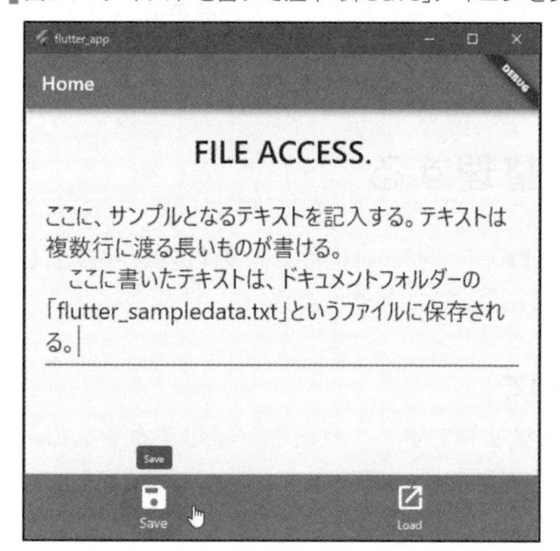

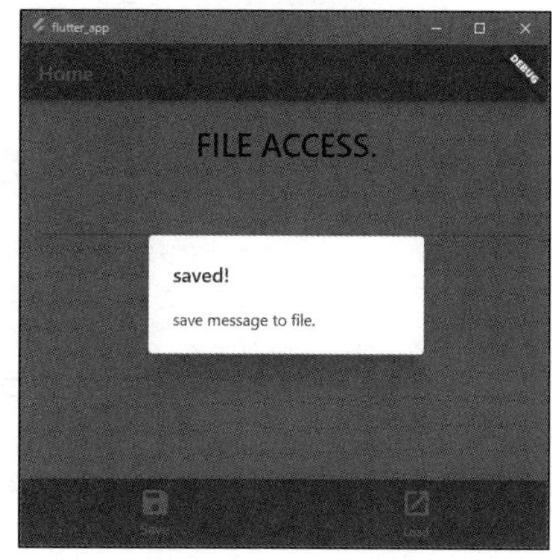

実行したら、入力フィールドをクリックし、そこに適当にテキストを記入してください。そして、左下にある「Save」アイコンをクリックします。すると、画面に「Saved!」とアラートが表示され、入力したテキストをファイルに保存します。

保存ができたら、今度は右下の「Load」というアイコンをクリックしてみましょう。画面に「Loaded!」とアラートが表示され、保存したファイルからテキストを読み込んで入力フィールドに表示します。

保存されたファイルは、PCの場合、「ドキュメント」フォルダ内に「flutter_sampledata.txt」という名前のファイルとして保存されます。スマートフォンの場合、OSごとにファイルを保存できる場所が決まっているので、そこに保存されます。

図6-2：右下の「Load」アイコンをクリックするとファイルを読み込みフィールドに書き出す。

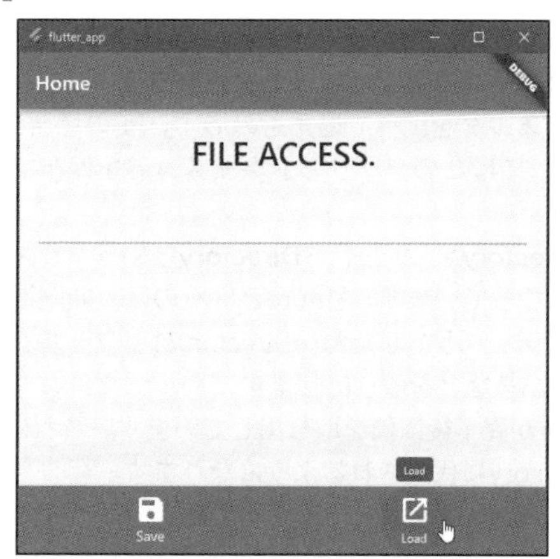

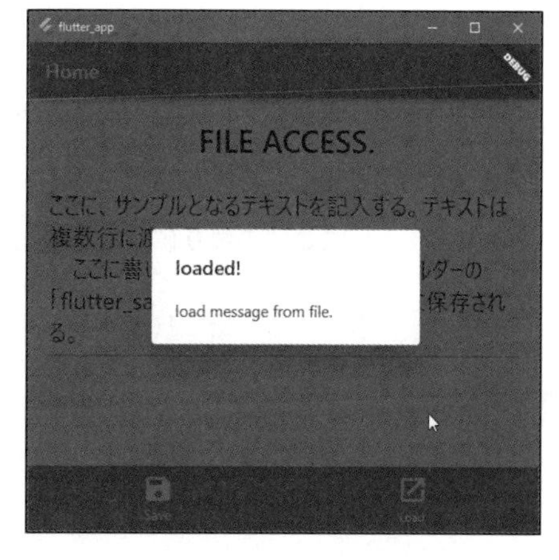

Column Windowsでのファイルアクセスと開発者モード

Windowsのアプリとして実行した際、エラーが発生しアプリが起動しなくなる、といった現象に遭遇した人がいるかもしれません。Windowsでは、セキュリティが担保されていない不特定な開発元のプログラムを実行しようとすると強制的に停止する仕組みが組み込まれています。それが影響している可能性があります。
Windowsの「設定」アプリを起動し、「更新とセキュリティ」の「開発者向け」というところにある「開発者モード」をオンにして下さい。これでプログラムが実行できるようになります。

ファイルアクセスの流れを整理する

ここでは、3つのファイル関連のメソッドを追加し、それらを呼び出して読み書きを行っています。これらの内容を確認しておきましょう。

getDataFile メソッドについて

最初に、getDataFileというメソッドです。これはファイルアクセスの前に必要となる「File」インスタンスを得るための処理を行っています。

```
Future<File> getDataFile(String filename) async {
  final directory = await getApplicationDocumentsDirectory();
  return File(directory.path + '/' + filename);
}
```

見てわかるように、これは非同期メソッドとして定義してあります。内部で利用しているのが非同期関数であるため、このメソッド自体も非同期になっています。ここで行っているのは、パスの取得とFileの生成です。

■割り当てられたフォルダパスの取得

```
final directory = await getApplicationDocumentsDirectory();
```

最初に行っているのは、**getApplicationDocumentsDirectory**という関数の呼び出しです。これが、Path Providerにより使えるようになった機能です。これは、アプリに割り当てられているドキュメントフォルダを調べて返すものです。PCの場合は「ドキュメント」フォルダが、スマートフォンではこのアプリのドキュメントを保存できる場所がそれぞれ返されます。

ここでの戻り値は**Future<Directory>**、すなわち**Directory**というクラスのインスタンスを戻り値として返すFutureになっています。Futureというのは、非同期メソッドの戻り値として返される特殊なオブジェクトでしたね。Directoryは、フォルダを扱うためのクラスで、ここからフォルダのパスなどを取り出せます。

ここでは、awaitを使い、作業が完了後に値を取り出しています。これにより、FutureからDirectoryを取り出してdirectoryに代入されるようになります。

■ファイルパスの取得

```
return File(directory.path + '/' + filename);
```

Directoryでは、**path**プロパティでパスをStringとして取り出すことができます。その後にfilenameをファイル名として追加し、Fileでインスタンスを作成します。このFileをreturnし、そこから必要な処理を行います。

saveItメソッドについて

ファイルへのテキストの保存は、saveItメソッドとして用意してあります。これは以下のような形で定義されています。

```
void saveIt(String value) async {
  final file = await getDataFile(_fname);
  file.writeAsString(value);
}
```

これも、やはり非同期メソッドとして定義されています。ここで行っているのは、**getDataFile**を呼び出してFileインスタンスを取得し、これを利用してテキストを書き出す処理です。

■getDataFileの呼び出し

```
final file = await getDataFile(_fname);
```

getDataFileは、非同期で**Future<File>**が返されるようになっています。サンプルではthenを使わず、awaitでFileの取得を待ってから取り出しています。

■値の書き出し

```
file.writeAsString(value);
```

then内の関数で実行しているのは、引数で渡されるFile内のwriteAsStringメソッドを呼び出してテキストをファイルに書き出す処理です。これで値の保存ができました！

loadItメソッドについて

続いて、テキストの読み込みを行うloadItメソッドです。こちらもやはり非同期メソッドとして以下のように定義されています。

```
Future<String> loadIt() async {
  try {
    final file = await getDataFile(_fname);
    return file.readAsString();
  } catch (e) {
    return '*** no data ***';
  }
}
```

読み込みを行うメソッドが例外を発生させるため、try内で処理を行うようにしてあります。

■getDataFileの呼び出し

```
final file = await getDataFile(_fname);
```

まず、getDataFileを呼び出してFileを取得します。これはFutureを返す非同期メソッドですが、今回はthenを使わずにawaitでFileを待ってから取り出すようにしています。

■Future<String>を返す

```
return file.readAsString();
```

取り出したFileから、readAsStringを呼び出し、その戻り値を返します。これで、読み込んだStringがFutureとして返されます。

saveIt/loadItの呼び出し

これらのメソッド(saveIt/loadIt)の呼び出しはどのように行っているのでしょうか。ここではナビゲーションバーのアイコンから処理を呼び出しています。onTapを見ると、このようになっていますね。

```
onTap: (int value) {
  switch (value) {
    case 0:
              ……保存の処理……
    case 1:
              ……読み込みの処理……
    default:
      print('no defalut.');
  }
}
```

■saveItの呼び出し

保存の処理は、saveItを読み込んだ後、入力フィールドを空にしています。そしてアラートを表示しています。

```
saveIt(_controller.text);
setState(() {
  _controller.text = '';
})
```

saveItの引数には_controller.textを指定しています。これで入力テキストを保存できます。その後、setSateで_controller.textを空にしています。

saveItは非同期ですが、setStateはコールバック関数で実行する必要はありません。ここではsaveItの戻り値を待って処理する必要がないので、saveItの後、ただsetStateするだけです。

■loadItの呼び出し

loadItのほうは、注意が必要です。こちらは読み込んだ結果をFuture<String>として返すので、awaitを使って値を取得します。

```
String value =  await loadIt();
setState(() {
  _controller.text = value;
});
```

setStateで、_controller.textに値を設定することで、読み込んだテキストを表示しています。その後でアラートを表示しています。

リソースファイルの読み込みは？

アプリが使うファイルを作成して読み書きする他に、アプリ内にリソースとしてテキストファイルをもたせて利用することもあります。この方法は、ファイルの書き換えはできませんが、あらかじめ用意されたデータを簡単に取り出して利用することができます。

以前、イメージファイルを表示するときにリソースとしてファイルを用意しました。同じように、リソースとしてテキストファイルを用意し読み込む、ということを考えてみましょう。

テキストファイルの用意

まずは、テキストファイルを用意する必要があります。プロジェクトの「assets」フォルダ内に「documents」というフォルダを用意し、その中に「data.txt」という名前でファイルを作成しましょう。そしてそこにテキストを記述しておきます。

リスト6-3

```
This is sample text.
これは、サンプルのテキストです。
```

本書のサンプルでは上記リストのように書いておきました。特にこのように書く必要はなく、内容はどんなものでも構いません。

図6-3：「assets」フォルダ内に「data.txt」というファイルを用意し、テキストを記述しておく。

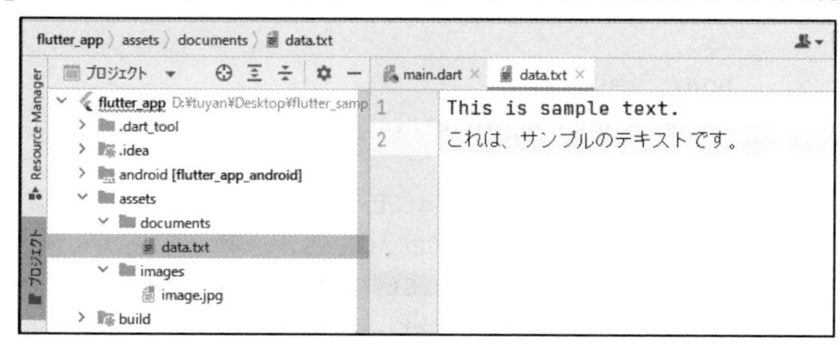

リソース情報の追記

続いて、作成したリソースファイルを、pubspec.yamlに追記します。以前、image.jpgの情報を記述しましたが、その後に更に追記すればいいでしょう。

リスト6-4

```
flutter:
  assets:
    - assets/images/image.jpg
    - assets/documents/data.txt
```

最後の「- assets/documents/data.txt」が追記した部分です。インデントは、その上の - assets/images/image.jpg に揃えてください。これで、data.txtがアプリ内に組み込まれ利用できるようになります。

リソースファイル利用の例

では、実際にdata.txtを読み込んで表示するサンプルを作成しましょう。今回は_MyHomePageStateクラスのコードを掲載しておきます。このクラスを書き換えてください。なお、import文も変更する必要があるので忘れずに書き換えておきましょう。

リスト6-5

```
// import 'package:flutter/material.dart';
// import 'package:flutter/services.dart';
// import 'dart:ui' as ui;

class _MyHomePageState extends State<MyHomePage> {
  final _controller = TextEditingController();
  final _fname = 'assets/documents/data.txt';

  @override
  Widget build(BuildContext context) {
    return Scaffold(
        appBar: AppBar(
          title: Text('Home'),
        ),
        body: Padding(
          padding: EdgeInsets.all(20.0),
          child: Column(
            children: <Widget>[
              Text('RESOURCE ACCESS.',
                style: TextStyle(fontSize: 32,
                  fontWeight: ui.FontWeight.w500),
              ),
```

```
              Padding(padding: EdgeInsets.all(10.0)),
              TextField(
                controller: _controller,
                style: TextStyle(fontSize: 24,),
                minLines: 1,
                maxLines: 5,
              )
            ],
          ),
        ),
        floatingActionButton: FloatingActionButton(
          child: Icon(Icons.open_in_new),
          onPressed: () async {
            final value = await loadIt();
            setState(() {
              _controller.text = value;
            });
            showDialog(
              context: context,
              builder: (BuildContext context) =>
                AlertDialog(
                  title: Text("loaded!"),
                  content: Text("load message from Asset."),
                )
            );
          }
        )
    );
  }

  Future<String> getDataAsset(String path) async {
    return await rootBundle.loadString(path);
  }

  Future<String> loadIt() async {
    try {
      final res = await getDataAsset(_fname);
      return res;
    } catch (e) {
      return '*** no data ***';
    }
  }
}
```

図6-4：フローティングボタンをクリックするとリソースファイルdata.txtを読み込み表示する。

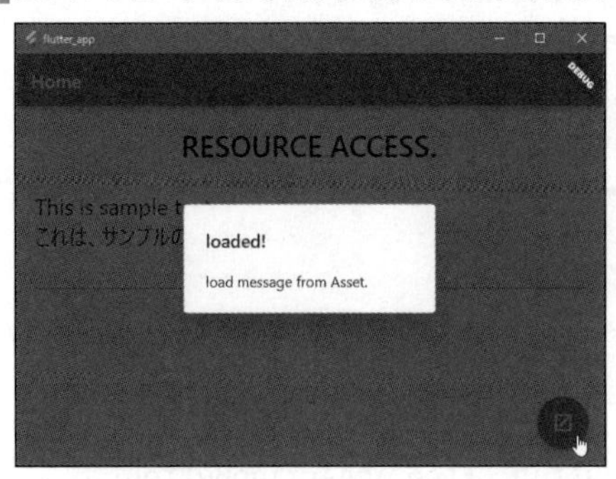

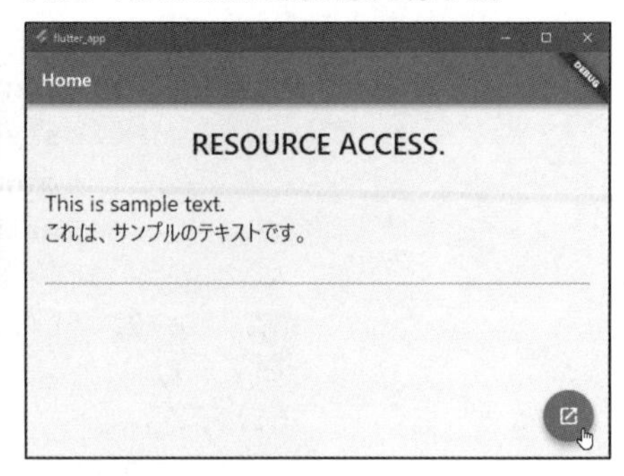

今回はフローティングアクションボタンが1つ用意されています。このボタンをクリックすると、用意したdata.txtの内容を読み込んでフィールドに表示します。

FloatingActionButton の onPressed 処理

ここでは、FloatingActionButtonのonPressedイベントで以下のようにしてリソースを表示させています。

```
final value = await loadIt();
setState(() {
    _controller.text = value;
});
```

loadItメソッドを呼び出してリソースからテキストを取り出し、これをsetState内で_controller.textに設定しています。これで読み込んだテキストが表示されます。loadItメソッドは非同期なので、_controller.text = loadIt();というように直接値を代入することはできません。そこでまずvalue変数に取り出し、これをsetState内で_controller.textに代入しています。

getDataAsset について

ここでは、2つのメソッドを用意しています。1つは、**getDataAsset**です。これは、指定のリソースからテキストを読み込んで返すものです。

```
Future<String> getDataAsset(String path) async {
  return await rootBundle.loadString(path);
}
```

このメソッドは非同期になっています。引数にリソースファイルのパスを指定しています。そして、**rootBundle.loadString(path)**を呼び出してリソースから指定のパスのファイルを読み込み、その内容をFuture<String>として返します。

rootBundleは、Chapter 5でリソースのイメージを読み込むときにも使いましたね。これは**AssetBundle**クラスのインスタンスが代入されたトップレベルプロパティで、アプリケーションに用意されているリソースを管理します。今回はそのloadStringというメソッドを利用して、テキストを読み込むようにしています。

loadItの処理

もう1つのloadItは、先に作成したloadItの修正版です。ファイルパスの取得をgetDataAssetに変更しただけで基本的な内容は変わりません。先のサンプルではファイルを読み込んでいましたが、今回はリソースから読み込むことになります。このため、loadItを修正する必要があるのです。

```
Future<String> loadIt() async {
  try {
    final res = await getDataAsset(_fname);
    return res;
  } catch (e) {
    return '*** no data ***';
  }
}
```

これで、loadItを呼び出せば、リソースファイルを読み込み利用できるようになります。戻り値はFuture<String>で先に作成したloadItと全く同じですので、loadItを呼び出している処理は全く同じで少しも変わりません。

これでリソースから必要に応じてデータを読み込み利用できるようになりました。値を保存する場合はアプリ外にテキストファイルを作成する必要がありますが、単に必要なデータを用意しておき利用するだけならば、リソースファイルを利用したほうが遥かに便利でしょう。

6-2 設定情報の利用

設定情報について

テキストファイルに保存できる情報は、アプリで必要とするデータの類いが多いでしょう。が、もっと細かな値を保存したいこともあります。例えば、アプリの細々とした設定情報などです。こうしたものは、テキストファイルに保存するとやり取りがちょっと面倒でしょう。アプリの設定などは数値や真偽値などを使うことが多いものです。テキストファイルに多数の数字を保存しても、どれが何の値か管理して利用するのは大変そうですね。

こうしたアプリ固有の単純な値を保管したいときには、テキストファイルよりも設定情報を利用するほうが便利です。

設定情報は、シンプルなキー＝バリュー型データベースと言ったものです。キーを指定して値を保存したり、特定のキーで値を取り出したりできます。扱える値は、int型、double型、bool型、String型、List<String>型のみです。それ以外の値は扱えません。が、こうした基本的な値を保管しておくには格好のものなのです。

Shared Preferencesの追加

この設定情報の機能は、Flutterには標準では組み込まれていません。「**Shared Preferences**」というパッケージを追加してやる必要があります。

これは、pubspec.yamlに追記をして行います。dependencies:というところの下に、Path Providerの追記をしましたが、その下にShared Preferencesの記述を追加すればいいでしょう。

リスト6-6

```
dependencies:
  flutter:
    sdk: flutter
  path_provider: any
  shared_preferences: any
```

一番下の「shared_preferences: any」が追記する文です。必ずdependencies:より1つインデントした位置に記述してください。

Shared Preferencesの基本

設定情報は、Shared Preferencesにより追加される「**SharedPreferences**」というクラスを使って行います。この基本的な使い方を整理すると以下のようになります。

```
SharedPreferences.getInstance().then(
  (SharedPreferences prefs){
    ……設定の処理……
  }
);
```

SharedPreferencesインスタンスの取得は非同期で行うため、ここではthenで処理する形でまとめてあります。SharedPreferencesは、getInstanceメソッドでインスタンスを取得します。この後のthenの引数に用意した関数でSharedPreferencesインスタンスを受け取り、それを利用した処理を記述します。

設定の保存

設定の読み書きは、取得したSharedPreferencesのメソッドを使って行います。まずは、設定方法の保存について整理しておきましょう。これには、以下のようなメソッドが用意されています。

```
《SharedPreferences》.setInt(《String》 ,《int》);
《SharedPreferences》.setDouble(《String》 ,《double》);
《SharedPreferences》.setBool(《String》 ,《bool》);
《SharedPreferences》.setString(《String》 ,《String》);
《SharedPreferences》.setStringList(《String》 , [《List》] );
```

いずれも、第1引数には「キー」と呼ばれる名前、第2引数に保管する値を指定します。SharedPreferencesでは、保管する値にはすべてキーと呼ばれる名前をつける必要があります。

名前はすべてString値、第2引数の保管する値はメソッドごとに異なります。

設定の読み込み

設定からの値の読み込みも、値の型ごとにメソッドが用意されています。整理すると以下のようになります。

```
int 変数 =《SharedPreferences》.getInt(《String》);
double 変数 =《SharedPreferences》.getDouble(《String》);
bool 変数 =《SharedPreferences》.getBool(《String》);
String 変数 =《SharedPreferences》.getString(《String》);
List 変数 =《SharedPreferences》.getStringList(《String》);
```

読み込み関係のメソッドは、引数は1つだけ、キーをStringで指定します。これにより、指定のキーに保管されている値を取り出して返します。指定したキーが見つからないと、取得される値はnullになります。

設定を読み書きする

SharedPreferencesの使い方は、たったこれだけです。では、実際の利用例を挙げておきましょう。今回も、_MyHomePageStateのソースコードを掲載します。importの再編成も忘れないでください。

リスト6-7

```
// import 'package:flutter/material.dart';
// import 'package:shared_preferences/shared_preferences.dart';
// import 'dart:ui' as ui;

class _MyHomePageState extends State<MyHomePage> {
  final _controller = TextEditingController();
  double _r = 0.0;
  double _g = 0.0;
  double _b = 0.0;

  @override
```

```
  void initState() {
    super.initState();
    loadPref();
  }

  @override
  Widget build(BuildContext context) {
    return Scaffold(
        appBar: AppBar(
          title: Text('Home'),
        ),
        body: Padding(
          padding: EdgeInsets.all(20.0),
          child: Column(
            children: <Widget>[
              Text('PREFERENCES ACCESS.',
                style: TextStyle(fontSize: 32,
                    fontWeight: ui.FontWeight.w500),
              ),
              Padding(padding: EdgeInsets.all(10.0)),
              TextField(
                controller: _controller,
                style: TextStyle(fontSize: 24,),
                minLines: 1,
                maxLines: 5,
              ),
              Padding(padding: EdgeInsets.all(10.0)),
              Slider(
                min: 0.0,
                max: 255.0,
                value: _r,
                divisions: 255,
                onChanged: (double value) {
                  setState(() {
                    _r = value;
                  });
                },
              ),
              Slider(
                min: 0.0,
                max: 255.0,
                value: _g,
                divisions: 255,
                onChanged: (double value) {
```

```
                setState(() {
                  _g = value;
                });
              },
            ),
            Slider(
              min: 0.0,
              max: 255.0,
              value: _b,
              divisions: 255,
              onChanged: (double value) {
                setState(() {
                  _b = value;
                });
              },
            ),
            Container(
              padding: EdgeInsets.all(20),
              width: 125,
              height: 125,
              color: Color.fromARGB(255,
                  _r.toInt(), _g.toInt(), _b.toInt()),
            ),
          ],
        ),
      ),
      floatingActionButton: FloatingActionButton(
        child: Icon(Icons.open_in_new),
        onPressed: () {
          savePref();
          showDialog(
              context: context,
              builder: (BuildContext context) => AlertDialog(
                title: Text("saved!"),
                content: Text("save preferences."),
              )
          );
        },
      ),
    );
  }

  void loadPref() async {
    final prefs = await SharedPreferences.getInstance();
```

```
    setState((){
      _r = (prefs.getDouble('r') ?? 0.0);
      _g = (prefs.getDouble('g') ?? 0.0);
      _b = (prefs.getDouble('b') ?? 0.0);
      _controller.text = (prefs.getString('input') ?? '');
    });
  }

  void savePref() async {
    final prefs = await SharedPreferences.getInstance();
    prefs.setDouble('r', _r);
    prefs.setDouble('g', _g);
    prefs.setDouble('b', _b);
    prefs.setString('input', _controller.text);
  }
}
```

図6-5:テキストを記入し、3つのスライダーを操作してから、ボタンをクリックすると、「Saved!」とアラートが表示され、入力テキストと3つのスライダーの値を設定情報として保存する。

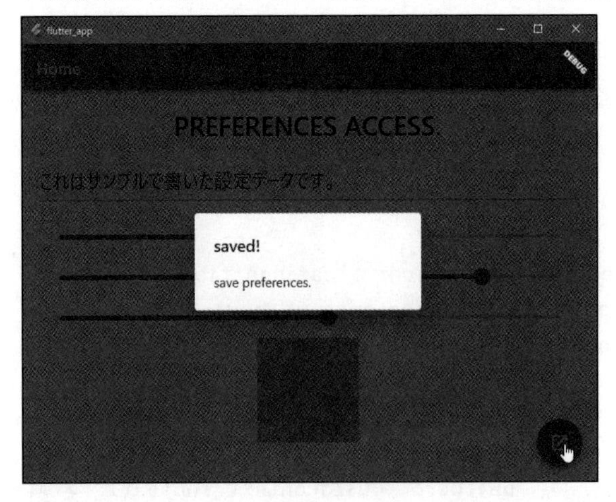

実行すると、テキストの入力フィールドと、3つのスライダーが表示されます。スライダーはそれぞれRGBの各輝度に設定されており、スライダーを動かすと背景色が変化します。

スライダーと入力フィールドに値を設定し、フローティングアクションボタンをクリックすると、「Saved!」とアラートが表示され、これらの入力値が設定情報として保存されます。

一度アプリを終了し、再度起動してみてください。起動時に設定情報を読み込み、スライダーと入力フィールドの値を最後に設定を保存した状態に復元します。

図6-6：アプリを再起動すると、保存した設定を読み込み、スライダーと入力テキストが復元される。

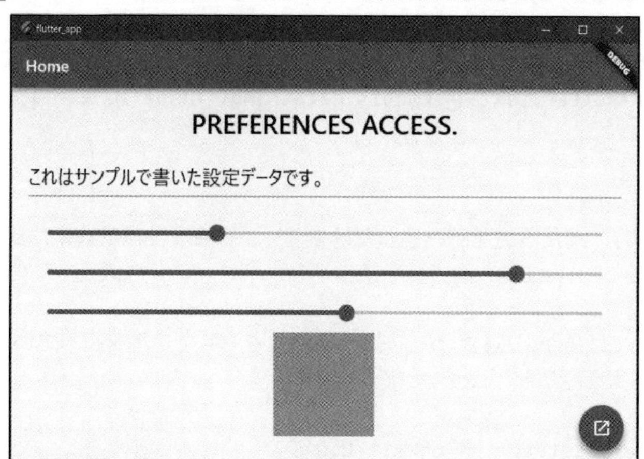

savePrefについて

今回のサンプルでは、設定情報の読み書きを、それぞれ「savePref」「loadPref」というメソッドにまとめてあります。

まずは、設定を保存するsavePrefから見てみましょう。これは以下のように定義されています。

```
void savePref() async {
  final prefs = await SharedPreferences.getInstance();
  prefs.setDouble('r', _r);
  prefs.setDouble('g', _g);
  prefs.setDouble('b', _b);
  prefs.setString('input', _controller.text);
}
```

SharedPreferences.getInstanceでインスタンスを取得し、このインスタンスのメソッドを使って設定の保存処理を行っています。_r, _g, _bは、それぞれ3つのスライダーの値が代入されています。また_controllerはTextFieldに設定されているTextEditingControllerインスタンスです。

これらの値を、それぞれキーを指定してsetDoubleやsetStringで保存します。特に説明する点もない、ごく単純な処理ですね。

loadPrefについて

続いて設定情報を読み込むloadPrefです。これもgetInstanceした後、then内の関数で処理を行っています。

```
void loadPref() async {
  final prefs = await SharedPreferences.getInstance();
  setState((){
```

```
      _r = (prefs.getDouble('r') ?? 0.0);
      _g = (prefs.getDouble('g') ?? 0.0);
      _b = (prefs.getDouble('b') ?? 0.0);
      _controller.text = (prefs.getString('input') ?? '');
    });
  }
```

loadPrefでは、ただ設定を読み込むだけでなく、得られた値を表示に反映する必要があります。そこで、setState内で値を読み込み、プロパティに設定する処理を行っています。

また、ここでは値が得られなかった場合のことを考えて処理を行っています。例えば、_rへの値の代入を見ると、こうなっていますね。

```
_r = (prefs.getDouble('r') ?? 0.0);
```

prefs.getDouble('r')の値がnullかどうかを調べ、値が存在すれば値を_rに代入しています。なかった場合には0.0に設定しています。

設定が保存されていない場合、そのまま_rに代入してしまうと、_rの値はSliderのvalueに設定されているため、スライダーを操作した瞬間にエラーが発生してしまいます。設定情報の読み込みは、「値がない場合もある」ということを考えて処理する必要がある、ということを忘れないでください。

6-3 ネットワークアクセス

HttpClientクラスの利用

データの取得は、ローカルな環境からのみ得られるわけではありません。それ以上に、最近では「Web経由でのデータ取得」が活用されるようになってきています。

インターネットアクセスは、dart:ioというパッケージに用意されているクラスを利用して行います。ここにはさまざまなクラスが用意されていますが、一般的な「指定のURLにアクセスしてデータを取得する」という処理を行うには「**HttpClient**」というクラスを使うのが良いでしょう。

これは、以下のようにしてインスタンスを作成します。

```
変数 = await HttpClient();
```

HttpClientのインスタンス作成は非同期で行われます。このため、thenで結果を取得するか、あるいはawaitしてインスタンスを代入するようにします。

HttpClientRequestの取得

用意したHttpClientから、まず「**HttpClientRequest**」というクラスのインスタンスを取得します。これはHTTPとHTTPSでアクセス方法が微妙に異なります。

```
《HttpClientRequest》.get(ホスト, ポート番号, パス)
《HttpClientRequest》.getUrl(《Uri》)
```

これらはいずれも非同期メソッドですので、結果はthenで受け取るか、あるいはawaitを使って戻り値を受け取り利用します。

HTTPアクセスの場合、「get」というメソッドを利用します。これは引数にホストのドメイン、ポート番号、ホスト下のパスをそれぞれ指定します。ホストのドメインは、「www.example.com」というようなテキストになります。http://などは付けません。またwww.example.com/hogeにアクセスする場合は、www.example.comをホスト名に指定し、/hogeをパスに指定します。

HTTPSアクセスの場合、getは使えません。これには「getUri」というメソッドを使います。これは引数にURIを示す「**Uri**」クラスのインスタンスを渡して呼び出します。Uriは、以下のような形で作成できます。

```
Uri.parse( テキスト )
```

「**parse**」メソッドの引数にURIのテキストを指定します。これは、例えばhttps://www.example.com/hogeというようにWebブラウザのアドレスバーに設定される形のテキストを使います。このURIにhttpsが指定されていれば、HTTPSでアクセスを行います。

アクセスは、「close」というメソッドを呼び出して完了します。

```
《HttpClientRequest》.close()
```

これにより、サーバーからのレスポンス情報を管理する「**HttpClientResponse**」というクラスのインスタンスが返されます。

HttpClientResponseからUTF8のコンテンツを得る

HttpClientRequestから、サーバーから送られてきたコンテンツを取り出します。これは、コンテンツのエンコーディング方式に応じて処理を行う必要があります。ここではUTF-8のコンテンツを想定して取り出し方をまとめておきましょう。

```
《HttpClientResponse》.transform(utf8.decoder).join();
```

「**transform**」は、**Stream**と呼ばれるサーバーから送られるコンテンツを取り出すためのオブジェクトを得るためのものです。引数には**StreamTransformer**というものを指定しますが、これは「**utf8.decoder**を指定する」と覚えてしまってください。

そして、得られたStreamの「join」を呼び出すことで、Streamから得られるコンテンツをString値として取り出します。

この2つのメソッドはどちらも非同期であるため、thenで結果を受け取るか、awaitで戻り値を得て利用します。

Webサイトからテキストを取得し表示する

では、実際にHttpClientを使って、Webサイトにアクセスしコンテンツを取得してみましょう。今回も、_MyHomePageStateクラスを書き換えて使います。なおimport文も再編成する必要があるので忘れないように。

リスト6-8

```
// import 'dart:convert';
// import 'dart:io';
// import 'package:flutter/material.dart';
// import 'dart:ui' as ui;

class _MyHomePageState extends State<MyHomePage> {
  final _controller = TextEditingController();
  static const host = 'baconipsum.com';
  static const path = '/api/?type=meat-and-filler&
    paras=1&format=text';

  @override
  Widget build(BuildContext context) {
    return Scaffold(
      appBar: AppBar(
        title: Text('Home'),
      ),
      body: Padding(
        padding: EdgeInsets.all(20.0),
        child: Column(
          children: <Widget>[
            Text('INTERNET ACCESS.',
              style: TextStyle(fontSize: 32,
                  fontWeight: ui.FontWeight.w500),
            ),
            Padding(padding: EdgeInsets.all(10.0)),
            TextField(
              controller: _controller,
              style: TextStyle(fontSize: 24,),
              minLines: 1,
              maxLines: 5,
            ),
          ],
        ),
      ),
```

```
        floatingActionButton: FloatingActionButton(
          child: Icon(Icons.open_in_new),
          onPressed: () {
            getData();
            showDialog(
                context: context,
                builder: (BuildContext context) => AlertDialog(
                  title: Text("loaded!"),
                  content: Text("get content from URI."),
                )
            );
          },
        ),
      );
  }

  void getData() async {
    var http = await HttpClient();
    HttpClientRequest request = await http.get(host, 80, path);
    HttpClientResponse response = await request.close();
    final value = await response.transform(utf8.decoder).join();
    _controller.text = value;
  }
}
```

図6-7：フローティングボタンを押すとWebサイトからテキストを取得する。

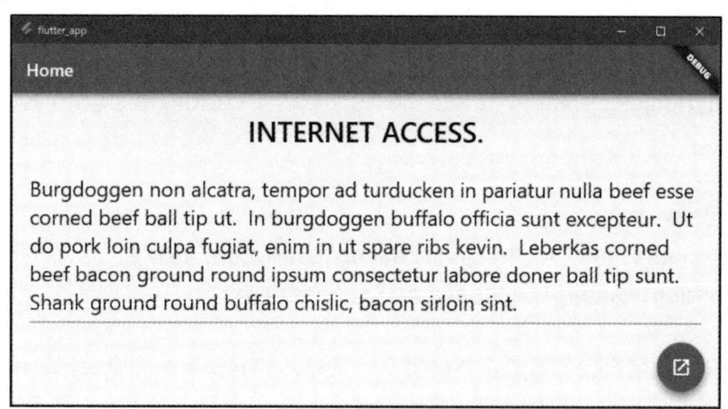

フローティングアクションボタンをクリックすると、baconipsum.comというWebサイトにアクセスし、ランダムなテキストを取得して表示します。baconipsum.comは、ランダムなテキストを返すWebサービスを提供するサイトです。

ここでは、getDataというメソッドとしてインターネットアクセスしデータを取得する処理を用意しています。基本的に、先ほど説明した処理をそのまま実行しているだけですが、簡単に説明しておきましょう。

```
var http = await HttpClient();
```

まず、HttpClientインスタンスを作成します。そしてgetメソッドを呼び出し、HttpClientRequestインスタンスを取得します。

```
HttpClientRequest request = await http.get(host, 80, path);
```

ドメイン名とパスはそれぞれ変数hostとpathに保管してあったものを使っています。これでHttpClientRequestインスタンスが得られたら、そこからcloseを呼び出し、HttpClientResponseインスタンスを取得します。

```
HttpClientResponse response = await request.close();
```

これでサーバーからのレスポンスが得られました。後はtransformとjoinでUTF-8エンコーディングのコンテンツをテキストとして取り出し、TextControllerのtextに設定するだけです。

```
final value = await response.transform(utf8.decoder).join();
_controller.text = value;
```

これでサーバーから得られたテキストがTextFieldに表示されます。1つ1つのメソッドの呼び出しはそれぞれ難しそうに見えますが、手順は決まりきったものなので、覚えてしまえば意外と簡単にアクセスできます。

getUriでHTTPアクセスする

ここではHttpClientのgetを使い、HTTPアクセスをしました。では、getUriでHTTPSアクセスを行う場合はどのように修正すればいいでしょうか。やってみましょう。

まず_MyHomePageStateクラス内に、アクセスするURIの値を以下のように用意しておきます。

リスト6-9

```
static const url = 'https://baconipsum.com/api/?
  type=meat-and-filler&paras=1&format=text';
```

getUriを使う場合は、このようにアクセス先のアドレスを完全な形で用意しておきます。そして、アクセスを行っているgetDataメソッドを以下のように書き換えます。

リスト6-10

```
void getData() async {
  var https = await HttpClient();
  HttpClientRequest request = await https.getUrl(Uri.parse(url));
  HttpClientResponse response = await request.close();
```

```
    final value = await response.transform(utf8.decoder).join();
    _controller.text = value;
  }
```

これで、先ほどと同じWebサイトにHTTPSアクセスしデータを取得します。見ればわかるように、getを使っていたところがhttps.getUrl(Uri.parse(url))というように変わっただけで、他は基本的に同じです。基本的なアクセスの手順さえわかっていれば、HTTPでもHTTPSでもほとんど同じようにアクセスできますね！

POST送信するには？

GETで必要なデータを取得するのはこれでできるようになりました。しかしインターネットのデータ利用は、それがすべてではありません。例えばこちら側からデータを送信し、サーバー側で処理するような場合もあります。

こうしたデータ送信では、GETではなくPOSTメソッドが利用されます。POSTでサーバーに送信するためのメソッドは、HttpClientに2つ用意されています。

■HTTPでPOST送信する

```
《HttpClientRequest》.post(ホスト, ポート番号, パス)
```

■HPTTPSでPOST送信する

```
《HttpClientRequest》.postUrl(《Uri》)
```

それぞれ、getとgetUrlをメソッド名だけ変更したような形になっていますね。これで指定のURIにPOST送信できます。これらのメソッドでHttpClientRequestを取得し、closeすれば通信を終了します。

ボディにコンテンツを設定する

ただし、このままでは送信するデータがありません。POST送信するにはHttpClientRequest作成後、closeする前に送信データを用意し設定する必要があります。これには「**write**」メソッドを使います。

```
《HttpClientRequest》.write( コンテンツ )
```

引数には、リクエストボディに用意するデータを指定します。これはさまざまなものを指定できますが、データをサーバーにPOST送信する場合、JSONフォーマットでデータをまとめたテキストを用意するのが基本と考えていいでしょう。

ヘッダー情報を設定する

ボディのコンテンツを設定すると、それに伴いヘッダー情報を用意する必要が生じるでしょう。例えばJSONフォーマットでPOST送信するなら、Content-Typeヘッダーをapplication/jsonに設定する必要があります。

こうしたヘッダー情報は、HttpClientRequestの「**headers**」というプロパティにまとめられています。ここに「set」メソッドを使って必要な設定を追加するのです。

```
《HttpClientRequest》.headers.set(《HttpHeaders》, 値 );
```

追加するヘッダーの種類は、HttpHeadersというクラスにプロパティとしてまとめられています。これをヘッダーとして指定し、値となるテキストを第2引数に用意すればヘッダーの設定が行えます。

Webサイトにデータを送信する

では、実際にデータの送信がどうなるかサンプルを挙げておきましょう。ここでは、送信先のURLとして以下のような値を用意しておきます。

```
static const url = 'https://jsonplaceholder.typicode.com/posts';
```

ここで使っているjsonplaceholder.typicode.comというサイトは、JsonPlaceholderというサイトで、JSONデータのダミーコンテンツを提供するものです。ただデータを取得するだけでなく、JSONデータをサイトに送信することもできます(もちろん、送信したデータがサイトに保存されるわけではありません。POST送信されたものを受け取り、結果を返すAPIが用意されている、ということです)。

setData メソッドを用意する

では、このJsonPlaceholderに簡単なデータを送信する例を挙げておきましょう。ここでは、_MyHomePageStateクラスに用意する「setData」メソッドとして処理をまとめておきます。

リスト6-11

```
void setData() async {
  final ob = {
    "title":"foo",
    "author":"SYODA-Tuyano",
    "content":"this is content. これはサンプルのコンテンツです。"
  };
  final jsondata = json.encode(ob);
  var https = await HttpClient();
  HttpClientRequest request = await https.postUrl(Uri.parse(url));
  request.headers.set(HttpHeaders.contentTypeHeader,
    "application/json; charset=UTF-8");
  request.write(jsondata);
  HttpClientResponse response = await request.close();
  final value = await response.transform(utf8.decoder).join();
  _controller.text = value;
}
```

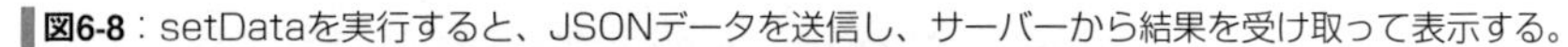

図6-8：setDataを実行すると、JSONデータを送信し、サーバーから結果を受け取って表示する。

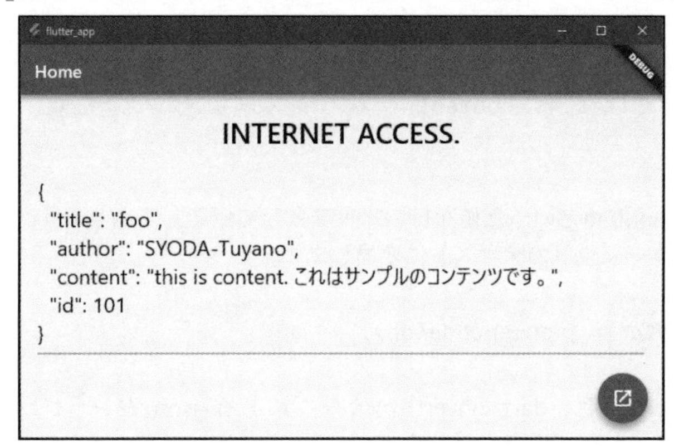

　このsetDataメソッドを実行するように_MyHomePageStateを修正しましょう。先のサンプルではフローティングアクションボタンでgetDataを呼び出すようになっていましたね。これをsetDataに変更すればいいでしょう。

　setDataが実行されると、JsonPlaceholderサイトにJSONデータが送信され、サーバーから結果が送られます。サーバー側で問題なくデータを受け取れたら、以下のようなテキストが表示されるでしょう。

```
{
  "title": "foo",
  "author": "SYODA-Tuyano",
  "content": "this is content. これはサンプルのコンテンツです。",
  "id": 101
}
```

　このうち、title, author, contentがクライアントからサーバーに送信されたデータで、idが受け取ったサーバーが割り当てたID番号になります。これらのデータが表示されれば、無事にデータをサーバーに送り受け取れたことがわかります。これ以外の表示の場合は、正しくデータを送受できていないことになります。

データを JSON フォーマットとして用意する

　このsetDataでは、送信するサンプルとして以下のようなオブジェクトを作成しています。

```
final ob = {
  "title":"foo",
  "author":"SYODA-Tuyano",
  "content":"this is content. これはサンプルのコンテンツです。"
};
```

title, author, contentといった値を持つマップとして用意してあります。このオブジェクトをJSONフォーマットのテキストに変換します。

```
final jsondata = json.encode(ob);
```

JSONデータの操作は、dart:convertパッケージにある「json」というクラスを利用します。「encode」は、引数に用意されるオブジェクトをJSONフォーマットのテキストに変換して返すものです。引数にはテキスト、数値、リスト、マップといったオブジェクトが用意できます。

この逆の操作をするものに「decode」というメソッドもあります。これを使うと、JSONフォーマットのテキストを元にDartのオブジェクトを生成できます。

ヘッダーとボディを設定する

HttpClientRequestが用意できたら、ヘッダーの設定を行っています。今回はJSONデータを送信するので、以下のようにContent-Typeヘッダーを用意しておきます。

```
request.headers.set(HttpHeaders.contentTypeHeader,
  "application/json; charset=UTF-8");
```

HttpHeaders.contentTypeHeaderというのが、Content-Typeヘッダーを示す値です。これに"application/json; charset=UTF-8"と値を設定することで、UTF-8エンコーディングによるJSONデータが送られることがサーバー側に伝えられます。

ヘッダーの設定ができたら、「write」でボディコンテンツを設定します。

```
request.write(jsondata);
```

これで送信するデータも用意できました。後は、closeすればサーバーにアクセスしてデータを送信します。

これでサーバーとデータの送受を行えるようになりました。インターネット経由でデータをやり取りできるようになれば、作成するアプリの幅もぐっと広がりますね！

Chapter 7

Firebaseの利用

Firebaseはクラウドベースでさまざまな機能を提供するサービスです。FlutterとFirebaseを連携することで、さまざまな機能をクラウドベースで利用できるようになります。ここでは「Firestore」というNoSQLデータベースと、Firebaseによるユーザー認証の利用について説明しましょう。

7-1 Firebaseの利用

データベースはどうすべきか？

Flutterは、さまざまなプラットフォームのアプリをまとめて作成することができますが、しかしアプリとは別に用意しなければならないものもあります。それは「データベース」です。

データベースを利用するアプリを開発する場合、Windows, macOS, Android, iPhoneといったプラットフォームのアプリを一度に作ることはもちろん可能です。しかしそこで利用するデータベースについてはアプリと一緒に作るわけにはいきません。

データベースを利用する場合、例えばメモ帳やスケジュール帳などのようにそれぞれのアプリでデータを保存するような場合だけでなく、メッセージボードやコラボレーションツールなどのように大勢が1つのデータベースを共有して動くようなものもあります。このようなアプリでは、「データベースサーバー」というサーバープログラムを別途用意し、そこに通信して利用することになります。こうしたことまで考えると、データベース利用のハードルはかなり高くなってしまうでしょう。

もっと簡単に、どんなプラットフォームからでも、どのアプリからも簡単に利用できるようなデータベースがあれば、データベースの利用は格段に簡単になります。

サーバーからクラウドへ

この問題を解決するヒントは、最近のWebアプリにあります。Webの場合、Webから直接データベースにアクセスすることはできないため、サーバー側にデータベースの処理を行うプログラムを設置し、Webページからそれを呼び出して動くようになっています。それが最近になって、「サーバーを使わない」サーバーレスと呼ばれる開発スタイルが少しずつ浸透してきているのです。

サーバーを使わないでどうやってデータベースを利用するのか。それは、「クラウド」サービスを利用するのです。

最近のクラウドでは、データベースなどの機能をサービスとして提供するところが増えてきています。こうしたところでは、APIとしてサービスを公開し、アプリ内からAPIを呼び出してデータベースにアクセスできるようになっているのです。

クラウド環境にあるデータベースならば、どんなプラットフォームであっても、またどのようなプログラムからでも（インターネットにつながってさえいれば）いつでも同じデータにアクセスすることができます。

Flutterでマルチプラットフォームの開発を考えるならば、データベースなどの機能はクラウドと連携することを考えるべきでしょう。

Column Windowsアプリの開発は注意！

本書執筆時(2022年10月)、FlutterからFirebaseを利用するパッケージ・プラグイン関係は、WindowsとLinuxのデスクトップアプリに正式対応していません。利用できるプラットフォームは、Android, iOS, macOS, Webのみになります。
現在、Windows/LinuxでFirebaseを利用できるようにするためのプラグインが開発されています。「Firebase Desktop」というもので、後ほど説明するfirebase_coreをインストールする際、「firebase_core_desktop」というプラグインも合わせてインストールすることでWindowsのデスクトップアプリからFirebaseを利用できるようになります。
ただし、これで完全というわけではなく、筆者が確認したところではFirebase自体にはアクセスできるものの、本書で利用するFirestoreにはまだ対応していませんでした。
Windowsベースで開発を行っている場合は、ひとまずWebアプリとしてコーディングし、動作確認などを行うと良いでしょう。Firebase Desktopのアップデート(あるいはFirestore Desktopに相当するプラグインの開発)によりこの種の問題は解決すると思われますので、今後のアップデートをよく確認して下さい。

Firebaseを利用する

こうしたクラウドサービスの中でも、Flutterでひときわ相性が良いのが「**Firebase**」です。Firebaseは、Googleが提供するクラウドサービスです。FlutterもGoogleが中心となって開発を進めていますから、相性が悪いわけがありませんね。

Firebaseを利用するには、当然ですがFirebaseのアカウントを持っていなければいけません。まだアカウント登録していない人は以下にアクセスし登録を行っておきましょう(といっても、Googleアカウントがあればほぼ自動的に登録できます)。

https://firebase.google.com/?hl=ja

図7-1：Firebaseのサイト。

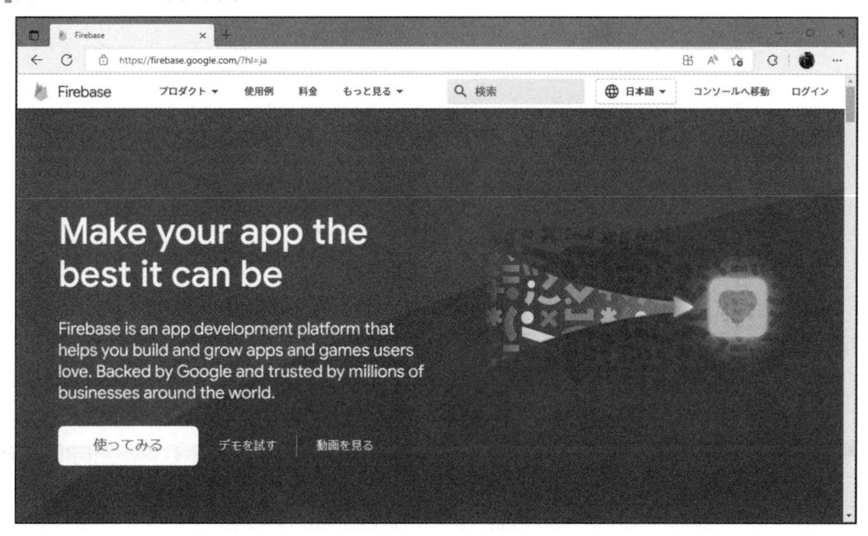

トップページにある「使ってみる」ボタンまたは右上の「ログイン」リンクをクリックすると、Googleアカウントを選択する表示が現れるので、使用するアカウントを選んで下さい。これで「Firebaseコンソール」という画面に移動し、Firebaseが使えるようになります。

Firebaseには、データベースだけでなくアカウント認証やファイルストレージなど多数のサービスが用意されています。これらの使い方については、本書では特に触れません。まだ使ったことのない人は別途学習して下さい。

Firebase利用の準備

FirebaseをFlutterから利用するためには、いろいろと用意するものがあります。必要なソフトウェアのインストール、Firebaseでのプロジェクト作成、そしてFlutterのアプリケーションでのコード作成。これらを順に行っていきます。

まずは、必要なソフトウェアのインストールを行いましょう。Firebaseを利用するには、「**Firebase CLI**」というコマンドラインのプログラムを用意します。これは以下のWebページで説明されています。

https://firebase.google.com/docs/cli#install_the_firebase_cli

図7-2：Firebase CLIの説明ページ。

ここで、各プラットフォームごとにFirebase CLIを用意する手順が説明されています。簡単にまとめるなら、用意されているコマンドプログラムをダウンロードして使うか、npmでインストールするか、です。コマンドプログラムは、上記URLのページからダウンロードできます。

npmというのは、Node.jsというJavaScriptエンジンプログラムのパッケージ管理ツールです。これを利用してFirebase CLIをインストールすることで、やはりFirebase CLIのコマンドを実行できるようになります。

既にNode.jsがインストールされているなら、npmでインストールするのが良いでしょう。コマンドプロンプトあるいはターミナルから以下を実行すればインストールされます。

```
npm install -g firebase-tools
```

実行後、以下のコマンドを実行してFirebaseにログインして下さい。

```
firebase login
```

実行すると、Googleアカウントを選択する画面が現れます。ここで、Firebaseで使っているアカウントを選択すれば、そのアカウントでFirebaseにログインするようになります。

図7-3：Firebaseで使っているGoogleアカウントでログインする。

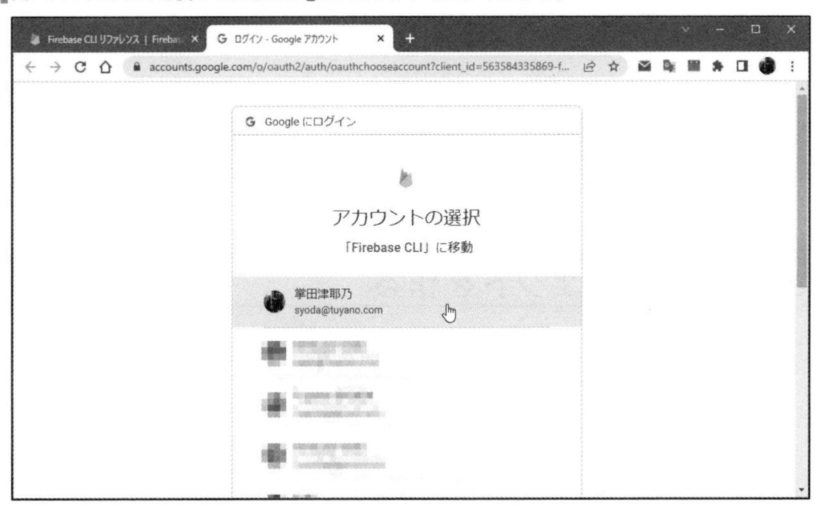

flutter コマンドで Firebase パッケージをインストールする

Flutter CLIが用意できたら、FlutterのプロジェクトにFirebase関連のパッケージとプラグインをインストールします。コマンドプロンプトまたはターミナルを起動し、Flutterプロジェクトのフォルダ内にカレントディレクトリを移動して下さい。そして以下を実行します。

```
flutter pub add firebase_core
```

これは、**firebase_core**というFirebaseのコアパッケージをインストールするものです。Firebaseを利用する際は、必ずこれをインストールします。そして、使用したいサービスについて別途プラグインを追加していきます。
　インストールが完了したら、以下のコマンドを実行して最新のバージョンにアップグレードして下さい。

```
flutter pub upgrade firebase_core
```

　これでFirebaseを利用する基本部分が用意できました。

cloud_firestoreのインストール

　コアプログラムをインストールしたら、Firebaseで使用するサービスを使うためのプラグインを用意します。ここでは例として「**Firestore**」を使うことにしましょう。Firestoreは、Firebaseに用意されているデータベースサービスです。これを利用するには、以下のコマンドを実行します。

```
flutter pub add cloud_firestore
flutter pub upgrade cloud_firestore
```

　これで最新バージョンのcloud_firestoreがインストールされ、Firestoreのサービスをプログラム内から利用できるようになります。
　Firebaseには、Firestore以外にもさまざまなサービスがあります。これらを利用するときは、そのためのプラグインをflutter pub addでインストールし、updateします。Firebaseは、このように使うサービスごとにプラグインが用意されており、必要に応じて追加していくようになっています。

Firebaseプロジェクトを作る

　では、Firebaseのプロジェクトを用意しましょう。Firebaseコンソールにアクセスし、プロジェクトを作成して下さい。「プロジェクトを追加」をクリックして下さい。
　画面にプロジェクト名を入力するフィールドが現れるので、名前を記入します。そして「自身の取引、ビジネス、仕事、……」というチェックをONにして次に進みます。
　最後にGoogleアナリティクスの設定を行います。これは使っていないならば「有効にする」をOFFにしておけばいいでしょう。「プロジェクト作成」ボタンを押せば、新しいプロジェクトが作られます。
　なお、既にプロジェクトが作成してある場合は、それを利用してもかまいません。

図7-4：「プロジェクトを追加」ボタンを押し、プロジェクト名とGoogleアナリティクスの設定をしてプロジェクトを作る。

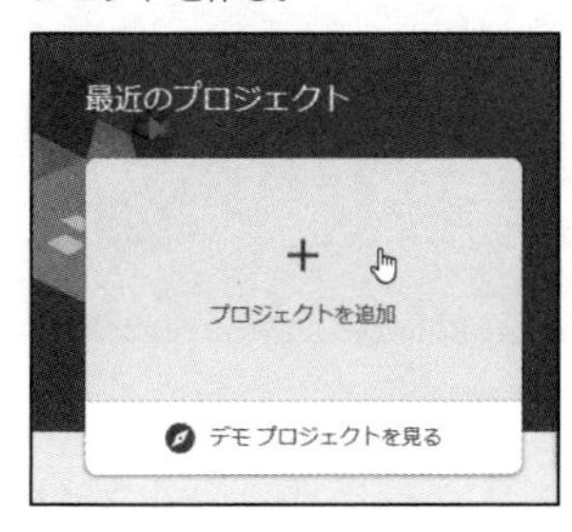

Firestoreをスタートする

今回はサンプルに「Firestore」というデータベースを利用します。Firestoreは、NoSQLのデータベースです。データベース言語であるSQLが使えないのであまり複雑なアクセスは行えませんが、シンプルな分、多量のデータに高速なアクセスが行えます。

ここでは、サンプルとしてFirestoreに簡単なデータを用意しておくことにしましょう。左側にあるメニューから「構築」内にある「Firestore Dabase」を選択するとFirestoreのページに切り替わります。ここにある「データベースの作成」ボタンをクリックして下さい。

図7-5：Firestoreの「データベースの作成」ボタンをクリックする。

画面にセキュリティ保護ルールを選択するパネルが現れます。ここでは、とりあえず「テストモードで開始する」を選んでおきましょう。これは一定期間、外部から自由にアクセスできるようにするものです。開発中はこれを選んでおけばいいでしょう。

図7-6：セキュリティ保護ルールはテストモードを選択する。

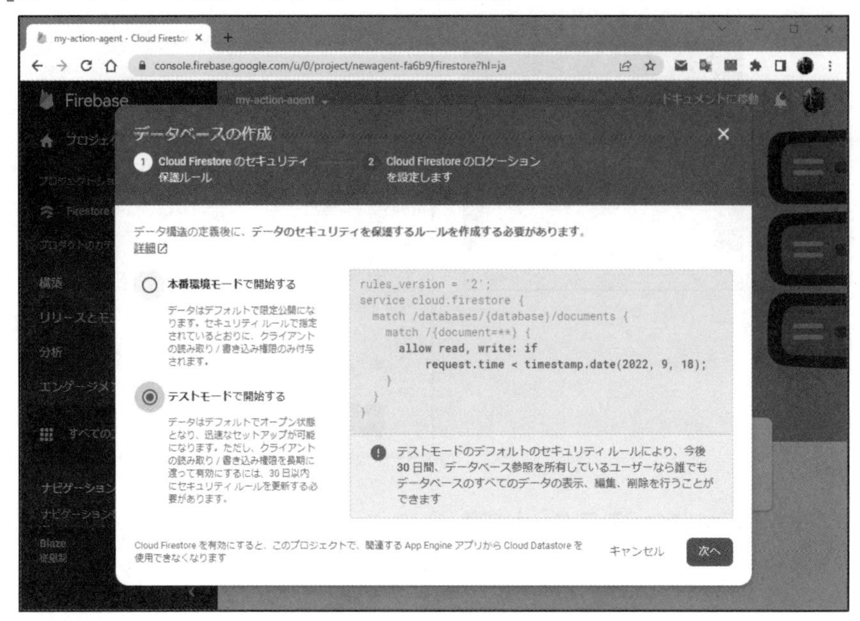

ロケーションの設定画面になります。これは、データベースをどこに配置するかを指定するものです。Googleは世界中にデータセンターを構築しており、Firebaseを利用するときにはどこにデータを保管するかを指定できます。よくわからなければデフォルトのままでいいでしょう。

そのまま「有効にする」ボタンをクリックすれば、Firestoreデータベースが使えるようになります。

図7-7：「有効にする」ボタンでデータベースを開始する。

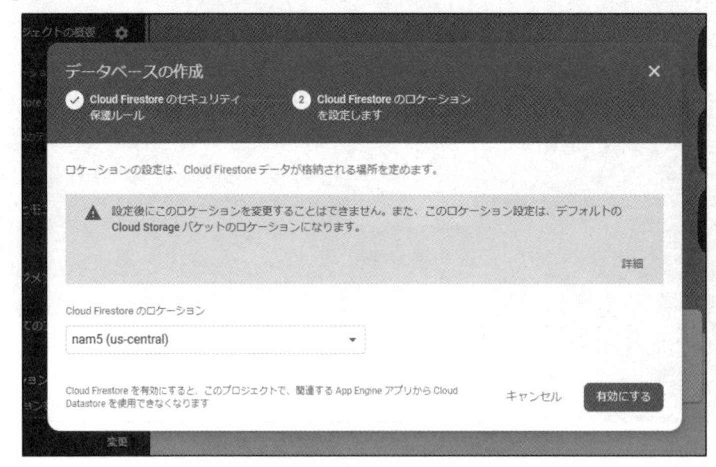

コレクションを作成する

Firestoreのデータベース編集画面に変わります。ここでは上部に「データ」「ルール」「インデックス」「使用状況」といったリンクがあり、「データ」が選択されています。これでデータの編集画面が表示されていたのですね。

その下には、コレクションと呼ばれるものを表示する欄があります。まだ何もデータがないので「コレクションを開始」というリンクだけが表示されています。このリンクをクリックし、コレクションを作成しましょう。

リンクをクリックすると、画面にコレクションの名前を入力するパネルが現れます。ここでは例として「mydata」と入力しておきましょう。

図7-8：「コレクションを開始」をクリックし、名前を「mydata」と記入する。

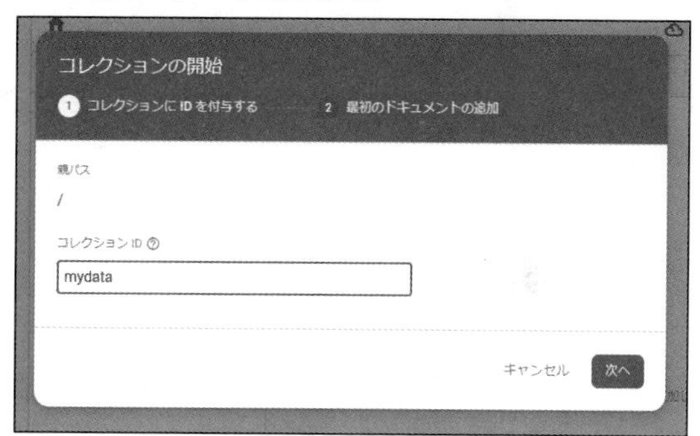

Column コレクションとドキュメント

Firestoreでは、データは「コレクション」と「ドキュメント」の2つの組み合わせで作られます。
ドキュメントというのは、さまざまな値を保管するものです。そしてコレクションは、多数のドキュメントをまとめて管理するものです。Firestoreでは、データベースはまずコレクションを作成し、その中に保存するデータをドキュメントとして追加していくのです。

ドキュメントを作成する

「次へ」ボタンで次に進むと、コレクションに保管するドキュメントを作成するパネルが現れます。

ドキュメントは、各ドキュメントの識別用IDと、そこに値を保管するフィールドで構成されます。IDの欄には「自動ID」というリンクがあるのでこれをクリックすると自動的にランダムなIDが割り当てられます。

その下のフィールド部分は、3つの項目で構成されます。「フィールド(名前)」「タイプ」「値」です。フィールドに保管する値の名前を指定し、タイプで値の種類を選び、値を入力すれば、その値がドキュメントに保管されます。

図7-9：ドキュメントを追加する画面が現れる。

では、フィールドに値を記入しましょう。例として、以下のように入力してみます。

■1つ目のフィールド

フィールド	name
タイプ	string
値	taro

これでnameフィールドに"taro"という値が保管されることになります。その下にある「フィールドを追加」をクリックすると新たにフィールドが追加されるので、同様に以下のデータを記入しましょう。

■2つ目のフィールド

フィールド	mail
タイプ	string
値	taro@yamada

■3つ目のフィールド

フィールド	age
タイプ	number
値	39

値は適当でかまいません。これで「保存」ボタンを押せば、ドキュメントがmydataコレクションに追加されます。

図7-10：3つのフィールドを作成し、name, mail, ageといった値を記述する。

パネルが消え、データの表示画面に戻ります。コレクションの欄に「mydata」が追加され、その隣のドキュメントの欄には作成したドキュメントのIDが、そしてその右側にはドキュメントに保管されているフィールドの内容が表示されます。

ドキュメントは、「ドキュメントを追加」リンクをクリックして更に追加していけます。実際にいくつかサンプルデータを追加してみましょう。ここでは、ドキュメントにはすべて「name」「mail」「age」の値を用意して下さい。ドキュメントごとに内容が異なってしまうとデータの扱いが非常に面倒になります。コレクション内に保管するドキュメントは、すべて同じフィールドを持つようにしましょう。

図7-11：作成されたコレクションとドキュメント。

Firebaseの設定を行う

Firestoreにサンプルデータが用意できたら、FlutterのプロジェクトにFirebaseの設定を行いましょう。これには、**flutterfire**というコマンドプログラムを用意する必要があります。コマンドプロンプトあるいはターミナルから以下を実行して下さい。

```
dart pub global activate flutterfire_cli
```

これでflutterfireコマンドが使えるようになります。Firebaseの設定にはこのコマンドを使います。

コマンドプロンプトまたはターミナルでカレントディレクトリをFlutterプロジェクトのフォルダ内に移動し、以下を実行して下さい。

```
flutterfire configure
```

Firebaseの設定に関する質問が表示されるので、それぞれ順に設定をしていきます。設定内容を以下に簡単にまとめておきましょう。

```
Found xxx Firebase projects.
Select a Firebase project to configure your Flutter application
with ?
```

Firebaseに用意されているプロジェクトが一覧表示されます。この中で、Flutterのアプリケーションで利用するものを選びます。上下の矢印キーで選択を移動し、Enterキーで確定して下さい。

```
Which platforms should your configuration support (use arrow keys
& space to select)?
```

どのプラットフォームの設定をサポートするかを指定します。これもプラットフォームの一覧が表示されるので、上下の矢印キーで移動し、スペースバーでチェックをON/OFFします。一通り設定できたらEnterで確定します。

これでFirebaseの設定作業を開始します。すべて完了するのに少しかかるのでしばし待ちましょう。

Column flutterfire_cliインストールにはGitが必要！

drat pubコマンドでflutterfire_cliをインストールしようとすると、'git'が認識されていないというエラーメッセージが表示された人もいるかも知れません。flutterfire_cliのインストール作業は内部でGitを利用しているため、Gitがないとエラーになります。このようなエラーが出た場合は、以下のURLにアクセスしてGitをダウンロードしインストールして下さい。

https://git-scm.com/

main.dartからFirestoreを利用する

これでFirebaseのプロジェクトと、Flutterのプロジェクトの両方の準備が整いました。後はアクセスのためのコードを記述するだけです。

では、Firestoreからmydataコレクションのデータを取得して表示する簡単なサンプルを作ってみましょう。ここまで使ってきたサンプルをそのまま利用します。まずはimport文を確認しておきましょう。

リスト7-1

```
import 'package:flutter/material.dart';
import 'dart:ui' as ui;
import 'dart:convert';
import 'dart:io';
import 'package:firebase_core/firebase_core.dart';
import 'firebase_options.dart';
import 'package:cloud_firestore/cloud_firestore.dart';
```

上の2行は、今まで何度も使ってきたものですね。そして下の3行が、FirebaseとFirestore利用のためのものです。package:firebase_coreがFirebaseのコアパッケージ、package:cloud_firestoreがFirestore利用のパッケージになります。firebase_options.dartというのは、Firebaseをプロジェクトに組み込んだ際に自動生成されたファイルで、Firebase利用のための設定情報が記述されています。

main関数を修正する

Firebaseを利用する場合、最初に実行するのはFirebaseの初期化です。これは、main関数で行っておくのが一般的です。main.dartに用意されているmain関数はこのようなものでした。

```
void main()=> runApp(MyApp());
```

この文を削除し、新たに以下のようにコードを追記して下さい。これでFirebaseの初期化が実行されるようになります。

リスト7-2

```
void main() async {
  WidgetsFlutterBinding.ensureInitialized();
  await Firebase.initializeApp(
    options: DefaultFirebaseOptions.currentPlatform,
  );
  runApp(MyApp());
}
```

最初に書かれているWidgetsFlutterBinding.ensureInitializedというものは、WidgetsFlutterBindingクラスを初期化するものです。このWidgetsFlutterBindingは、Flutterエンジンの機能をフレームワークから利用するためのものです。

通常、このような処理は必要ないのですが、runAppを実行する前に何らかの処理を行う必要がある場合、WidgetsFlutterBindingを準備して利用できるようにしておく必要があります。今回はrunAppの前にFirebaseの初期化処理をするため、この文が書かれているのです。

その後にある文がFirebaseの初期化を行うためのものです。これは以下のように実行します。

```
Firebase.initializeApp(options: 設定情報 )
```

options引数に設定情報をまとめたオブジェクトを指定して呼び出すと、その情報を元にFirebaseを初期化します。

ここでは引数に**DefaultFirebaseOptions.currentPlatform**という値を指定していますね。DefaultFirebaseOptionsは、firebase_options.dartに用意されているクラスで、currentPlatformプロパティにはアプリが実行されているプラットフォーム用の設定情報が保管されています。これをoptionsに指定することで、このアプリが動いているプラットフォームに合わせてFirebaseが初期化されるようになる、というわけです。

_MyHomePageStateからFirestoreにアクセスする

では、FirebaseのFirestoreからデータを取得し設定する処理を作りましょう。ここまで利用してきた_MyHomePageStateクラスを利用します。このクラスに、以下のメソッドを追記して下さい。

リスト7-3

```
void fire() async {
  FirebaseFirestore firestore = FirebaseFirestore.instance;
  final snapshot = await firestore.collection('mydata').get();
  var msg = '';
  snapshot.docChanges.forEach((element) {
    final name = element.doc.get('name');
    final mail = element.doc.get('mail');
    final age = element.doc.get('age');
    msg += "${name} (${age}) <${mail}>\n";
  });
  _controller.text = msg;
}
```

図7-12：fireを実行すると、Firestoreからmydataを取得し、そのデータを出力する。

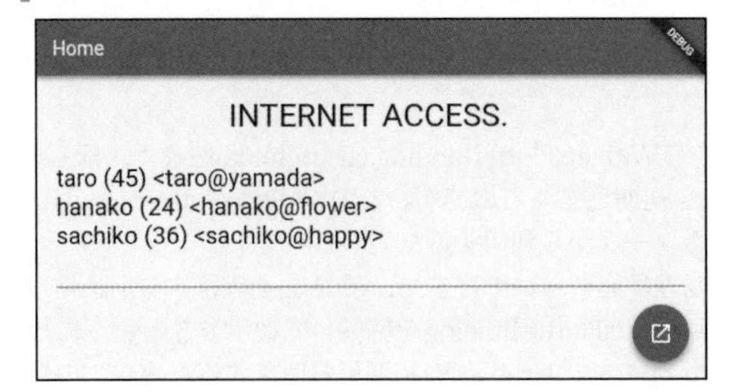

このfireメソッドを呼び出せば、Firestoreからデータを取得してTextFieldに出力します。FloatingActionButtonのonPressedを以下のように修正して下さい。

リスト7-4
```
onPressed: () {
  fire();
},
```

これでウィンドウの右下に表示されるフローティングアクションボタンをクリックすると、Firestoreからmydataを取得し表示するようになります。

（※実際に試したところ、データの取得に失敗した人もいるかも知れません。Firebaseのセキュリティ保護ルールの設定で「テストモード」にしていないとアクセスに失敗します。このあたりのセキュリティ保護ルールと認証については改めて説明をします）

FirebaseFirestore インスタンスを取得する

Firestoreの利用は、「Firestore利用の準備」「コレクションの取得」「コレクションにあるドキュメントの取得」「ドキュメントのフィールドを取得」といった形で作業を行っていきます。

まず最初に、Firestoreを利用するための準備を行います。Firestoreには、FirebaseFirestoreというクラスを使ってアクセスします。このインスタンスを用意します。

```
FirebaseFirestore firestore = FirebaseFirestore.instance;
```

instanceの値を取り出すだけです。こうして取り出したFirebaseFirestoreのメソッドを使ってデータベースにアクセスをします。

コレクションを取得する

Firestoreは、データを保管するドキュメントをコレクションにまとめて保管します。従って、まずはコレクションを取得する必要があります。それを行っているのが以下の文です。

```
final snapshot = await firestore.collection('mydata').get();
```

collectionメソッドは、引数に指定した名前のコレクションを取得するためのものです。これは非同期のメソッドです。戻り値は**CollectionReference**というクラスのインスタンスになります。

このCollectionReferenceは、コレクションの参照オブジェクトなので、これ自体にはドキュメントは保管されていません。ここからコレクションに保管されているドキュメントを取り出す必要があります。それを行っているのが「**get**」です。

このgetは「**QuerySnapshot**」というクラスのインスタンスを返します。これはスナップショットと呼ばれる現時点での更新内容を扱うオブジェクトです。この中にコレクション内のドキュメント情報が保管されています。

コレクションからドキュメントを取り出す

コレクションのドキュメント類は、QuerySnapshotの「**docChanges**」というプロパティに保管されています。この値はリストになっており、ここから値を取り出して処理をしていきます。一般に、forEachメソッドを使って繰り返し処理することが多いでしょう。

```
snapshot.docChanges.forEach((element) {……});
```

このような形ですね。引数の関数に用意されているelementに、QuerySnapshotから取り出した値が渡されます。これは「**DocumentChange**」というクラスのインスタンスになっています。この中にあるドキュメントからフィールドの値を取り出します。

ドキュメントから値を取り出す

では、forEachの繰り返し処理を行っている関数内を見てみましょう。ここでは以下のようにしてname, mail, ageの各フィールドの値を取り出しています。

```
final name = element.doc.get('name');
final mail = element.doc.get('mail');
final age = element.doc.get('age');
```

DocumentChangeのデータは、**doc**プロパティに保管されています。これは「**DocumentSnapshot**」というクラスのインスタンスになっています。ここから「get」というメソッドを使い、引数にフィールド名を指定して呼び出すとそのフィールドの値が取り出せます。

これでコレクションに保管されているドキュメントのデータが取り出せました。初出のクラスがいくつも出てきて難しく感じるでしょうが、値を取り出す基本的な手順さえ覚えてしまえばどんなコレクションのデータも同じやり方で取り出せるようになります。

7-2 検索とソート

nameでドキュメントを検索する

コレクションからすべてのドキュメントを取り出すことはできるようになりました。しかし、これだけではデータベースを活用する意味がありません。データベースを利用するからには、特定のドキュメントだけを検索して取り出すことができないと困ります。

ドキュメントの検索は、「where」というメソッドを利用します。これはCollectionReferenceにあるメソッドで、検索条件を設定したCollectionReferenceを返します。collectionでコレクションの参照を取り出す際、続けて**where**を呼び出し、そこからgetを呼び出せば、特定の条件に合うものだけを取り出すことができます。

```
《FirebaseFirestore》.collection( 名前 ).where( 名前, 条件の設定 ).get()
```

このような形ですね。whereの引数には、検索対象となるフィールドの名前と、条件の設定を用意します。

whereで使える条件

whereで指定できる条件は、「○○:値」という形の引数として記述されます。例えば、「valueが"A"のものを検索する」というような場合は、('value', isEqualTo:'A')というように引数を用意します。isEqualTo:という「指定の値を等しい」という条件の引数を用意することで、特定の値のみ取り出せるわけです。

このような条件として用意できる引数には以下のようなものがあります。

isEqualTo:値	～と等しい
isNotEqualTo:値	～と等しくない
isLessThan:値	～より小さい
isLessThanOrEqualTo:値	～と等しいか小さい
isGreaterThan:値	～より大きい
isGreaterThanOrEqualTo:値	～と等しいか大きい
arrayContains:値	リストに指定の値を含む
arrayContainsAny:[リスト]	リストに指定の値のいずれかを含む
whereIn:[リスト]	指定の値のいずれかを含む
whereNotIn:[リスト]	指定の値のいずれも含まない
isNull:真偽値	nullかどうか

これらから必要なものをwhereの引数に記述することで、検索の条件を設定できるのです。

入力した名前のドキュメントを表示する

では、簡単な利用例を挙げておきましょう。先ほどのfireメソッドを以下のように修正して下さい。

リスト7-5

```
void fire() async {
  var msg = _controller.text;
  FirebaseFirestore firestore = FirebaseFirestore.instance;
  final snapshot = await firestore.collection('mydata')
      .where('name', isEqualTo: msg).get();
  snapshot.docChanges.forEach((element) {
    final name = element.doc.get('name');
    final mail = element.doc.get('mail');
```

```
      final age = element.doc.get('age');
      msg += "\n${name} (${age}) <${mail}>";
    });
    _controller.text = msg;
  }
```

図7-13：名前を記入して実行すると、その名前のデータが表示される。

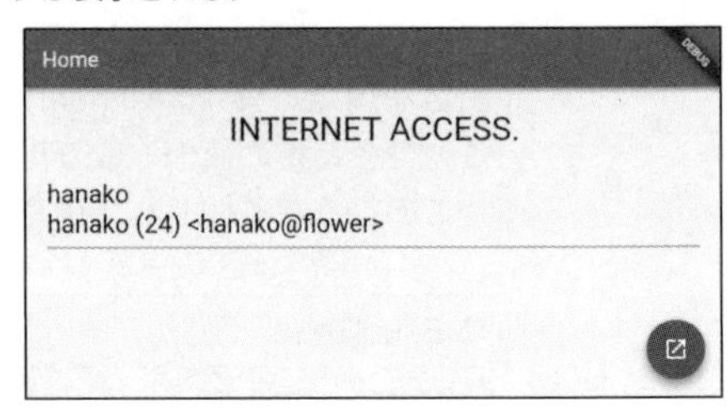

フィールドに検索したい名前を記入してfireを実行すると、nameが記入した値のドキュメントを検索し表示します。これは完全一致していないと検索できないので注意して下さい。例えばnameの値が「taro」の場合、Taroやtarouのように少しでも違っていると見つけられません。

whereによる検索条件の設定

ここでは、フィールドに記入された値をあらかじめvar msg = _controller.text;として変数msgに取り出しておき、この値を元に検索条件を設定しています。getでsnapshot変数に値を取り出している文を見ると、このようになっていますね。

```
final snapshot = await firestore.collection('mydata')
    .where('name', isEqualTo: msg).get();
```

where('name', isEqualTo: msg)とすることで、nameの値が変数msgと等しいものだけを取り出すようになります。それ以外は、基本的に先ほどのコードと同じです。whereの使い方さえわかれば、検索は簡単に行えるのですね！

「○○で始まるもの」を取り出す

whereに用意されている条件の値は、基本的に「等しいかどうか」「大きいか小さいか」といったものになります。しかし検索というのは、完全に一致したものしか取り出せないのではちょっと困りますね。

ここではちょっとしたテクニックとして「○○で始まるもの」を取り出す方法を紹介しておきましょう。例えば、「hello」と条件を指定したら「hello」も「hello!」も「hellow」も「hello everybody」も、helloで始まるすべてが取り出せる、というものです。

これは、実は検索を行うwhereは使いません。ドキュメントのソートを行う「**orderBy**」というものと、値を取り出す範囲を指定するメソッドを組み合わせることで実現しています。

では、fireメソッドを書き換えて下さい。

リスト7-6

```
void fire() async {
  var msg = _controller.text;
  FirebaseFirestore firestore = FirebaseFirestore.instance;
  final snapshot = await firestore.collection('mydata')
      .orderBy('name', descending: false)
      .startAt([msg])
      .endAt([msg + '\uf8ff'])
      .get();
  snapshot.docChanges.forEach((element) {
    final name = element.doc.get('name');
    final mail = element.doc.get('mail');
    final age = element.doc.get('age');
    msg += "\n${name} (${age}) <${mail}>";
  });
  _controller.text = msg;
}
```

図7-14：フィールドにテキストを記入しfireを実行すると、nameがその値で始まるものをすべて表示する。

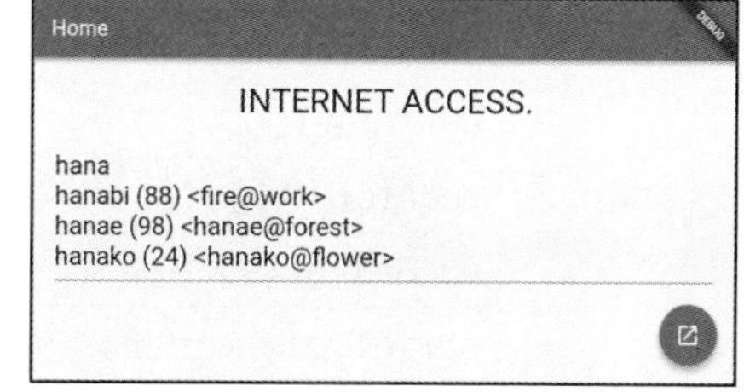

フィールドにテキストを書いてfireを呼び出すと、nameの値がそのテキストで始まるものをすべて表示します。

ここでは、snapshot変数の取得が以下のように書き換えられています。

```
final snapshot = await firestore.collection('mydata')
  .orderBy('name', descending: false)
  .startAt([msg])
  .endAt([msg + '\uf8ff'])
  .get();
```

見たことのないメソッドがいくつも呼び出されていますね。これらにより、コレクションの中身がnameの値でソートされ、その値がmsgで始まるものだけを取り出していたのです。

ソートと範囲指定

ここで使っている「**orderBy**」は、コレクションをソートするためのものです。これは以下のように実行します。

```
《CollectionReference》.orderBy( 名前 , descending:真偽値 )
```

第1引数には、ソートの基準となるフィールドの名前を指定します。"name"とすれば、nameフィールドの値を元にコレクションをソートします。

その後にあるdescending:は、ソートの方向を指定するものです。これがfalseだと昇順に、trueだと降順にデータが並べられます。

範囲指定のメソッド

その後で呼び出している**startAt**や**endAt**といったメソッドは、ソートしたコレクションから指定した範囲のドキュメントを取り出すためのものです。

orderByメソッドは、「**Query**」というクラスのインスタンスを返します。このQueryは、コレクションからドキュメントを取り出すために必要なメソッドを多数持っています。この中にある範囲指定のメソッドを呼び出すことで、コレクションから特定の部分だけを取り出せるようになります。

limit(値)	引数の数値の数だけ取り出す
startAt([リスト])	引数の値以降のものを取り出す
startAfter([リスト])	引数の値より後のものを取り出す
endAt([リスト])	引数の値以前のものを取り出す
endBefore([リスト])	引数の値より前のものを取り出す
startAtDocument(値)	引数のドキュメント以降のものを取り出す
startAfterDocument(値)	引数のドキュメントより後のものを取り出す
endAtDocument(値)	引数のドキュメント以前のものを取り出す
endBeforeDocument(値)	引数のドキュメントより前のものを取り出す

範囲指定のメソッドは大きく3つの種類に分けられます。1つは「個数で指定する」もので、limitがこれにあたります。2つ目は「リストの値を元に取り出す」もので、値より前か後かを決めて該当するものを取り出します。3つ目は「基準となるドキュメントを元に取り出す」もので、特定のドキュメントより前か後かを決めて取り出します。

なぜ「○○で始まるもの」が取り出せたのか

一通りソート関係のメソッドがわかったところで、先ほどの「○○で始まるもの」がどうなっているか見てみましょう。

.orderBy('name', descending: false)	nameを基準に昇順でソートする
.startAt([msg])	msg以降を取り出す
.endAt([msg + '\uf8ff'])	msg + '\uf8ff'以前を取り出す

ちょっとわかりにくいのは、msg + '\uf8ff'というものでしょう。'\uf8ff'というのは、ユニコードで各種文字が割り当てられている一番最後の番号(16進数)を示す値です。ここでは、msgの後に、文字の値のもっとも大きなものを付けているわけです。

こうするとどのように値が取り出されるでしょうか。例えば「taro」を入力した場合、「taro」から「taro○」までの範囲のドキュメントが取り出されます。この「taro○」の○は、テキストで使われているどの文字よりも大きな値です。つまり、「taro○」の○にどんな文字が来ても、○よりは小さいので取り出されるようになるのです。

新しいドキュメントを追加する

ドキュメントの取得はこれでだいぶできるようになりました。後は、新しいドキュメントを追加できれば、本格的にデータベースとして使えるようになりますね。

ドキュメントの追加は、コレクションの参照であるCollectionReferenceの「**add**」メソッドで行えます。

```
《CollectionReference》.add( オブジェクト );
```

このように呼び出すことで、そのコレクションにオブジェクトのデータをドキュメントとして追加します。

問題は、addの引数に用意するオブジェクトでしょう。これは、マップを使ってフィールド名と値を用意するのが基本です。これにより、マップに用意された値をすべてドキュメントとしてまとめたものがコレクションに追加されます。

また、既にあるドキュメントに値を再設定したい場合には、docメソッドでドキュメントの詐称を取得し、それに「**set**」で値を再設定します。

```
《CollectionReference》.doc( ID ).set( オブジェクト );
```

docは、引数に指定したIDのドキュメント参照であるDocumentReferenceインスタンスを返します。その「set」メソッドを呼び出すことで、そのドキュメントの中身を変更できます。

この2つについて覚えておけば、新しいドキュメントの追加と既にあるドキュメントの更新が行えるようになるでしょう。

mydataにドキュメントを追加する

では、実際にドキュメントを追加する処理を作成してみましょう。今回も、_MyHomePageStateクラスにメソッドを追加して作成することにします。以下のメソッドを追記して下さい。

リスト7-7

```
@override
void initState() {
  super.initState();
  fire();
}

void addDoc() async {
  var msg = _controller.text;
  final input = msg.split(',');
  final data = {
    'name': input[0],
    'mail': input[1],
    'age': input[2]
  };
  FirebaseFirestore firestore = FirebaseFirestore.instance;
  final snapshot = await firestore.collection('mydata')
    .add(data);
  fire();
}

void fire() async {
  var msg = '';
  FirebaseFirestore firestore = FirebaseFirestore.instance;
  final snapshot = await firestore.collection('mydata')
      .orderBy('name', descending: false).get();
  snapshot.docChanges.forEach((element) {
    final name = element.doc.get('name');
    final mail = element.doc.get('mail');
    final age = element.doc.get('age');
    msg += "\n${name} (${age}) <${mail}>";
  });
  _controller.text = msg;
}
```

図7-15：name,mail,ageを記入しaddDocを実行すると新しいドキュメントが追加される。

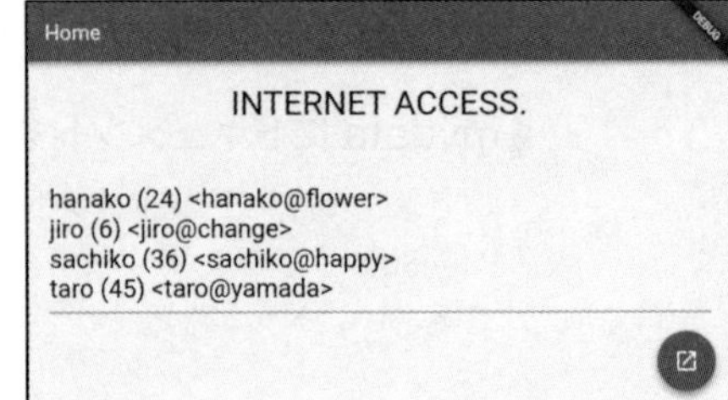

addDocがドキュメントの追加を行っているメソッドです。フローティングアクションボタンをクリックしたら、このaddDocが実行されるようにしておくと良いでしょう。

今回のサンプルでは、フィールドにname,mail,ageの3つの値をカンマで区切って記述し、addDocを実行します。これでフィールドのテキストを3つに分割し、それぞれを値として持つドキュメントを作成します。

処理の流れを整理する

では、どのように追加を行っているのか、addDocを見てみましょう。まず、_controller.textから値を取り出し、それをカンマで分割したリストを作成します。

```
var msg = _controller.text;
final input = msg.split(',');
```

これでinputにリストが代入されました。後はこの値を使ってドキュメントに保管する値を作成します。

```
final data = {
  'name': input[0],
  'mail': input[1],
  'age': input[2]
};
```

これでマップができました。後はこのdataをコレクションに追加するだけです。

```
  FirebaseFirestore firestore = FirebaseFirestore.instance;
  final snapshot = await firestore.collection('mydata')
    .add(data);
```

これでデータが保存できました。最後にfireを呼び出して表示を更新しておくと、追加したデータが確認できます。「コレクションにドキュメントを追加する」という基本さえ覚えておけば、ドキュメントの作成は比較的簡単なのです。

7-3 Authenticationによるユーザー認証

セキュリティ保護ルールについて

ドキュメントの作成を行ったとき、中には「Firebaseでエラーが起きて保存できなかった」という人もいたことでしょう。

これは、おそらくセキュリティ保護ルールが原因です。Firestoreにはセキュリティのためのルールが用意されており、これにより外部からのアクセスを制限することができるようになっています。

このセキュリティ保護ルールは、Firestoreページの上部にある「ルール」をクリックすると表示されます。おそらく、以下のような内容が書かれているでしょう。

リスト7-8

```
rules_version = '2';
service cloud.firestore {
  match /databases/{database}/documents {
    match /{document=**} {
      allow read, write: if
          request.time < timestamp.date(……);
    }
  }
}
```

これは、いくつかの設定が入れ子状態になっています。いずれも○○{……}といった形になっており、{}部分に設定内容が記述されます。簡単に説明をしておきましょう。

■Firestoreの設定

```
service cloud.firestore {
  ……内容……
}
```

■データベースの設定

```
match /databases/{database}/documents {
  ……内容……
}
```

■ドキュメントの設定

```
match /{document=**} {
  ……内容……
}
```

わかりやすくいえば、一番内側にある{}の部分にドキュメントの設定を記述しておけばいい、というわけです。デフォルトで書かれている内容は以下のようなものでしょう。

```
allow read, write: if
    request.time < timestamp.date(……);
```

アクセス設定は、「allow read, write: if ○○」という形で書かれます。readとwriteを別々に記述することもできます。そしてifの後に真偽値の文を記述し、この値がtrueならば許可され、falseならば却下されるようになっています。

read,writeの設定について

デフォルトは、request.timeがtimestamp.date(……)の値より小さいかチェックしています。request.timeはアクセス時の日時、timestamp.date(……)はアクセスの期限となる日時の値です。これにより、timestamp.date(……)で指定した日時より前なら許可され、それを過ぎると却下されるようになります。

これはFirestoreを開始する際、テストモードを選択しておくと設定される内容です。本番モードでは、以下のような値が設定されています。

```
allow read, write: if false;
```

これは、常にfalseになる(すなわち、常に読み書きできない)設定です。こうすることで外部から一切アクセスできなくなります。逆に、どこからでも自由にアクセスできるようにするには以下のように設定します。

```
allow read, write: if true;
```

ただし、このようにするとどこからでもアクセスが可能になるため、データの流出や予想しなかったデータの書き換えなどが起こる可能性があります。またFirebaseのサービスはアクセス数が増加すると料金が発生するため、気がついたら高額な請求がされていた、などといったことも起こりかねません。

認証されたユーザーを許可する

では、どのように設定しておくのがベストなのか。これにはいくつか考え方がありますが、もっとも一般的な解は「認証されたユーザーのみ許可する」というものでしょう。

Firebaseにはユーザー認証のための機能があります。これを利用し、登録されたユーザーでログインしている人のみアクセスを許可するのです。こうすれば、ユーザー登録された人だけがアクセスできるようになります。

では、match /{document=**} {……}の部分を以下のように書き換えてみて下さい。

```
allow read, write: if request.auth != null &&
  request.auth.uid != null;
```

修正後、上部の「公開」ボタンをクリックすれば、ルールが更新されます。公開して数分後には新しいルールが適用されるようになります。

図7-16：ルールを書き換え、「公開」ボタンをクリックする。

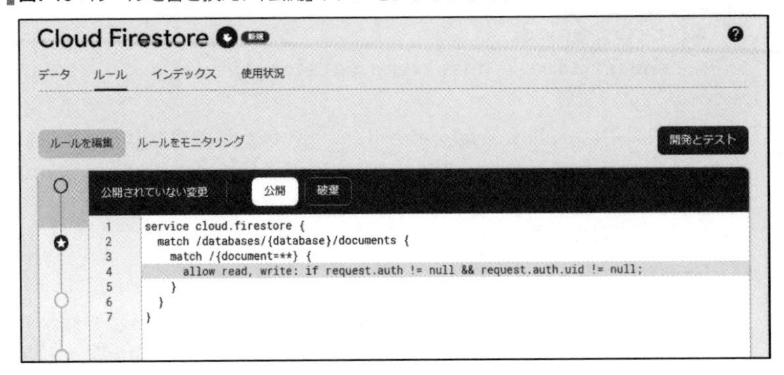

request.auth について

ここでは、ifの部分に以下のような条件を設定しています。

```
request.auth != null && request.auth.uid != nul
```

「request.authがnullではない」「request.auth.uidがnullではない」をチェックし、これらがいずれも成立すればアクセスが許可されるようになっているのです。

requestは、クライアントからのアクセス情報を管理する値です。そしてauthは認証情報を管理する値です。Firebaseのユーザー認証を使ってログインしていると、このrequest.authにその情報が設定されます。ログインしていない場合は値が設定されていないためnullになります。

またrequest.auth.uidは各クライアントに割り当てられるID値です。登録されたユーザーとして正しくログインできていれば、このuidに値が設定されており、nullにはならない、というわけです。

Authenticationによるユーザー認証

では、Firebaseによるユーザー認証を利用してみましょう。ユーザー認証は、Fibaseコンソールの左側にあるリストから「構築」内にある「**Authentication**」を選択すると表示が切り替わります。

図7-17：「構築」から「Authentication」を選ぶとユーザー認証の設定画面になる。

Authenticationでは、さまざまなサインイン方式をサポートしています。初期状態では、画面に「ログイン方法を設定」というボタンが表示されているでしょう。これをクリックすると、上部に見える「sign-in method」というリンクに表示が切り替わります。

これは、「**ログインプロバイダ**」と呼ばれるものを設定するものです。ログインプロバイダとはログインのためのロジックを提供するもので、デフォルトでは「メール/パスワード」「Google」の2つのプロバイダが用意されています。これらは、それぞれ「メールとパスワードによるログイン」「Googleアカウントによるログイン」を行うためのものです。

これ以外にもFirebaseには多数のログインプロバイダが用意されています。それらは、「新しいプロバイダを追加」ボタンで追加することができます。

図7-18：「sign-in method」ページではログインプロバイダのリストが表示される。

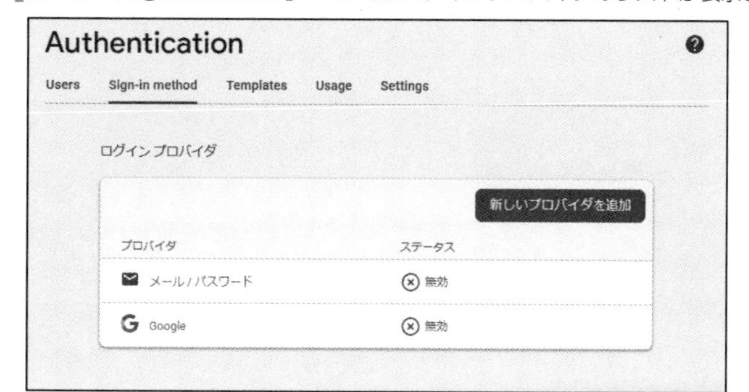

Google ログインプロバイダを使う

ここでは、もっとも簡単に利用できるログインプロバイダとして「Google」を利用してみましょう。これは、Googleアカウントによるソーシャル認証のためのログインプロバイダです。

プロバイダのリストに表示されている「Google」の「ステータス」の値(「無効」と表示されています)をクリックして下さい。Googleのログインプロバイダを利用するためのパネルが現れます。ここにある「有効にする」をクリックしてONにして下さい。

図7-19：Googleログインプロバイダの設定。「有効にする」をONにする。

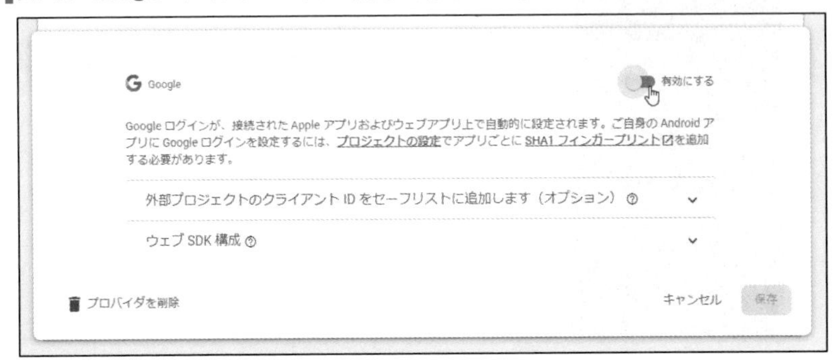

パネルに必要な設定項目が現れます。「プロジェクトの公開名」にはプロジェクトの名前が設定されます。これはデフォルトのままでいいでしょう。「プロジェクトのサポートメール」には、サポートメールのメールアドレスを指定します。クリックすると、Firebaseで利用しているアカウントのメールアドレスが表示されるので、これを選んでおきましょう。

これらを設定したら「保存」ボタンをクリックします。

図7-20：プロジェクトの公開名とサポートメールのメールアドレスを指定する。

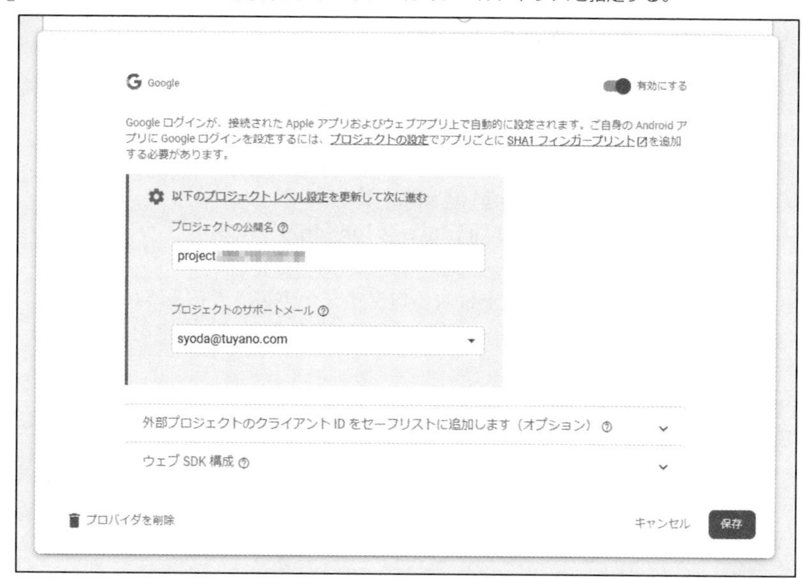

パネルが閉じられ、ログインプロバイダのリスト画面に戻ります。「Google」のステータスが「有効」に変わっているのが確認できるでしょう。これでGoogleアカウントによる認証が使えるようになりました。

図7-21：「Google」のステータスが「有効」に変わった。

ログインプロバイダ

新しいプロバイダを追加

プロバイダ	ステータス
メール / パスワード	無効
Google	有効

Firebase Authをインストールする

では、FlutterのプロジェクトにFirebaseのAuthenticationを利用するためのプラグインを用意しましょう。

まず必要になるのは「**Firebase Auth**」です。これがAuthenticationを利用するための基本のプラグインになります。コマンドプロンプトまたはターミナルから以下を実行して下さい。

```
flutter pub add firebase_auth
flutter pub upgrade firebase_auth
```

続いて、Googleログインプロバイダを利用するためのプラグインを追加します。以下のコマンドを実行しましょう。

```
flutter pub add google_sign_in
flutter pub upgrade google_sign_in
```

これでGoogleアカウントによるログインが実装できるようになりました。インストールが完了したら、再度「flutterfire configure」を実行し、設定を更新して下さい。

Google CloudでOAuthを用意する

スマートフォンやPCのアプリの場合は、このままコード作成に進めますが、Webアプリの場合には更に作業が必要になります。それは、「**OAuth**」の設定です。OAuthは、Webにおける各種権限の認証に用いられる技術で、あらかじめクライアントIDとシークレットキーの2つのキーを使って安全な接続を確立します。

OAuthの設定は、**Google Cloud**で行います。Google Cloudは、Googleのクラウドサービスで、Googleアカウントがあれば誰でも利用できます。以下にアクセスして下さい。

https://console.cloud.google.com/apis/credentials

上部の「Google Cloud」の右側にあるプロジェクト名をクリックし、Firebaseのプロジェクトを選択して下さい。そして画面左側に表示されているリストから「認証情報」という項目を選択します。ここで各種認証に関する設定を作成します。

（なお、ここでのOAuthの設定は、あらかじめ「同意画面」を用意する必要があります。ページにある「同意画面を構成」ボタンをクリックし、必要な情報を入力して同意画面を設定しておいて下さい）

図7-22：Google Cloudの認証情報画面。

OAuthを作成する

上部に見える「CREATE CREDENTIALS」リンクをクリックすると、リストがプルダウンして現れます。ここから「OAuthクライアントID」という項目を選びます。

図7-23：「OAuthクライアントID」をクリックする。

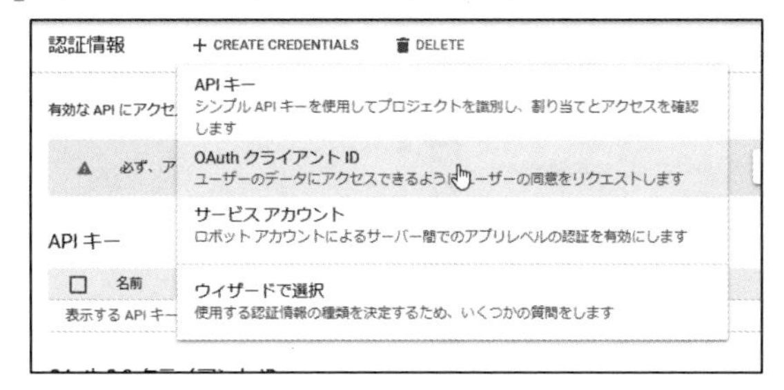

画面に「OAuthクライアントIDの作成」という表示が現れます。ここで必要な情報を入力します。

アプリケーションの種類	「ウェブアプリケーション」を選ぶ
名前	わかりやすい名前を適当に入力

その他の項目は、とりあえず未入力でかまいません。そして「作成」ボタンをクリックすれば、OAuthの設定が作成されます。

図7-24：アプリケーションの種類と名前を入力し、作成する。

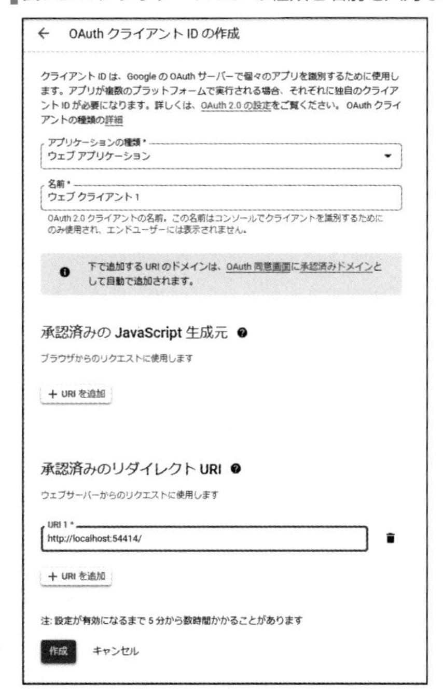

クライアントIDとクライアントシークレット

作成すると、画面に「OAuthクライアントを作成しました」というパネルが現れます。ここに、**クライアントID**と**クライアントシークレット**という値が表示されます。これらの値をどこかに保管しておいて下さい。

図7-25：クライアントIDとクライアントシークレットが表示される。

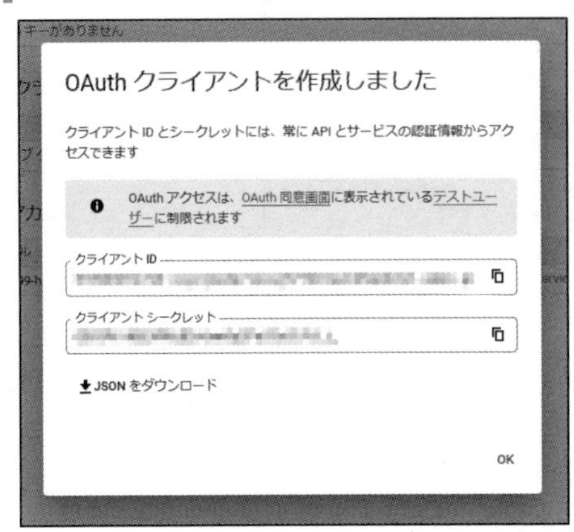

AuthenticationによるGoogle認証を行う

では、実際にユーザー認証を使ってみましょう。まずはmain.dartの冒頭に以下のimport文を追記しておきます。

リスト7-9

```
import 'package:firebase_auth/firebase_auth.dart';
import 'package:google_sign_in/google_sign_in.dart';
```

1行目がFirebase Authのパッケージ、2行目がGoogle Sign-inのパッケージです。今回はGoogleアカウントによる認証を使うのでこの2行を用意しておきます。

Googleによる認証処理

では、Googleによる認証処理を作成しましょう。Firebase Authは、特に初期化処理などは必要ありません。Firebase.initializeAppで初期化をする際、Firebase Authも初期化されるので別途処理などを追記する必要はありません。

では、Googleアカウントによるログインを行う処理を_MyHomePageStateクラスに用意しましょう。以下のメソッドを_MyHomePageStateクラス内に追加して下さい。

リスト7-10

```
Future<UserCredential> signInWithGoogle() async {
  final GoogleSignInAccount?
    googleUser = await GoogleSignIn().signIn();
  final GoogleSignInAuthentication?
```

```
    googleAuth = await googleUser?.authentication;
  final credential = GoogleAuthProvider.credential(
    accessToken: googleAuth?.accessToken,
    idToken: googleAuth?.idToken,
  );
  return await FirebaseAuth.instance
      .signInWithCredential(credential);
}
```

このsignInWithGoogleメソッドが、Googleアカウントによるログインを行うためのものです。かなり複雑そうに見えるかも知れませんが、使われているクラスやプロパティなどの名前がわかりにくいのでそう見えるだけです。行っている処理自体は比較的シンプルです。簡単にまとめておきましょう。

■Googleアカウントでサインインする

```
final GoogleSignInAccount? googleUser = await GoogleSignIn()
  .signIn();
```

Googleアカウントによるサインインは、**GoogleSignIn**インスタンスの「**signIn**」メソッドを呼び出すだけです。これにより、画面にGoogleアカウントのログインウィンドウが開かれ、ログイン処理を行います。戻り値は、サインインしたGoogleのアカウント情報を表す**GoogleSignInAccount**というクラスのインスタンスになります。

■Googleの認証情報を得る

```
final GoogleSignInAuthentication? googleAuth = await googleUser?
  .authentication;
```

GoogleSignInAccountから「**authentication**」の値を取り出します。これは**GoogleSignIn Authentication**というクラスのインスタンスで、サインインした認証情報を管理します。

■OAuthCredentialの作成

```
final credential = GoogleAuthProvider.credential(
  accessToken: googleAuth?.accessToken,
  idToken: googleAuth?.idToken,
);
```

サインインによって生成された資格情報を取り出します。これは**GoogleAuthProvider**クラスの「**credential**」メソッドを使います。引数にアクセストークンとIDのトークンをそれぞれ指定して呼び出し、OAuthCredentialインスタンスを作成します。

■Firebaseサインインの認証情報を返す

```
return await FirebaseAuth.instance.
  signInWithCredential(credential);
```

FirebaseAuth.instanceで、**FirebaseAuth**インスタンスが得られます。その「**signInWithCredential**」メソッドで、FirebaseのAuthenticationによる認証情報が得られます。これは「**UserCredential**」というクラスのインスタンスで、ここからサインインしているユーザーのアカウントなどの情報を得ることができます。

signInWithGoogleを利用する

これでGoogleアカウントを使ってFirebaseのAuthenticationでサインインできるようになりました。では、作成したsignInWithGoogleメソッドを呼び出してサインインする処理を作りましょう。以下のメソッドを_MyHomePageStateクラスに追記します。

リスト7-11

```
void doSignin() {
  signInWithGoogle().then((value) {
    if (value.user != null) {
      fire();
    }
  });
}
```

signInWithGoogleを呼び出してGoogleアカウントによるサインインを行い、サインインしたユーザーの認証情報であるUserCredentialを取り出します。signInWithGoogleは非同期なので、ここではthenの引数にある関数から結果を得るようにしています。

signInWithGoogleの戻り値で返されるUserCredentialでは、「user」というプロパティにサインインしているユーザーの情報が保管されます。ここではvalue.userの値がnullではない(つまり、正常にサインインしている)場合は、先に作成しておいたfireメソッドを呼び出してFirestoreからデータを取り出すようにしています。

これでサインインの処理ができました。後は、必要に応じてdoSigninメソッドを呼び出せばいいだけです。例えばフローティングアクションボタンをクリックしたときにこれを実行したいならば、ScaffoldのfloatingActionButtonの値を以下のように修正すればいいでしょう。

リスト7-12

```
floatingActionButton: FloatingActionButton(
  child: Icon(Icons.open_in_new),
  onPressed: () {
    doSignin();
  },
),
```

これでボタンをクリックしたらGoogleによるサインインを実行し、問題なくサインインされたらmydataのデータが表示されるようになります。

Webアプリの場合

Webアプリを作成している場合、注意したいのは「OAuthをWebアプリで利用するためには設定を用意する必要がある」という点です。これには2つの作業が必要です。

まず、Google Cloud側の作業です。「認証情報」画面で、作成したOAuth認証情報をクリックして開きます。そして「承認済みのJavaScript生成元」のところにURLを登録します。例えば、ローカル環境でポート番号5000で実行するならば、「http://localhost:5000」というURLを追加し保存しておきます。

図7-26：認証情報の「承認済みのJavaScript生成元」にlocalhostのURLを追加する。

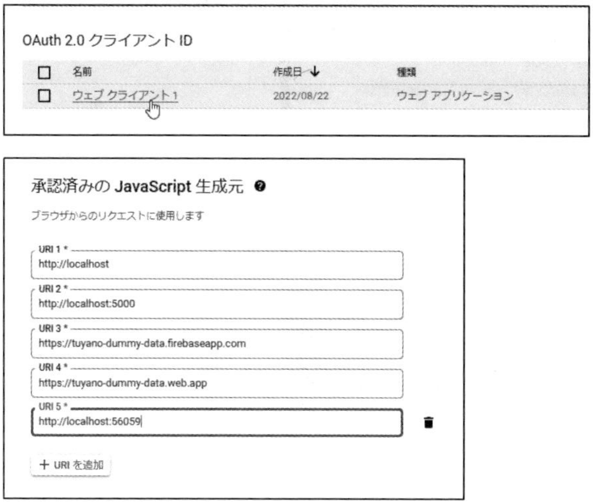

続いて、Webアプリ側に<meta>タグを追加します。Flutterプロジェクトの「web」フォルダ内に「index.html」というファイルが用意されています。これがWebアプリのHTMLファイルになります。

このファイルを開き、<head>内に以下のタグを追記して下さい。

リスト7-13

```
<meta name="google-signin-client_id" content="クライアントID">
```

contentの値には、それぞれOAuthを作成した際に表示されたクライアントIDを指定します。これは通常「ランダムなテキスト.apps.googleusercontent.com」といった形になっています。

これでクライアントIDと承認済みのURLが用意できました。後はアプリを実行する際にポート番号を指定して起動するだけです。コマンドプロンプトあるいはターミナルでFlutterプロジェクト内に移動し、以下のように実行しましょう。

```
flutter run -d chrome --web-hostname localhost --web-port ポート番号
```

--web-portのポート番号には、Google Cloudの認証情報でOAuthの「承認済みの

JavaScript生成元」に登録したURLのポート番号を指定して下さい。

動作を確認しよう

これでGoogleアカウントによる認証処理ができました。実際にアプリケーションを実行し、動作を確認しましょう。画面に表示されるフローティングアクションボタンをクリックすると、画面にGoogleアカウントとパスワードを入力するウィンドウが現れます。

図7-27：Googleアカウントとパスワードを入力する。

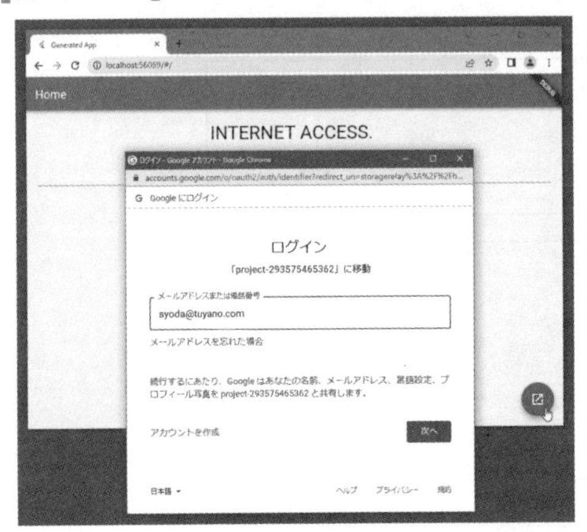

アカウントのメールアドレスとパスワードを正しく入力すれば、サインインが完了し、mydataのデータが表示されるようになります。先にFirestoreのセキュリティ保護ルールを「サインインしているユーザーのみ許可」に変更しておきました。Googleアカウントでサインすれば、ちゃんとFirestoreにアクセスしてデータを取り出せることがこれでわかります。

図7-28：サインインできるとmydataのデータが表示される。

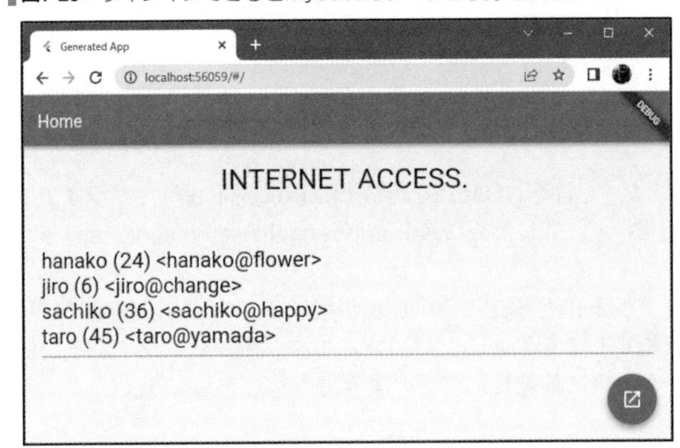

メールとパスワードによる認証

Googleアカウントによる認証は、ユーザーの管理などをすべてGoogleにまかせておけるため、ユーザー管理などに気を使う必要がありません。サインインしたユーザーは、FirebaseのAuthにある「Users」のところに表示されるようになっているので、ここからGoogleアカウントを確認すれば、サインインしたユーザーが誰かわかります。

しかし、「こちらで許可したユーザーだけしか使えないようにしたい」というような場合は、ソーシャル認証は不向きです。Google認証は、Googleアカウントでサインインすれば自動的に認証されるので、「特定の人以外はサインインできない」というようなことができません。

このような場合は「メール/パスワード」による認証を使うのが良いでしょう。FirebaseのAuthenticationには、デフォルトで「メール/パスワード」というログインプロバイダが用意されています。「Sign-in method」からこれをクリックして設定を開き、「有効にする」をONにすれば、メールアドレスとパスワードによるサインインが行えるようになります。

図7-29：ログインプロバイダの「メール/パスワード」をクリックし、開いたパネルで「有効にする」をONにする。

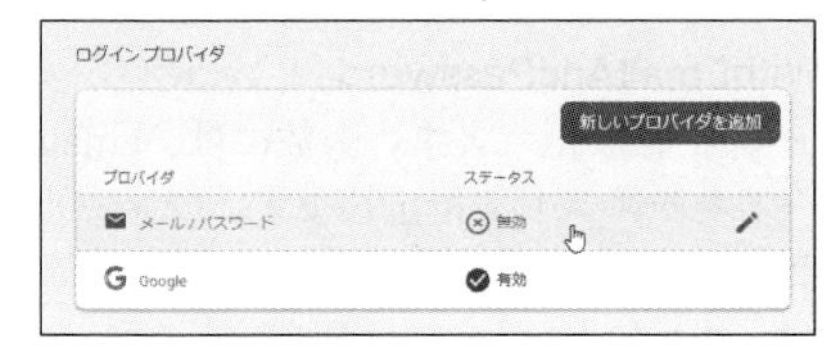

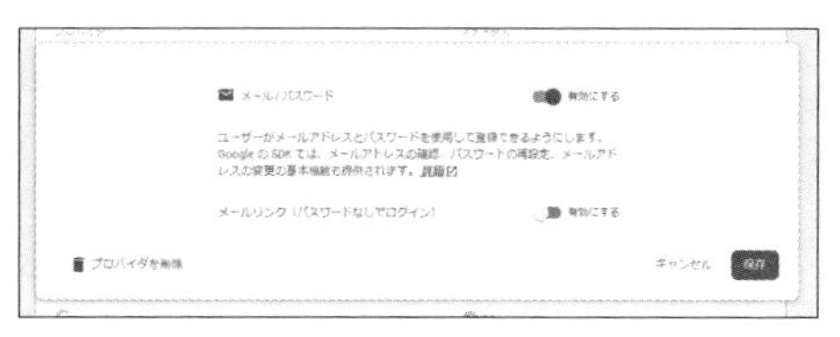

ユーザーの登録

メールとパスワードでは、あらかじめユーザーを登録しておくことができます。Authenticationの「Users」リンクをクリックして表示を切り替えて下さい。これは、登録されたユーザーの管理画面です。ここにある「ユーザーを追加」ボタンをクリックし、現れたパネルで登録するユーザーのメールアドレスとパスワードを入力し「ユーザーを追加」ボタンを押せば、ユーザーが保存されます。

図7-30：メールアドレスとパスワードを入力してユーザーを登録する。

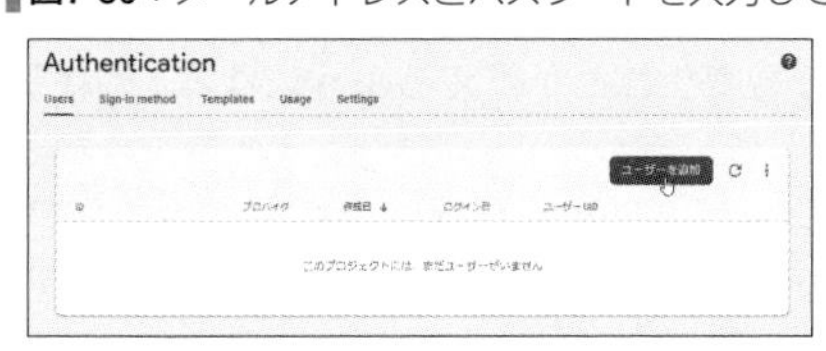

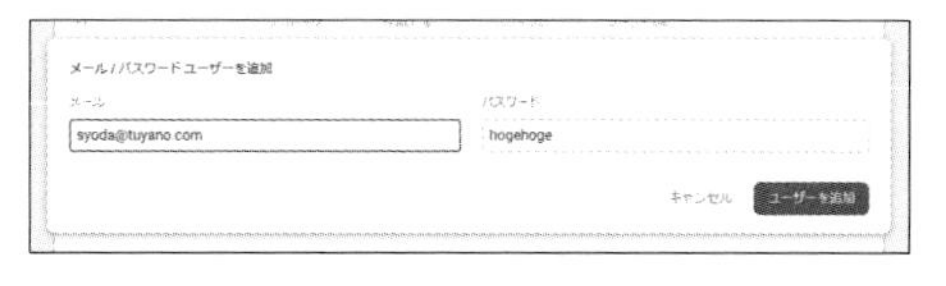

ユーザー/パスワードによるサインイン

メールとパスワードによるサインインは、Googleアカウントによるサインインよりもかなりシンプルです。ではサインインの基本処理を以下にまとめておきましょう。

リスト7-14

```
void signInWithMail() async {
  try {
    final credential = await FirebaseAuth.instance
        .signInWithEmailAndPassword(
      email: メールアドレス
      password: パスワード
    );
  } on FirebaseAuthException catch (e) {
    print(e.message);
  }
}
```

FirebaseAuth.instanceの「**signInWithEmailAndPassword**」というメソッドを呼び出せば、メールとパスワードによるサインインが行えます。引数には、emailとpasswordにそれぞれメールアドレスとパスワードをテキストで指定します。フィールドなどを用意してこれらの値を入力してもらうようにすればいいでしょう。

これでサインできれば、UserCredentialインスタンスが得られるので、これがnullでなければサインできたと判断できます。またサインイン時に例外が発生した場合は、その後のon FirebaseAuthException catchで例外を捕捉し処理できます。

Firebaseでサーバーレスを促進！

とりあえず、これで「サインインしてデータベースを利用する」というFirebaseのもっとも基本的なアクセスができるようになりました。Firebaseには、この他にもさまざまな機能があります。例えばファイルを保存しておくストレージや、サーバー側にプログラムによる処理を設置できるファンクション機能などは、使えるようになると非常に便利です。なにより「サーバーなしで高度なことが行えるようになる」ということが実感できるでしょう。

Firebaseを使いこなせるようになれば、Flutterだけでなく、一般的なアプリやWebの開発にも大きな力となります。Flutterが一通り使えるようになったら、Firebaseについてもぜひ本格的に学んでみて下さい。

Chapter 8

Flutter Casual Game Toolkit

Flutterには、ゲームを作成するためのツールキットが用意されています。それが「Flutter Casual Game Toolkit」です。このツールキットに用意されている「Flame」というフレームワークを使い、ゲーム作成の基本を学んでいきましょう。

8-1 flameコンポーネントの基礎

ゲーム開発とFlutter Casual Game Toolkit

ここまでアプリ開発に必要となるさまざまな機能について説明をしてきました。一般的なUI(ボタンやフィールドなど)をベースとするアプリならば、既にいろいろなものが作れるようになっていることでしょう。

しかしアプリの中には、ここまで学んだ技術が全く通用しないものもあります。それは「ゲーム」です。

ゲームでは、ボタンやフィールドなどの一般的なUIはほとんど使われません。代わりに、グラフィックを駆使した画面が作成されます。ここまでの説明でグラフィックについても説明はしていますが、ゲームのグラフィックはただ表示するだけでなく、1つ1つのキャラクタにさまざまな性質が用意され、それらが自由に動き回り、衝突し、変化するようなものが要求されます。図形やイメージを画面に表示する機能だけでは、こうした高度な表現を実現するのはかなり大変です。

そこで、Flutterを開発するGoogleは、ゲーム開発のための専用ツールキットの導入を発表しました。「**Flutter Casual Game Toolkit**」と呼ばれるもので、ゲーム開発に特化したツールキットを使うことでゲーム開発をスムーズに行えるようにしよう、ということなのでしょう。

このFlutter Casual Game Toolkitは以下のアドレスで公開されています。

https://flutter.dev/games

図8-1：Flutter Casual Game Toolkitのページ。ここで基本的な情報を得られる。

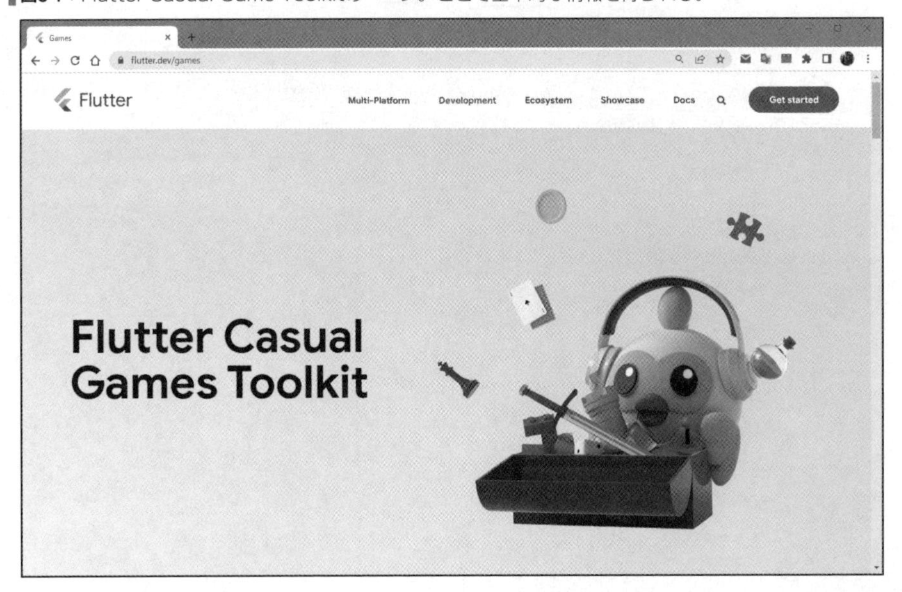

Flameフレームワークについて

このFlutter Casual Game Toolkitは、そういう名前の専用パッケージが用意されているわけではありません。これはゲーム開発に特化した各種のリソースをまとめたものです。この中には既に以前からリリースされているパッケージもありますし、新たに追加されたものもあります。つまり「ゲーム開発をするなら、これらを使おう」というリソースをまとめて提供するものなのですね。

この中で、アーケード型ゲームの開発用フレームワークとして使われているのが「**Flame**」というゲームエンジンです。ゲーム開発を考えるなら、まずはFlameの使い方から学び始めるとよいでしょう。

Flameは、以下のアドレスで公開されています。詳しいドキュメントなどもここに用意されています。2022年10月現在、1.4というバージョンが最新版として公開されています。本書もこのバージョンをベースに説明をしていきます。

https://docs.flame-engine.org/

図8-2：Flameゲームエンジンのサイト。詳しいドキュメントも用意されている。

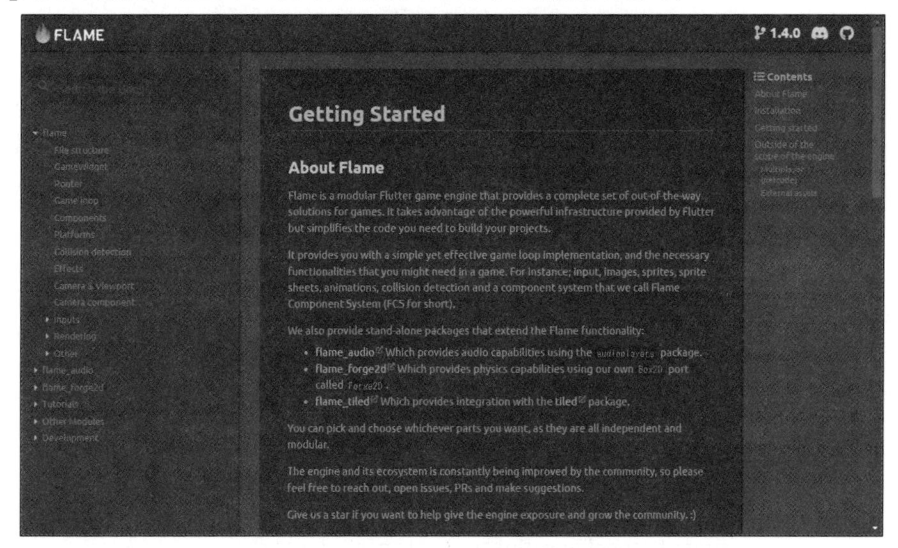

Flameを使おう

では、実際にFlameを利用してみましょう。Flameは、flutterのパッケージを管理するpubコマンドでインストールできます。コマンドプロンプトまたはターミナルでFlutterプロジェクトのフォルダに移動し、以下を実行してください。

```
flutter pub add flame
flutter pub upgrade flame
```

これでflameパッケージがインストールされます。後は、flameを利用したコードを書くだけです。使い方は意外とシンプルなのです。

FlameGameクラスとGameWidget

Flameのゲーム画面は、「**FlameGame**」というクラスとして作成をします。これは、ゲームの表示に特化したクラスです。このクラスは以下のように作成します。

```
class クラス名 extends FlameGame {
  ……内容……
}
```

FlameGameを継承するだけです。この中に、ゲームの表示内容を作成していきます。

ただし、このFlameGameは、UIコンポーネントではありません。従って、FlutterのUIコンポーネント内に組み込む場合は、そのための専用ウィジェットを使う必要があります。それが「**GameWidget**」です。

これは、以下のようにして作成をします。

```
GameWidget(game:《FlameGame》)
```

「game」という引数に、FlameGameを指定します。これにより、ウィジェットとしてUIコンポーネント内に組み込んで表示させることができるようになります。

FlameGameとGameWidget。この2つがFlameのもっとも基本となるものです。

ゲーム画面を表示する

では、実際にFlameGameを利用してゲーム画面を作成し、表示してみましょう。といっても、まだ複雑な表示は作れませんから、とりあえず「円を1つ表示する」というシンプルなものを作ってみます。

main.dartの内容を以下に書き換えてください。

リスト8-1

```
import 'package:flame/game.dart';
import 'package:flutter/material.dart';

void main() => runApp(MyApp());

class MyApp extends StatelessWidget {

  @override
  Widget build(BuildContext context) {
    return MaterialApp(
      title: 'Generated App',
      theme: ThemeData(
        primarySwatch: Colors.blue,
```

```
        primaryColor: const Color(0xff2196f3),
        canvasColor: const Color(0xfffafafa),
      ),
      home: MyHomePage(),
    );
  }
}

class MyHomePage extends StatefulWidget {
  MyHomePage({Key? key}) : super(key: key);
  @override
  _MyHomePageState createState() => _MyHomePageState();
}

class _MyHomePageState extends State<MyHomePage> {

  @override
  Widget build(BuildContext context) {
    return Scaffold(

        appBar: AppBar(
          title: Text('My App'),
        ),

        body: GameWidget(game: SampleGame())
    );
  }

}

class SampleGame extends FlameGame {
  late final paint;

  @override
  Future<void> onLoad() async {
    await super.onLoad();
    paint = Paint();
    paint.color = Colors.blue;
  }

  @override
  void render(Canvas canvas) {
    super.render(canvas);
    final rect = Rect.fromLTWH(100, 100, 100, 100);
```

```
    canvas.drawOval(rect, paint);
  }
}
```

図8-3：黒背景に青い円が表示される。

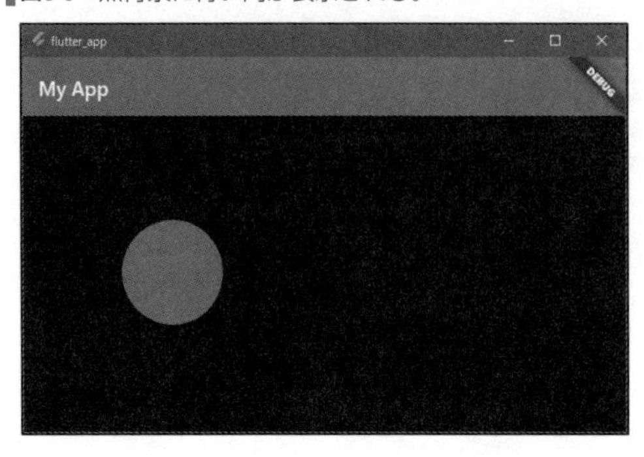

実行すると、黒い背景の中に青い円が表示されます。画面の上部には「My App」とタイトルバーが表示されていますから、ScaffoldのUIコンポーネント内に組み込まれていることがわかるでしょう。

FlameGame クラスと render メソッド

ここでは、いくつかのクラスが定義されています。とはいえ、MyApp、MyHomePage、_MyHomePageStateといったものは、これまで何度となく登場したものですからわかるでしょう。

ここでは、SampleGameというクラスを定義し、これを_MyHomePageState内に組み込んで表示しています。このSampleGameが、ゲーム画面であるFlameGameクラスです。このクラスでは、**onLoad**と**render**という2つのメソッドが用意されています。

onLoadは、クラスの初期化を行うためのものです。FlameGameクラスがロードされる際に呼び出され、必要な初期化処理を行います。ここでは図形の塗りつぶしに使うPaintをここで用意しています。

renderは、描画のためのメソッドです。このメソッドでは、**Canvas**オブジェクトが引数として渡されます。このCanvasの機能を使い、図形などの描画を行います。ここではdrawOvalメソッドで円を描いていたのですね。

使っているクラスやメソッドを見ればわかるように、FlameGameは「Canvasを使って描画を行うもの」といえます。単純な図形の描画などは、これで十分行えます。

KeyboardEventsによるキー操作

ただ図形を表示するだけではつまらないので、キーボードで操作をしてみましょう。ここでは「**KeyboardEvents**」というミックスインを利用します。これはFlameGameクラスにキーボードイベントを受け取る機能を付加するものです。

このKeyboardEventsを追加すると、「**onKeyEvent**」というメソッドが追加され、オーバーライドできるようになります。これは以下のような形をしています。

```
@override
  KeyEventResult onKeyEvent(
      RawKeyEvent event,
      Set<LogicalKeyboardKey> keysPressed,
  ) {
  ……内容……
}
```

引数の「**RawKeyEvent**」はキーイベントの情報を管理するクラスです。ここでキーイベントの情報(押したキーのキャラクタ、ShiftやControlが押されているか、など)をいろいろと調べることができます。

もう1つのkeysPressedという値には、「LogicalKeyboardKey」のセット(集合)が渡されます。LogicalKeyboardKeyは、押されているキーを示すクラスで、この集合の中に押されているキーの値がすべてまとめられます。

キーで図形を操作する

では、実際にキーボード操作を行ってみましょう。今回は、SampleGameクラスだけ修正すればいいでしょう。以下のように書き換えてください。ただし、import文を追記する必要があるので忘れないように！

リスト8-2

```
// import 'package:flame/input.dart';
// import 'package:flutter/services.dart';

class SampleGame extends FlameGame with KeyboardEvents {
  late final paint;
  late Vector2 _loc;

  @override
  Future<void> onLoad() async {
    await super.onLoad();
    paint = Paint();
    paint.color = Colors.blue;
    _loc = Vector2(100, 100);
  }

  @override
  void render(Canvas canvas) {
    super.render(canvas);
    final rect = Rect.fromLTWH(_loc.x, _loc.y, 100, 100);
    canvas.drawOval(rect, paint);
  }
```

```
@override
  KeyEventResult onKeyEvent(
      RawKeyEvent event,
      Set<LogicalKeyboardKey> keysPressed,
  ) {
    final _dpos = Vector2(0, 0);

    if (event.character == 'j') {
      _dpos.x = -10;
    }
    if (event.character == 'l') {
      _dpos.x = 10;
    }
    if (event.character == 'i') {
      _dpos.y = -10.0;
    }
    if (event.character == 'k') {
      _dpos.y = 10.0;
    }
    _loc += _dpos;
    return KeyEventResult.handled;
  }
}
```

図8-4：I, J, K, Lキーで青い円が上下左右に移動する。

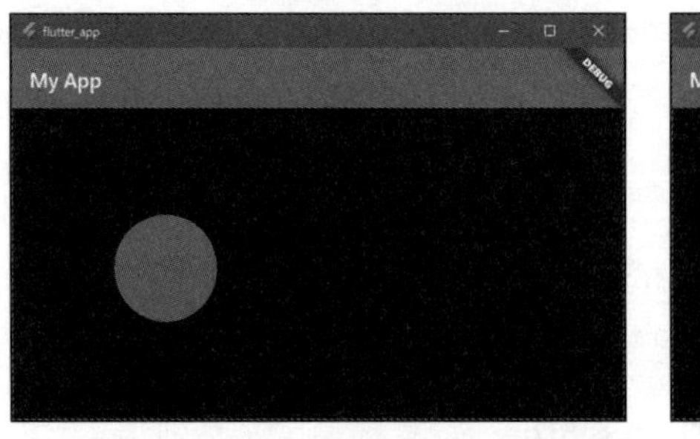

今回は、「I」「J」「K」「L」の各キーを使っています。これらのキーを押すと、青い円が上下左右に移動します。今回のonKeyEventは、キー入力のイベントなので、ゲームなどでよく使われる「押している間はずっと動く」というものとはちょっと違います。キーを押すとピクッと動き、その後押し続けているとキーの連続入力により繰り返しイベントが発生し移動していきます。

Vector2とベクトル

onKeyEventメソッドを見てみましょう。最初に、移動の量を扱うために「**Vector2**」というオブジェクトを用意しています。

```
final _dpos = Vector2(0, 0);
```

Vector2は、2つの値がセットになったクラスです。同様のものに、3つや4つの値をセットにしたVector3、Vector4などがあります。

このVector○○という値は、ベクトル値を扱うのに利用するものです。ベクトルは、2次元や3次元で、方向や量を扱うのに用いられるものですね。このベクトルの値を扱うために用意されているのが、Vector○○というクラスなのです。

このVectorで始まるクラスは、単にオブジェクトを作成するだけでなく、その中から個々の値を取り出し操作できます。またオブジェクトでありながら四則演算が可能です。ベクトルに別のベクトルを足し引きしたり、ベクトルに値をかけたり割ったりしてベクトルを拡大縮小することもできます。

キーを押して移動する

では、キーを押したときの処理がどうなっているか見てみましょう。例として「J」キーの処理をチェックします。

```
if (event.character == 'j') {
  _dpos.x = -10;
}
```

押されたキーのキャラクタは引数で渡される「RawKeyEvent」というクラスの「**character**」プロパティに保管されています。この値が「j」だった場合は、Vector2値である_dposのxプロパティの値を10減らしています。

同様にして、「L」キーならxを10増やし、「I」キーならyを10減らし、「K」キーならyを10増やす、というようにして移動量を作成していきます。

位置の移動と戻り値

これでキーによる移動量の値が用意できました。では、これを_locに足しましょう。

```
_loc += _dpos;
```

renderメソッドでは、この_locの値をもとにdrawOvalの描画位置を指定していますから、これで描く位置が少しだけ移動するのです。

すべて処理が終わったら、最後に「KeyEventResult」という値を返します。

```
return KeyEventResult.handled;
```

これはキーイベントの処理方法を示すのに使われる列挙型の値です。**KeyEventResult.handled**を返すことで、キーイベントは処理され、これ以降のクラスにはイベントが伝えられなくなります。

矢印キーで操作するには？

これでキーを押して操作する処理ができるようになりました。が、キーキャラクタによる操作は「文字のキーでないと使えない」という問題があります。例えば、矢印キーで操作したいときはどうすればいいのでしょうか。

実際にコードを修正して確かめましょう。SampleGameクラスのonKeyEventメソッドを以下に書き換えてください。

リスト8-3

```
@override
KeyEventResult onKeyEvent(
    RawKeyEvent event,
    Set<LogicalKeyboardKey> keysPressed,
) {
  final _dpos = Vector2(0, 0);

  if (keysPressed.contains(LogicalKeyboardKey.arrowLeft)) {
    _dpos.x = -10;
  }
  if (keysPressed.contains(LogicalKeyboardKey.arrowRight)) {
    _dpos.x = 10;
  }
  if (keysPressed.contains(LogicalKeyboardKey.arrowUp)) {
    _dpos.y = -10.0;
  }
  if (keysPressed.contains(LogicalKeyboardKey.arrowDown)) {
    _dpos.y = 10.0;
  }
  _loc += _dpos;
  return KeyEventResult.handled;
}
```

これで、上下左右の矢印キーを押すと円が移動します。先ほどの例と違い、今回は同時に複数のキーを押してもちゃんと認識します。例えば上と右の矢印キーを同時に押せば、右上方向に斜めに移動します。

LogicalKeyboardKey の値をチェックする

onKeyEventでは、矢印キーが押されているかどうかをキーごとにチェックし処理をしています。例として、左矢印キーを押したときの処理を見てみましょう。

```
if (keysPressed.contains(LogicalKeyboardKey.arrowLeft)) {
  _dpos.x = -10;
}
```

keysPressedはセット(集合)ですので、複数の値が保管されています。ですから、keysPressed == キーというように等号で比較はできません。containsメソッドを使います。

ここに保管されているキーの値は、「**LogicalKeyboardKey**」というクラスの値です。このLogicalKeyboardKeyには、キーの値がプロパティとしてまとめられています。例えば左矢印キーならば、LogicalKeyboardKey.arrowLeftという値になります。この値がkeysPressedに含まれているかどうかチェックすればいいのです。

keysPressedでは、押されたキーの値がすべて保管されているため、同時に複数のキーを押した場合もちゃんとそれぞれを認識できます。ただし、LogicalKeyboardKeyは機能キーや記号キーなどの特殊キー関係の値であり、一般的な文字キーは含まれていません。従って、「文字キーの利用はevent.characterを使い、それ以外のものはkeysPressedを使う」というように両者を使い分けるとよいでしょう。

8-2 スプライトの利用

スプライトを使おう

FlameGameクラスは、1つのクラスでゲームの画面を作成できます。とはいえ、renderメソッドですべての表示を描画していたのでは、これまでのグラフィック表示と基本的には同じであり、ゲーム専用クラスを使う利点がありません。

FlameGameクラスを使う最大の利点は、「**スプライト**」を用意していることです。スプライトとは、独立して扱えるゲーム上の部品です。イメージを表示し、それぞれに必要な情報を持って自由に動かすことができます。

このスプライトは「**SpriteComponent**」というクラスを継承して作成します。以下のような形ですね。

```
class クラス名 extends SpriteComponent {
  ……内容……
}
```

このSpriteComponentには、スプライトの表示に関するプロパティが一通り用意されています。これらを設定することで、スプライトの表示を用意できます。最低限設定が必要となるプロパティは以下の3点です。

sprite	スプライトに表示するイメージ。Spriteクラスのインスタンスとして設定する。
position	位置を示す値。Vector2で設定する。
size	大きさを示す値。Vector2で設定する。

spriteは、**Sprite**クラスで指定をします。このSpriteクラスの値は、通常、Spriteクラスの「**load**」メソッドを使って作成します。

```
Sprite.load( リソースパス );
```

引数には、利用するリソース(イメージファイル)のパスを指定します。これで、そのイメージを表示するSpriteインスタンスが作成されます。

positionとsizeは、いずれもVector2を使います。これは既に利用していますからわかりますね。

chara.png イメージを用意する

では、実際にスプライトを利用してみましょう。まずはスプライトで使うイメージをリソースとして用意します。

ここでは「chara.png」という名前のファイルとしてイメージを用意してください。そして、このファイルを「assets」フォルダ内の「images」フォルダの中に入れておきます。

図8-5:「assets」内の「images」内にchara.pngファイルを用意する。

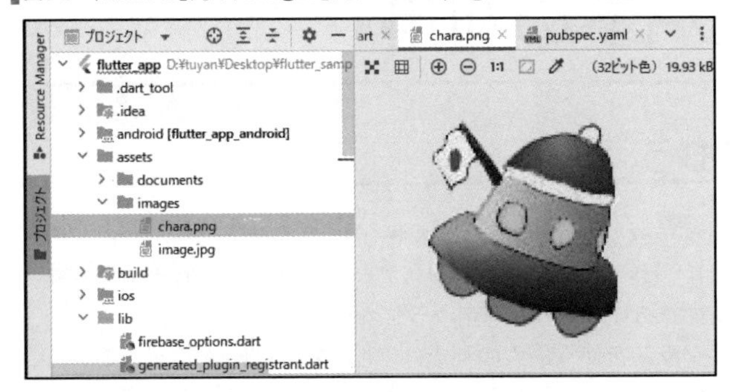

リソースパスを指定する

イメージファイルを用意できたら、これを使えるようにリソースパスを追加しましょう。pubspec.yamlを開き、flutter:という項目を探して以下のように内容を書き換えます。

リスト8-4

```
flutter:
  assets:
    - assets/images/chara.png
```

これまで利用してきたサンプルアプリを使っている人は、既にassets:下にいくつかリソースが記述されているでしょう。このような場合はその下にchara.pngのパスを追記すればいいでしょう。

スプライトでキャラクタを表示する

では、スプライトを使ってchara.pngのキャラクタを表示しましょう。今回はSampleGameクラスを書き換える他、スプライトのためのMySpriteクラスを追加します。以下のリストを参考に記述してください。なおimport文の追記も忘れずに。

リスト8-5

```
// import 'package:flame/components.dart';

class SampleGame extends FlameGame {

  @override
  Color backgroundColor() => const Color(0xffCCCCFF);

  @override
  Future<void> onLoad() async {
    await super.onLoad();
    add(MySprite(Vector2(100, 100)));
  }
}

class MySprite extends SpriteComponent {
  late final Vector2 _position;

  MySprite(this._position): super();

  @override
  Future<void> onLoad() async {
    await super.onLoad();
    sprite = await Sprite.load('chara.png');
    position = _position;
    size = Vector2(100, 100);
  }

  @override
  void update(double delta) {
    super.update(delta);
  }
}
```

図8-6：実行すると、chara.pngのイメージがスプライトとして表示される。

実行すると、画面にchara.pngのイメージが表示されます。これが、MySpriteによるスプライトです。見たところでは、ただイメージを描画したのと変わらないでしょうが、スプライトを使った表示になっているのです。

FlameGameの背景色

ではコードをざっと説明しましょう。まずはSampleGameクラスです。これはFlameGameのクラスでしたね。今回は背景色の設定と、スプライトの作成の処理を追加しています。

まずは、背景色の設定からです。バックグラウンドカラーは、FlameGameクラスに「**backgroundColor**」というメソッドとして用意されています。これはColorを返すメソッドで、このメソッドで返されたColorが背景色として使われます。

従って、このbackgroundColorメソッドをオーバーライドし、Colorを返すようにしておけば、それが背景色として使われるようになります。

```
@override
Color backgroundColor() => const Color(0xffCCCCFF);
```

これがそのための文です。Colorの値を返すだけのシンプルなメソッドとして定義してあります。それぞれでColorの引数をいろいろと変えて背景色を変更してみてください。

スプライトの追加

ロード時の初期化処理を行うonLoadでは、スプライトの追加処理を行っています。ここでは以下のようにメソッドが定義されていますね。

```
@override
Future<void> onLoad() async {
  await super.onLoad();
  add(MySprite(Vector2(100, 100)));
}
```

super.onLoadでスーパークラスのonLoadを呼び出した後、MySpriteでスプライトを作成し追加しています。

スプライトは、SpriteComponentクラスを継承して定義されたクラスからオブジェクトを作成し、これをFlameGameに追加します。追加は「add」メソッドで行います。引数には追加するスプライトなどのコンポーネントを指定します。

今回作成しているMySpriteは、引数に表示位置を示すVector2を用意するようにしていますので、MySprite(Vector2(100, 100))というようにしてインスタンスを作り、それをaddしていたのです。

MySpriteの初期化

続いて、MySpriteクラスです。これは、SpriteComponentを継承したスプライトクラスです。ここでは、最初に位置を示すフィールドをコンストラクタで設定する処理を用意しています。

```
late final Vector2 _position;
MySprite(this._position): super();
```

_positionというVector2のフィールドを用意し、コンストラクタで引数の値をこれに設定しています。MySprite(Vector2(100, 100))というようにすれば、_positionにVector2(100, 100)が設定される、というわけです。

onLoadでスプライトの設定を行う

実際に表示されるスプライトの設定を行っているのが**onLoad**メソッドです。ここではsuper.onLoadでスーパークラスのonLoadを呼び出した後、以下のようにしてスプライトの設定をしています。

```
sprite = await Sprite.load('chara.png');
position = _position;
size = Vector2(100, 100);
```

sprite, position, sizeといったスプライト関係のプロパティをここで設定しています。これでスプライトの基本的な設定が完了します。

updateで更新時の処理を行う

後は、画面の表示を行う際の処理を用意してあります。「**update**」というメソッドです。FlameGameでは、表示を高速に書き換えることでなめらかな動きを実現しています。この書き換えられる1つ1つの表示は「フレーム」と呼ばれます。updateはフレーム切り替えの際に呼び出されるメソッドです。

```
@override
void update(double delta) {
  super.update(delta);
}
```

今回は、ただスーパークラスのupdateを呼び出しているだけで、実際には何も処理はしていません。スプライトの更新時の処理を行う基本として、メソッドだけ用意しておきました。

引数にはdoubleの値が渡されますが、これは更新の間隔をミリ秒で示した値です。フレームの切り替えは、常に正確な間隔で行われるわけではありません。表示や処理の内容、アプリを実行するハードウェアによっても変化します。この引数で渡される値で、どれぐらいの間隔でフレームが更新されたかがわかります。

キーボードでスプライトを動かす

スプライトは、ただ表示するだけでなく、自由に動かすことができます。SpriteComponentにあるpositionの値を変更することで、表示位置を変更することができます。

ユーザーからの入力によって表示を操作するには、入力のイベントを利用します。まずはキーボードによるスプライトの操作を行ってみましょう。

キーボードのイベントは、先にFlameGameクラスで使ってみました。SpriteComponentの場合、少し違います。スプライトをキーボード操作するには、FlameGameクラスとSpriteComponentクラスの両方にキーボードイベント利用のためのミックスインを追加する必要があります。

■FlameGameクラス

```
class クラス extends FlameGame with HasKeyboardHandlerComponents {…}
```

■SpriteComponentクラス

```
class クラス extends SpriteComponent with KeyboardHandler {…}
```

FlameGameクラスには、**HasKeyboardHandlerComponents**を追加します。これにより、FlameGameでキーボードイベントがハンドリングされるようになります。なお、具体的なイベント処理などはFlameGameに用意する必要はありません。

SpriteComponentクラスには、**KeyboardHandler**を追加します。これはキーボードのイベントが発生した際に処理を行うためのものです。KeyboardHandlerを追加すると、キーボードイベントのための「**onKeyEvent**」メソッドが使えるようになります。

```
@override
bool onKeyEvent(
    RawKeyEvent event,
    Set<LogicalKeyboardKey> keysPressed,
) {……}
```

これは、先にFlameGameで使ったonKeyEventとそっくりですね。引数にRowKeyEventとSet<LogicalKeyboardKey>が渡される点も同じです。ただし戻り値はKeyEventResultではなく、イベントを完了したことを示す真偽値になります。

キーボードで操作する

では、実際にキーボード操作を行ってみましょう。今回はSampleGameクラスとMySpriteクラスの両方を修正します。

リスト8-6

```
class SampleGame extends FlameGame
    with HasKeyboardHandlerComponents {

  @override
  Color backgroundColor() => const Color(0xffCCCCFF);

  @override
  Future<void> onLoad() async {
    await super.onLoad();
    add(MySprite(Vector2(100, 100)));
  }
}

class MySprite extends SpriteComponent
    with KeyboardHandler {
  late Vector2 _position;
  late Vector2 _delta;

  MySprite(this._position): super();

  @override
  Future<void> onLoad() async {
    await super.onLoad();
    sprite = await Sprite.load('chara.png');
    position = _position;
    size = Vector2(100, 100);
    _delta = Vector2.zero();
  }

  @override
  void update(double delta) {
    position += _delta * delta * 100;
    super.update(delta);
  }

  @override
  bool onKeyEvent(
      RawKeyEvent event,
```

```
      Set<LogicalKeyboardKey> keysPressed,
      ) {
    if (event is RawKeyUpEvent){
      _delta = Vector2.zero();
    }
    if (event.character == 'j') {
      _delta.x = -1;
    }
    if (event.character == 'l') {
      _delta.x = 1;
    }
    if (event.character == 'i') {
      _delta.y = -1;
    }
    if (event.character == 'k') {
      _delta.y = 1;
    }
    return true;
  }
}
```

図8-7：I, J, K, Lキーでスプライトを操作する。

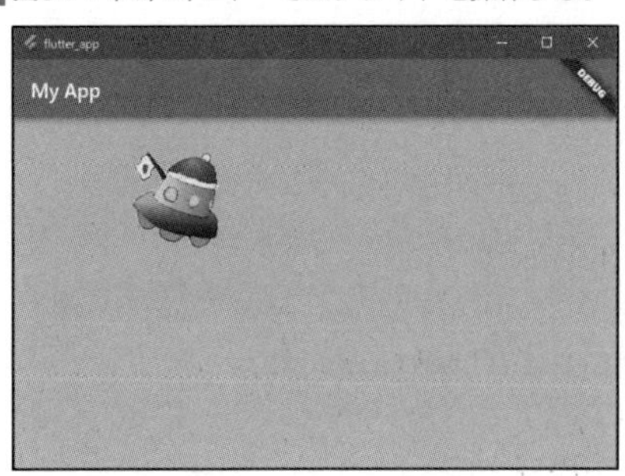

今回は、「I」「J」「K」「L」キーでスプライトを操作します。キーを押すとなめらかにキャラクタが動くことがわかるでしょう。先にFlameGameでキーイベントを利用したときはキーを押してから動き出すのに少し間があいてぎこちない感じでしたが、今回のようになめらかに動いてくれればゲームの動きとして問題ないですね。

コードの内容をチェックする

では、コードの内容がどのようになっているかポイントをチェックしていきましょう。まずSampleGameクラスからです。これは、クラスの宣言部分が少し変わっただけで内容は全く同じです。

```
class SampleGame extends FlameGame
    with HasKeyboardHandlerComponents {……
```

with HasKeyboardHandlerComponentsが追加されていますね。これでキーのイベントが認識されるようになります。

続いて、MySpriteクラスです。こちらも宣言部分でキーのイベントのミックスインを追加しています。

```
class MySprite extends SpriteComponent
    with KeyboardHandler {……
```

with KeyboardHandlerでキーのイベントを処理できるようにしています。実際のイベント処理はonKeyEventメソッドで行っています。ここでは、まずキーが離されたときのイベントで、移動量を示すVector2変数_deltaの値を初期化しています。

```
if (event is RawKeyUpEvent){
  _delta = Vector2.zero();
}
```

Vector2の「zero」メソッドは、x=0, y=0のVector2を作成するものです。これで縦横どちらも移動量がゼロになりました。「キーを離したら止まる」ためにこれを行っています。

後は、押されたキーに応じて_deltaの値を変更していきます。例えばX方向(横方向)の移動量は、以下のように設定しています。

```
if (event.character == 'j') {
  _delta.x = -1;
}
if (event.character == 'l') {
  _delta.x = 1;
}
```

「J」キーが押されていたら-1、「I」キーが押されていたら1に設定しています。これでマイナス方向(左方向)とプラス方向(右方向)に移動するように値が設定されます。Y方向も同様にして値を設定しておきます。

こうして_deltaに移動量の値が設定できたら、後はフレーム更新時に_deltaだけ位置を移動するだけです。

```
@override
void update(double delta) {
  position += _delta * delta * 100;
  super.update(delta);
}
```

移動量は、positionに移動量を示す_deltaの値を足して計算します。ただし、ただ足すだけではなく以下のように計算をしています。

```
position += _delta * delta * 100;
```

deltaは、引数で渡されるフレームの間隔を示す値です。この値はハードウェアが強力になりフレーム数が増えると逆に小さくなります。このdeltaをかけて移動量を計算すると、ハードウェアが違っても移動量がほぼ同じになります。ただし_delta * deltaでは移動量が小さすぎるので、ここでは100倍して使っています。

これで更新するたびに位置が移動するようになります。キーボードのイベントで操作するのは移動量の値であり、位置の移動は更新イベントで行うため、キーを押すとなめらかにキャラクタが動くようになります。

マウスでスプライトを操作する

マウスイベントを利用する方法についても説明しておきましょう。マウスの場合、FlameGame側とSpriteComponent側にそれぞれミックスインが用意されています。これらについてまとめておきましょう。

■FlameGameクラス

```
class クラス extends FlameGame with HasTappableComponents {……}
```

■SpriteComponentクラス

```
class クラス extends SpriteComponent with TapCallbacks {……}
```

FlameGameクラスでは、「**HasTappableComponents**」ミックスインを追加します。これによりタップイベント(マウスクリックイベント)が扱えるようになります。

SpriteComponentクラスでは、「**TapCallbacks**」ミックスインを追加します。これにより、このスプライトでタップ(マウスクリック)のイベントが扱えるようになります。

タップ(クリック)のイベントを扱うには、以下のようなメソッドをクラスに追記します。

■タップダウン(マウスダウン)の処理

```
void onTapDown(TapDownEvent event) {……}
```

■タップアップ(マウスアップ)の処理

```
void onTapUp(TapUpEvent event) {……}
```

用意するメソッドは、HasTappableComponentsもTapCallbacksも同じです。それぞれマウスボタンを押したときと離したときに呼び出されます。引数で渡されるイベントのオブジェクトは異なるクラスになっていますが、基本的に用意されている内容は同じです。ここからイベントの情報を取り出して処理を作成できます。

クリックした位置に移動する

では、実際にクリックイベントを利用したサンプルを作ってみましょう。今回は

SampleGameクラスとMySpriteクラスを書き換えます。またタップイベント関係はFlameのexperimentalというパッケージに用意されているので、これをインポートするimport文も追記するのを忘れないでください。

リスト8-7

```
// import 'package:flame/experimental.dart';

class SampleGame extends FlameGame with HasTappableComponents {
  late final MySprite _sprite;

  @override
  Color backgroundColor() => const Color(0xffCCCCFF);

  @override
  Future<void> onLoad() async {
    await super.onLoad();
    _sprite = MySprite(Vector2(100, 100));
    add(_sprite);
  }

  @override
  void onTapDown(TapDownEvent event) {
    _sprite._position = event.canvasPosition;
    super.onTapDown(event);
  }
}

class MySprite extends SpriteComponent with TapCallbacks {
  late Vector2 _position;

  MySprite(this._position): super();

  @override
  Future<void> onLoad() async {
    await super.onLoad();
    sprite = await Sprite.load('chara.png');
    position = _position;
    size = Vector2(100, 100);
    anchor = Anchor.center;
  }

  @override
  void update(double delta) {
    final d = (_position - position) / 20;
```

```
    position += d * delta * 100;
    super.update(delta);
  }

  void onTapDown(TapDownEvent event) {
    _position = Vector2.zero();
    position = Vector2.zero();
  }
}
```

図8-8：画面の適当なところをクリックすると、そこに向かって移動する。キャラクタをクリックするとゼロ地点に戻る。

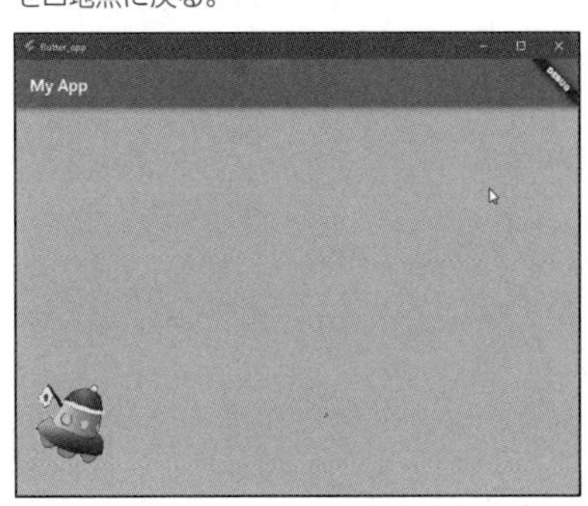

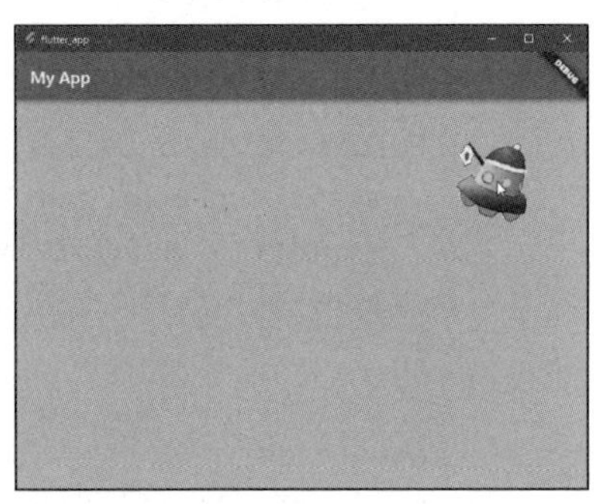

実行したら、画面内の適当なところをクリックしてみてください。その場所にキャラクタが移動します。またキャラクタ自身をクリックすると、左上のゼロ地点に瞬時に戻ります。ゲームエリアとスプライトの両方でクリックイベントの処理が行われていることがわかるでしょう。

指定の場所に移動する

今回、MySpriteクラスでは、移動先の位置を示す_positionというフィールドを用意しておき、この場所に向けて移動するようにしてあります。updateメソッドを見ると、このようになっていますね。

```
@override
void update(double delta) {
  final d = (_position - position) / 20;
  position += d * delta * 100;
  super.update(delta);
}
```

_positionとpositionの差を計算し、その20分の1を移動量として使います。つまり、移動先の_positionまでの20分の1ずつキャラクタが近づいていくようにしているわけですね。ただし、先に説明したようにそのまま足すわけではなく、deltaをかけてハードウェアの差が出ないように調整してあります。

　ということは、_positionにクリックした地点の位置を設定すれば、その場所に向けて移動するようになるわけです。SampleGameクラスのイベント処理を見てみましょう。

```
@override
void onTapDown(TapDownEvent event) {
  _sprite._position = event.canvasPosition;
  super.onTapDown(event);
}
```

　引数に渡されるTapDownEventは、タップ（クリック）したイベントに関する情報を管理するものです。この「**canvasPosition**」は、ゲームエリアのCanvas内の位置をVector2で保管しているプロパティです。この値を_spriteに保管しているスプライトの_positionに設定します。
　MySprite側のonTapDownメソッドはもっと単純です。_positionとpositionの両方をゼロ地点のVector2に設定しているだけです。

アンカーについて

　クリックした位置に移動させる場合、そのままだとクリックした地点にスプライトの左上が来るようになります。クリック地点にスプライトの中心が来るようにしたいですね。そこでMySpriteのonLoadで「**アンカー**」の設定を行っています。

```
anchor = Anchor.center;
```

　この部分です。アンカーとは、スプライトのどの場所をゼロ地点とみなすか示すものです。デフォルトでは、スプライトの左上がゼロ地点になっています。これを中心に変更しているのです。
　アンカーを示す「anchor」プロパティは、「**Anchor**」というクラスで指定します。このクラスには主な場所の値がプロパティとして用意されています。スプライトの中心をアンカーに設定するには、Anchor.centerを設定すればいいでしょう。

図形のコンポーネント

　ここまでは、イメージを表示するスプライトを使って説明してきましたが、実をいえばスプライト以外にもFlameGameに追加して表示できるコンポーネントはあります。スプライト以外のコンポーネントとして、よく利用されるものをいくつか紹介しておきましょう。

CircleComponent

　ゲームなどでは、キャラクタのイメージなどは後で用意するものとして、「とりあえず、○や□を表示しておけばいい」と考えて作り始めることはよくあるでしょう。そんなときに便利なのが**CircleComponent**です。
　これは、円を表示するコンポーネントです。スプライトと同様に扱えるので、仮のキャラクタ表示などに利用できます。このCircleComponentは以下のように定義します。

```
class クラス extends CircleComponent {……}
```

表示される円は、基本的に「すべて塗りつぶした円」です。円の色は、「color」プロパティで設定できます。

PositionComponent

「**PositionComponent**」は、スプライトや円コンポーネントなどのスーパークラスとなるもので、位置や大きさなどの基本的な情報を持つ無色透明なコンポーネントなのです。これをベースに、円を表示するCircleComponentやイメージを使うSpriteComponentなどが作られているわけです。

```
class クラス extends PositionComponent {
  @override
  void render(Canvas canvas) {……}
}
```

このPositionComponentは、何も表示されませんが、表示を描くことはできます。「render」というメソッドが用意されており、これの引数に渡されるCanvasを使ってコンポーネントの表示を描画することができるのです。

独自のグラフィックなどを描いて表示するコンポーネントを作りたいときは、このPositionComponentを利用すると便利です。

TextComponent

ゲーム画面にテキストを表示させることはよくありますが、このようなときに用いられるのが「**TextComponent**」です。これはテキストを表示するためのコンポーネントで、以下のように作成します。

```
class クラス extends TextComponent {……}
```

表示するテキストは、「text」プロパティにテキストで指定します。使用するフォントの設定は、「**textRenderer**」というプロパティで設定します。これは以下のように値を用意します。

```
textRenderer = TextPaint(style: 《TextStyle》);
```

「**TextPaint**」というクラスのstyle引数に「TextStyle」という値を用意します。これはフォントに関するスタイル情報を管理するもので、以下のような形で値を作成します。

```
TextStyle(
  fontSize: 数値,
  fontWeight:《FontWeight》,
  fontFamily: テキスト,
```

```
  fontStyle:《FontStyle》,
  color:《Color》,
)
```

fontSizeはサイズを実数で指定し、fontFamilyはフォントファミリー名をテキストで指定します。フォントの太さを指定する**FontWeight**は、クラスに以下のようなプロパティを用意しています。

```
normal, bold, w100～w900(100ごとに値を用意)
```

斜体の設定は「**FontStyle**」という列挙型の値で指定します。これには「normal」「italic」といった値が用意されています。

コンポーネントを利用する

では、これらのコンポーネントの利用例を挙げておきましょう。今回はSampleGameクラスと、コンポーネント関係のクラスを作成します。以下のリストを参照にコードを修正してください。

リスト8-8

```
class SampleGame extends FlameGame with HasTappableComponents {
  Vector2 _position = Vector2(100, 100);
  final List<PositionComponent> _sprites = <PositionComponent>[];

  @override
  Color backgroundColor() => const Color(0xffCCCCFF);

  @override
  Future<void> onLoad() async {
    await super.onLoad();
    var sp1 = GreenRectSprite(Vector2(200, 100));
    _sprites.add(sp1);
    add(sp1);
    var sp2 = RedCircleSprite(Vector2(100, 200));
    _sprites.add(sp2);
    add(sp2);
    add(WhiteTextSprite(Vector2(25, 25)));
  }

  @override
  void onTapDown(TapDownEvent event) {
    _position = event.canvasPosition - Vector2(50, 50);
    super.onTapDown(event);
  }
```

```
}

// 円コンポーネント
class RedCircleSprite extends CircleComponent
    with HasGameRef<SampleGame> {
  late Vector2 _position;

  RedCircleSprite(this._position): super();

  @override
  Future<void> onLoad() async {
    await super.onLoad();
    setColor(Colors.red);
    position = _position;
    size = Vector2(100, 100);
  }

  @override
  void update(double delta) {
    final d = (gameRef._position - position) / 10;
    position += d * delta * 100;
    super.update(delta);
  }
}

// 四角形の描画コンポーネント
class GreenRectSprite extends PositionComponent
    with HasGameRef<SampleGame>{
  late Vector2 _position;
  late Paint _paint;

  GreenRectSprite(this._position): super();

  @override
  Future<void> onLoad() async {
    await super.onLoad();
    position = _position;
    size = Vector2(100, 100);
    _paint = Paint()
      ..style = PaintingStyle.fill
      ..color = Colors.green;
  }

  @override
```

```
  void update(double delta) {
    final d = (gameRef._position - position) / 50;
    position += d * delta * 100;
    super.update(delta);
  }

  @override
  void render(Canvas canvas) {
    super.render(canvas);
    final r = Rect.fromLTWH(0, 0, 100, 100);
    canvas.drawRect(r, _paint);
  }
}

// テキストコンポーネント
class WhiteTextSprite extends TextComponent {
  late Vector2 _position;

  WhiteTextSprite(this._position): super();

  @override
  Future<void> onLoad() async {
    await super.onLoad();
    position = _position;
    text = "Hello Flame!";
    textRenderer = TextPaint(
      style: TextStyle(
        fontSize: 48.0,
        fontWeight: FontWeight.bold,
        color: Colors.white,
      ),
    );
  }
}
```

図8-9：テキストと円コンポーネント、四角形を描画したコンポーネントを表示する。

ここでは円、四角形、テキストといったものが画面に表示されます。円と四角形は、画面上をクリックするとその場所まで移動します。移動速度が違うので、両者がそれぞれ別々に動いていることを確認できるでしょう。

この3つは、それぞれRedCircleSprite、GreenRectSprite、WhiteTextSpriteというクラスとして定義しています。コードの内容は特に新しい処理などはないので、じっくり読めばやっていることは理解できるでしょう。

ゲーム情報の参照

今回作成したスプライトの中で円を表示するRedCircleSpriteクラスと、四角形を描くGreenRectSpriteクラスではゲーム画面に用意した_positionの値をもとに現在の位置が変化するようになっています。そのためには、スプライトが組み込まれているSampleGameインスタンスにアクセスできなければいけません。

スプライトの「**parent**」というプロパティを使えば、自分が組み込まれているインスタンスを得られますが、確実にPlameGameを得る方法として今回は「**HasGameRef**」というミックスインを利用しています。これはゲーム画面であるFlameGameのインスタンスの参照を使えるようにするためのものです。

例えば、RedCircleSpriteクラスの宣言部分を見てみましょう。このようになっていますね。

```
class RedCircleSprite extends CircleComponent
    with HasGameRef<SampleGame> {……
```

with HasGameRefとしてミックスインを追加しています。<SampleGame>というのは、ゲーム画面として使われているクラスを指定するものです。

このHasGameRefを追加すると、「**gameRef**」というプロパティでゲーム画面の参照にアクセスできるようになります。updateメソッドを見てみましょう。

```
  @override
  void update(double delta) {
    final d = (gameRef._position - position) / 50;
    position += d * delta * 100;
```

```
    super.update(delta);
  }
```

gameRef._positionで、SampleGameの_positionにアクセスしていますね。このようにスプライト側からゲーム画面側の情報を取り出したいときにHasGameRefは役立ちます。ゲームではけっこう必要になることも多いので、ここで覚えておきましょう。

8-3 スプライトの衝突判定

コリジョンと衝突

ゲームを作成する場合、キーやマウスなどの入力と同じぐらい重要なイベントがあります。それは「衝突」です。

多くのゲームでは、スプライトどうしの衝突(接触)によってゲームが進みます。キャラクタと敵キャラが触れたかどうか、ミサイルが当たったかどうか、アイテムをゲットしたかどうか、これらはすべて「対象となるスプライトに触れたかどうか」で判断されます。スプライトの衝突判定は、ゲーム進行に欠かせないものなのです。

あるスプライトと別のスプライトが接触したかどうかは、スプライトに設定される「**コリジョン**」によってチェックされます。

コリジョンとは、スプライトに接触可能な形状を設定するためのものです。スプライトは、ただイメージを表示しているだけで実際に「モノ」として存在するわけではありません。あるスプライトと別のスプライトが触れても、モノではなくただ描かれる表示が重なるだけであり、触れているかどうかはわからないのです。

そこで、スプライトに「形状」のデータを設定してやります。これがコリジョンです。コリジョンは、別のコリジョンと領域が重なると「触れた！」というイベントを発生させます。これにより、スプライトどうしが接触したときの処理を用意できるようになります。

Hitboxについて

コリジョンを提供する部品として、Flameには「**Hitbox**」と呼ばれるクラスが用意されています。これはコリジョンの機能を提供するクラスで、サブクラスとして以下のようなものが用意されています。

CircleHitbox	円形のコリジョンを提供する
RectangleHitbox	視覚系のコリジョンを提供する
PolygonHitbox	多角形のコリジョンを提供する

CircleHitboxとRectangleHitboxは、組み込んだスプライトの大きさに合わせてコリジョンが用意されます。PolygonHitboxは、引数にVector2のリストを用意することで多角形の形状を設定します。

これらのHitboxは、インスタンスを作成した後、「add」メソッドでコンポーネントに組み込みます。

CollisionCallbacksと衝突イベント

Hitboxを組み込んでも、それだけではスプライトのクラスで衝突のイベントは検知できません。Hitboxで発生した衝突イベントをスプライト側で受け取れるようにする必要があります。それを行うのが「**CollisionCallbacks**」というミックスインです。これは以下のように利用します。

```
class クラスextends コンポーネント with CollisionCallbacks {…}
```

このように「**with CollisionCallbacks**」を用意することで、このスプライトクラスにaddされたHitboxの衝突イベントがスプライトクラスで検知できるようになります。衝突イベントは、以下のメソッドにより処理を実装します。

```
@override
void onCollision(Set<Vector2> points, PositionComponent other) {…}

@override
void onCollisionEnd(PositionComponent other) {…}
```

どちらも、衝突した相手のスプライトが**PositionComponent**インスタンスとして渡されます。また**onCollision**では、衝突した位置の情報がVector2のセット(集合)として渡されます。同時に複数箇所に接触する場合もあるので値はセットにまとめられているんですね。

これらの値をもとに、接触した場合の処理を作成します。

接触したら色が変わる

では、実際にコリジョンを使った処理を作成してみましょう。ごくシンプルなものとして、「接触すると色が変わるスプライト」を作ってみます。SampleGameとMySpriteのクラスを以下に書き換えてください。またコリジョンはFlameのcollisionsパッケージに用意されているので、これをインポートするimport文も忘れずに用意してください。

リスト8-9

```
// import 'package:flame/collisions.dart';

class SampleGame extends FlameGame
    with HasCollisionDetection,
        HasKeyboardHandlerComponents {
```

```
  @override
  Color backgroundColor() => const Color(0xffCCCCFF);

  @override
  Future<void> onLoad() async {
    await super.onLoad();
    add(MySprite(Vector2(300, 300), true));
    add(MySprite(Vector2(100, 100), false));
  }
}

class MySprite extends CircleComponent
    with CollisionCallbacks, KeyboardHandler  {
  var _size = 100.0;
  Vector2 _delta = Vector2.zero();
  late Color _color;
  late Vector2 _position;
  late bool _stay;

  MySprite(this._position, this._stay): super();

  @override
  Future<void> onLoad() async {
    await super.onLoad();
    _color = _stay ? Colors.green : Colors.red;
    size = Vector2(_size, _size);
    position = _position;
    setColor(_color);
    CircleHitbox hitbox = CircleHitbox();
    add(hitbox);
  }

  @override
  bool onKeyEvent(
      RawKeyEvent event,
      Set<LogicalKeyboardKey> keysPressed,
  ) {
    if (this._stay) { return false; }
    if (event is RawKeyUpEvent){
      _delta = Vector2.zero();
    }
    if (event.character == 'j') {
      _delta.x = -1;
    }
```

```
    if (event.character == 'l') {
      _delta.x = 1;
    }
    if (event.character == 'i') {
      _delta.y = -1;
    }
    if (event.character == 'k') {
      _delta.y = 1;
    }
    return true;
  }

  @override
  void update(double delta) {
    super.update(delta);
    position += _delta * delta * 100;
  }

  @override
  void onCollision(Set<Vector2> points, PositionComponent other) {
    setColor(Colors.yellow);
  }

  @override
  void onCollisionEnd(PositionComponent other) {
    setColor(_color);
  }
}
```

図8-10：「I」「J」「K」「L」キーで赤いスプライトを操作する。緑のスプライトに触れると黄色に変わる。

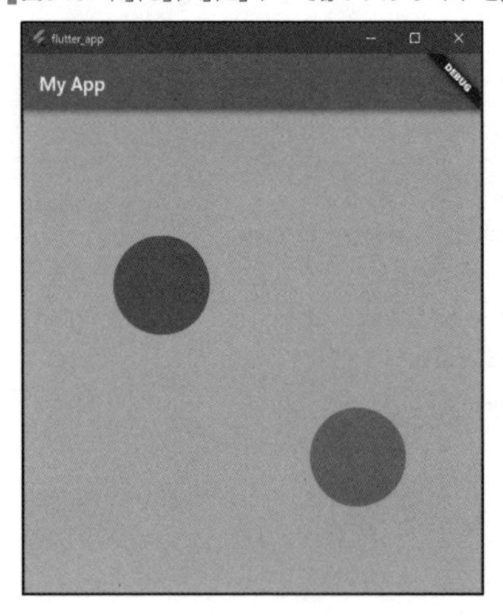

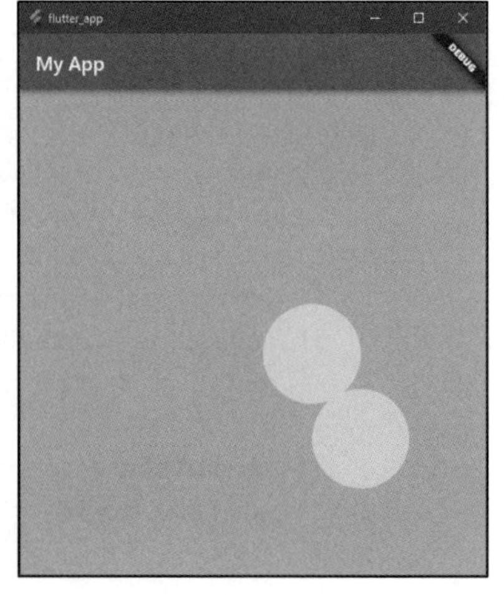

このサンプルでは2つのスプライトが表示されます。「I」「J」「K」「L」キーで赤いスプライトを上下左右に操作できます。スプライトを操作し、緑のスプライトに触れると、両方とも黄色に変わります。離れるとまたもとの色に戻ります。

SampleGameクラスでは、2つのMySpriteを作成し組み込んでいます。

```
add(MySprite(Vector2(300, 300), true));
add(MySprite(Vector2(100, 100), false));
```

MySpriteでは、位置を示すVector2と、キー操作を禁ずるかどうかを示すbool値を引数に用意します。bool値はtrueにすると動かず、falseにすると動きます。ここでは停止して動かないMySpriteと自由に動くMySpriteをそれぞれ1つずつ作成しています。

コリジョンの設定

では、衝突処理を行うMySpriteクラスを見てみましょう。今回は以下のような形で定義をしていますね。

```
class MySprite extends CircleComponent
    with CollisionCallbacks, KeyboardHandler  {……}
```

CollisionCallbacksとキー操作のKeyboardHandlerを組み込んでいます。これでコリジョンのイベントがこのMySpriteで処理できるようになります。onLoadでは、そのためのHitboxを以下のように組み込んでいます。

```
CircleHitbox hitbox = CircleHitbox();
add(hitbox);
```

非常に簡単ですね。ただCircleHitboxを作成し、組み込んでいるだけです。これでスプライトの大きさにコリジョンが設定されます。

実際に衝突のイベント処理を行っているのが以下の部分です。

```
@override
void onCollision(Set<Vector2> points, PositionComponent other) {
  setColor(Colors.yellow);
}

@override
void onCollisionEnd(PositionComponent other) {
  setColor(_color);
}
```

今回は、単にsetColorで色を変えているだけです。onCollisionで接触したら色をyellowにし、onCollisionEndで離れたらもとの色に戻します。

注意しておきたいのは、「onCollisionは、接触している間、常に発生し続ける」という点です。ですから、例えば接触の回数を調べようとonCollisionで数字をカウントするような処理を書いておくと、触れた途端に猛烈な勢いで数字が増えていくでしょう。「触れたとき」ではなく「触れている間」のイベントである、という点を間違えないようにしてください。

ゲーム画面の端との衝突

スプライトどうしの衝突判定はこれでできるようになりましたが、ゲームではもう1つ、重要な衝突判定があります。それは「ゲーム画面の周辺」です。

スプライトがゲーム画面の外に出ようとしたときにどうするかはとても重要です。ゲーム画面の外側まで移動してしまってもいいのか、端まで来たら戻ってくるのか。これはゲーム画面の端に触れたときの衝突判定が行えないとできません。

これは「画面の端」にコリジョンを設定できれば解決します。このために用意されているのが「ScreenHitbox」というクラスです。FlameGameクラスでこの**ScreenHitbox**をaddすると、ゲーム画面の周囲に来たときに衝突イベントが発生するようになります。

多数のスプライトが動き回る

では、実際に利用例を挙げておきましょう。例によってSampleGameとMySpriteを書き換えます。なお今回は乱数を利用するので、dart:mathパッケージのimportも忘れず追記してください。

リスト8-10

```
// import 'dart:math';

class SampleGame extends FlameGame
    with HasCollisionDetection,
        HasKeyboardHandlerComponents,
        HasTappableComponents  {
  late final List<MySprite> _splayers;

  @override
  Color backgroundColor() => const Color(0xffCCCCFF);

  @override
  Future<void> onLoad() async {
    await super.onLoad();
    add(ScreenHitbox());

    _splayers = <MySprite>[];
    for(var i = 0;i < 10;i++) {
      await add(MySprite());
    }
  }
}
```

```
class MySprite extends CircleComponent
    with CollisionCallbacks , HasGameRef<SampleGame>  {
  var _size = 50.0;
  late Vector2 _delta;
  late Color _color;

  @override
  Future<void> onLoad() async {
    await super.onLoad();
    final _rnd = Random();
    _color = Color.fromARGB(255,
        _rnd.nextInt(256),
        _rnd.nextInt(256),
        _rnd.nextInt(256));
    size = Vector2(_size, _size);
    final _loc = Vector2.random();
    _loc.x *= gameRef.canvasSize.x;
    _loc.y *= gameRef.canvasSize.y;
    position = _loc;
    _delta = Vector2.random() * 3.0;
    setColor(_color);
    CircleHitbox hitbox = CircleHitbox();
    add(hitbox);
  }

  @override
  void render(Canvas canvas) {
    super.render(canvas);
  }

  @override
  void update(double delta) {
    super.update(delta);
    position += _delta * delta * 100;
  }

  @override
  void onCollision(Set<Vector2> points, PositionComponent other) {
    if (other is ScreenHitbox) {
      if (position.x <= 0) {
        _delta.x = _delta.x.abs();
      }if (position.x >= other.width - _size) {
        _delta.x = -_delta.x.abs();
```

```
        }
        if (position.y <= 0) {
          _delta.y = _delta.y.abs();
        }if (position.y >= other.height - _size) {
          _delta.y = -_delta.y.abs();
        }
      } else {
        setColor(Colors.yellow);
      }
    }

    @override
    void onCollisionEnd(PositionComponent other) {
      setColor(_color);
    }
  }
```

図8-11：10個のスプライトがランダムに動く。スプライトどうしが接触すると黄色く変わる。画面の端まで来ると跳ね返り、外には出ない。

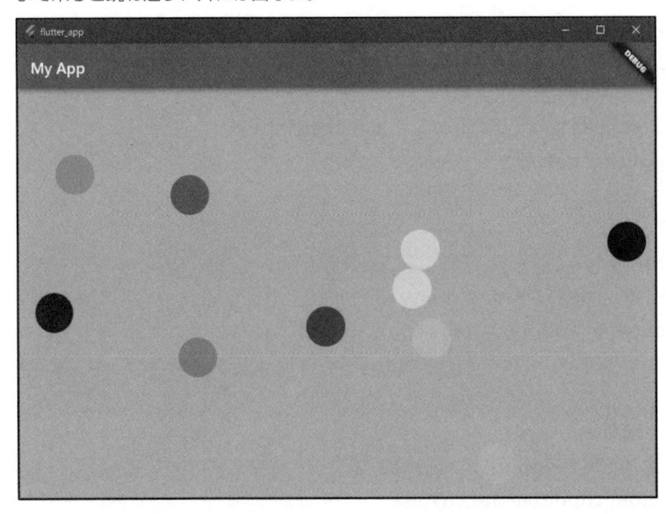

実行すると、画面の中を10個のスプライトがランダムに動き回ります。画面の端まで来ると跳ね返り、外には出ません。またスプライトどうしが接触すると、触れている間は黄色に変わります。

ここではSampleGameのonLoadで、add(ScreenHitbox());としてScreenHitboxを追加しています。たったこれだけで、画面の端に来たら衝突イベントが発生するようになります。

乱数の利用

ここでは、MySpriteを作成する際、色や位置、スピードなどをランダムに設定しています。乱数はゲームでもよく利用される機能ですので、ここで使い方を覚えておきましょう。

まず、ランダムな色を作成する処理です。これは乱数を生成する「**Random**」クラスのインスタンスを用意します。

```
final _rnd = Random();
```

このRandomは、実数や整数などさまざまな乱数を生成できます。ここではColor.fromARGBで色を作成する際、RGBの各色に0以上255未満の範囲で整数をランダムに設定しています。

```
_color = Color.fromARGB(255,
    _rnd.nextInt(256),
    _rnd.nextInt(256),
    _rnd.nextInt(256));
```

「**nextInt**」は、ゼロから引数に指定した値までの範囲でランダムな整数を返します。ここでは256を指定していますが、指定した256は範囲に含まれません(256未満になります)。つまり、0～255の範囲でランダムに値が得られるというわけです。

同様のものに、実数や真偽値をランダムに得るメソッドも用意されています。

■0～1の実数をランダムに返す

```
《Random》.nextDouble()
```

■真偽値をランダムに返す

```
《Rando》.nextBool()
```

nextDoubleは、0以上1未満の範囲で値を返します。つまり、1は含まれません。nextBoolは、trueとfalseをランダムに返します。

ランダムなベクトル値

この他、位置や速度の値として、ランダムにVector2値を作成し利用しています。これを行っているのが以下の文です。

```
final _loc = Vector2.random();
_delta = Vector2.random() * 3.0;
```

Vector2の「**random**」メソッドは、0以上1未満の間の実数でランダムなVector2を作成して返します。同様のものはVector3やVector4にも用意されています。

ゲーム情報の参照

スプライトの位置は、Vector2.randomでランダムに値を作成した後、このxとyにそれぞれゲーム画面の縦横幅をかけて位置を設定しています。

```
_loc.x *= gameRef.canvasSize.x;
_loc.y *= gameRef.canvasSize.y;
position = _loc;
```

gameRefは、このスプライトが組み込まれているゲーム画面クラスの参照でしたね。「canvasSize」は、ゲーム画面の大きさをVector2値として保管するプロパティです。ここからxとyの値を取り出し、それを利用して表示位置の_locを調整していたのですね。

ミニ・ブロック崩し

最後に、Flameを使ったゲームの例として、実際に遊べるものを作ってみましょう。今回作るのは、シンプルなブロック崩しです。起動するとすぐにゲームがスタートします。ボールがゆっくりと動くので、「J」キーと「L」キーで下に見えるバーを左右に動かし、跳ね返してください。ゲーム画面の一番下までボールが来るとゲームオーバーです。またすべてのブロックを消してもゲームは終了になります。

ボールは、バーの当たる位置によって跳ね返り方が変化します。またブロックが消えていくに連れ、ボールのスピードも少しずつ速くなっていきます。

図8-12：バーを左右に動かしてボールを跳ね返し、ブロックを消していく。

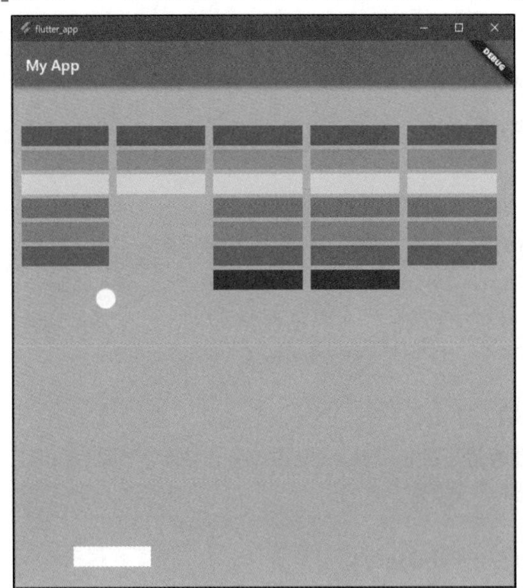

図8-13：一番下の端にボールが触れるとゲームオーバー。

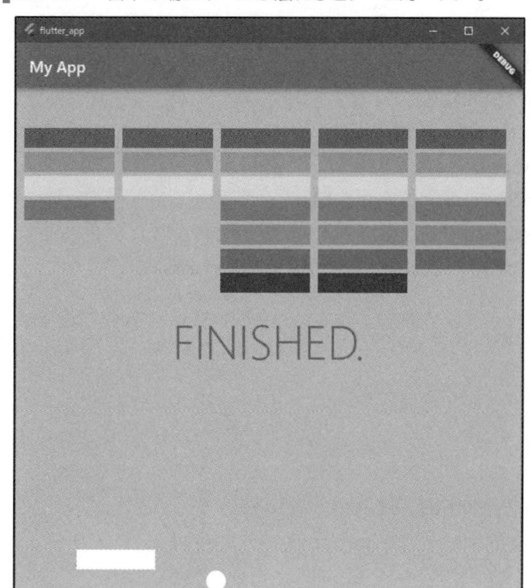

main.dart を作成する

例によってSampleGameクラスを修正し、その他にBallSprite、BlockSprite、BarSprite、TextSpriteという4つのクラスを記述します。けっこう長くなりますが、間違えずに記述しましょう。なお用意するimport文もけっこうな数になるので、今回は全コードを掲載しておきます。

リスト8-11

```
// 必要なimport文
import 'package:flame/collisions.dart';
import 'package:flame/components.dart';
import 'package:flame/events.dart';
import 'package:flame/experimental.dart';
import 'package:flame/extensions.dart';
import 'package:flame/game.dart';
import 'package:flutter/material.dart';
import 'package:flutter/services.dart';

void main() {
  WidgetsFlutterBinding.ensureInitialized();

  runApp(MyApp());
}

class MyApp extends StatelessWidget {
```

```
  @override
  Widget build(BuildContext context) {
    return MaterialApp(
      title: 'Generated App',
      theme: ThemeData(
        primarySwatch: Colors.blue,
        primaryColor: const Color(0xff2196f3),
        canvasColor: const Color(0xfffafafa),
      ),
      home: MyHomePage(),
    );
  }
}

class MyHomePage extends StatefulWidget {
  MyHomePage({Key? key}) : super(key: key);

  @override
  _MyHomePageState createState() => _MyHomePageState();
}

class _MyHomePageState extends State<MyHomePage> {

  @override
  Widget build(BuildContext context) {
    return Scaffold(

        appBar: AppBar(
          title: Text('My App'),
        ),

        body: GameWidget(game: SampleGame(),
      ),

    );
  }
}

// ゲーム画面のクラス
class SampleGame extends FlameGame
    with HasCollisionDetection,
        HasKeyboardHandlerComponents  {
  late final List<BlockSprite> _blocks;
```

```
  bool _flag = true;
  final List<Color> colors = [
    Colors.red,
    Colors.orange,
    Colors.yellow,
    Colors.green,
    Colors.cyan,
    Colors.blue,
    Colors.purple,
  ];

  @override
  Color backgroundColor() => const Color(0xFFCCCCFF);

  @override
  Future<void> onLoad() async {
    await super.onLoad();
    add(ScreenHitbox());
    final _size = Vector2((size.x - 10) / 5 - 10, 25);
    _blocks = <BlockSprite>[];
    for(var i = 0;i < 7;i++) {
      for(var j = 0;j < 5;j++) {
        var sp = await BlockSprite(_size,
            Vector2(j * (_size.x + 10) + 10, 30 * i + 50),
            colors[i]);
        _blocks.add(sp);
        add(sp);
      }
    }
    add(await BallSprite());
    await add(BarSprite());
  }

  void gameOver() {
    _flag = false;
    add(TextSprite("FINISHED."));
  }
}

// ボール・コンポーネント
class BallSprite extends CircleComponent
    with CollisionCallbacks, HasGameRef<SampleGame>  {
  var _size = 25.0;
  late Vector2 _delta;
```

```
@override
Future<void> onLoad() async {
  await super.onLoad();
  size = Vector2(_size, _size);
  final _loc = Vector2(
      gameRef.canvasSize.x / 2 - 12,
      gameRef.canvasSize.y - 100);
  position = _loc;
  _delta = Vector2(1, -1);
  setColor(Colors.white);
  add(CircleHitbox());
}

@override
void update(double delta) {
  if (!gameRef._flag) { return; }
  super.update(delta);
  position += _delta * delta * 100;
}

@override
void onCollision(Set<Vector2> points,
    PositionComponent other) {
  if (!gameRef._flag) { return; }
  if (other is ScreenHitbox) {
    if (position.x <= 0) {
      _delta.x = _delta.x.abs();
    }if (position.x >= other.width - _size) {
      _delta.x = -_delta.x.abs();
    }
    if (position.y <= 0) {
      _delta.y = _delta.y.abs();
    }if (position.y >= other.height - _size) {
      _delta.y = -_delta.y.abs();
      gameRef.gameOver();
    }
  }
  if (other is BlockSprite) {
    if (position.x + size.x / 2 < other.position.x) {
      _delta.x = -_delta.x.abs();
    }if (position.x + size.x / 2 > other.position.x + ↵
      other.width) {
      _delta.x = _delta.x.abs();
```

```
        }
        if (position.y + size.y / 2 < other.position.y) {
          _delta.y = -_delta.y.abs();
        }
        if (position.y  + size.y / 2 > other.position.y + 
          other.height) {
          _delta.y = _delta.y.abs();
        }
      }
      if (other is BarSprite) {
        if (position.x + size.x / 2 < other.position.x) {
          _delta.x = -_delta.x.abs();
        }if (position.x + size.x / 2 > other.position.x + 
          other.width) {
          _delta.x = _delta.x.abs();
        }
        if (position.y + size.y / 2 < other.position.y) {
          _delta.y = -_delta.y.abs();
          final d = ((other.position.x + other.width / 2) - 
            (position.x + size.x / 2));
          final p = (other.width / 5).floor();
          _delta.x -= (d / p);
          _delta.x = _delta.x > 3 ? 3 : _delta.x;
          _delta.y = -(5 / (gameRef._blocks.length / 5).ceil() + 1);
        }
        if (position.y  + size.y / 2 > other.position.y + 
          other.height) {
          _delta.y = _delta.y.abs();
        }
      }
    }
  }

// ブロック・コンポーネント
class BlockSprite extends PositionComponent
    with CollisionCallbacks, HasGameRef<SampleGame>{
  late Vector2 _position;
  late Vector2 _size;
  late Paint _paint;
  late Color _color;

  BlockSprite(this._size, this._position, this._color): super();

  @override
```

```
  Future<void> onLoad() async {
    await super.onLoad();
    position = _position;
    size = _size;
    _paint = Paint()
      ..style = PaintingStyle.fill
      ..color = _color;
    add(RectangleHitbox());
  }

  @override
  void render(Canvas canvas) {
    super.render(canvas);
    final r = Rect.fromLTWH(0, 0, _size.x, _size.y);
    canvas.drawRect(r, _paint);
  }

  @override
  void onCollisionEnd(PositionComponent other) {
    if (!gameRef._flag) { return; }
    gameRef.remove(this);
    gameRef._blocks.remove(this);
    if (gameRef._blocks.length == 0) {
      gameRef.gameOver();
    }
  }
}

// バー・コンポーネント
class BarSprite extends PositionComponent
    with CollisionCallbacks, KeyboardHandler,
        HasGameRef<SampleGame> {
  Vector2 _delta = Vector2.zero();
  late Paint _paint;

  BarSprite(): super();

  @override
  Future<void> onLoad() async {
    await super.onLoad();
    size = Vector2(100, 25);
    position = Vector2(gameRef.canvasSize.x / 2 - 50,
      gameRef.canvasSize.y - 50);
    _paint = Paint()
```

```
        ..style = PaintingStyle.fill
        ..color = Colors.white;
      add(RectangleHitbox());
    }

    @override
    void update(double delta) {
      if (!gameRef._flag) { return; }
      position += _delta * delta * 100;
      super.update(delta);
    }

    @override
    void render(Canvas canvas) {
      super.render(canvas);
      final r = Rect.fromLTWH(0, 0, 100, 25);
      canvas.drawRect(r, _paint);
    }

    @override
    bool onKeyEvent(
        RawKeyEvent event,
        Set<LogicalKeyboardKey> keysPressed,
        ) {
      if (!gameRef._flag) { return false; }
      if (event is RawKeyUpEvent){
        _delta = Vector2.zero();
      }
      if (event.character == 'j') {
        _delta.x = -3;
      }
      if (event.character == 'l') {
        _delta.x = 3;
      }
      return true;
    }
}

// テキスト・コンポーネント
class TextSprite extends TextComponent
      with HasGameRef<SampleGame> {
    late String _message;

    TextSprite(this._message): super();
```

```
  @override
  Future<void> onLoad() async {
    await super.onLoad();
    anchor = Anchor.center;
    position = Vector2(gameRef.canvasSize.x / 2,
      gameRef.canvasSize.y / 2);
    text = _message;
    textRenderer = TextPaint(
      style: TextStyle(
        fontSize: 60.0,
        fontWeight: FontWeight.w300,
        color: Colors.red,
      ),
    );
  }
}
```

コードのポイント

今回はかなり長いコードになるので、すべて詳しく説明していくのは大変です。クラスごとに、どのようなことを行っているのかポイントをかいつまんでまとめておきましょう。

SampleGame クラス

FlameGameのクラスですね。ゲーム画面のクラスであり、ゲームのベースとなるものです。ここには、表示するスプライト関係の変数やゲーム状態などゲーム全体に関する値などが用意されています。

HasCollisionDetection, HasKeyboardHandlerComponentsといったミックスインを追加しており、これによりコリジョンとキーイベントの処理を行えるようにしています。

■フィールド

List<BlockSprite> _blocks	ブロックのスプライトを保管するリストです。
BallSprite _ball	ボールのスプライトを保管します。
BarSprite _bar	バーのスプライトを保管します。
bool _flag	ゲーム中かどうかを示すフラグ変数です。trueならゲーム中、falseなら終了しています。
List<Color> colors	ブロックの色をまとめたリストです。

■Future<void> onLoad() asyncメソッド

初期化処理のメソッドでしたね。ここでは、以下のような処理を行っています。

1. ScreenHitboxの追加。
2. 二重の繰り返しを使い、5×7のブロックを作成し、_blocksに保管する。
3. ボールのスプライトを作成する。
4. バーのスプライトを作成する。

■void gameOver()メソッド

ゲームを終了するためのものです。これが呼び出されるとゲーム中を示すフラグ変数_flagがfalseになり、テキストを表示するコンポーネントを追加して「FINISH」と表示します。

BallSprite クラス

ボールの表示を行うクラスです。CircleComponentを継承しています。CollisionCallbacks, HasGameRef<SampleGame>のミックスインを組み込んでおり、コリジョンとゲーム画面の参照を使えるようにしています。

ボールは、ゲームの要となるコンポーネントです。常に一定速度で動いており、ブロック、ゲーム画面の端、バーに当たると跳ね返ります。またゲーム画面の下端に触れるとゲームオーバーになります。もっとも多くの機能が組み込まれているクラスです。

■フィールド

var _size	ボールの大きさを示すVector2値。
Vector2 _delta	ボールの移動量を示すVector2値。

■Future<void> onLoad() asyncメソッド

ボールの初期化処理です。_sizeの値をもとに大きさを設定し、gameRef.canvasSizeで得られたゲーム画面の大きさをもとに、画面の中央、下から100離れた場所にボールを配置します。他、移動量を示す_deltaに初期値を設定し、カラーの設定、CircleHitboxの組み込みなどを行います。

■void update(double delta)メソッド

gameRef._flagがfalseの場合は何もせずに抜けます。それ以外の場合は、_deltaをpositionに足して位置を移動します。この移動も、引数deltaを使ってハードウェアが異なっても同じスピードになるよう調整しています。

■void onCollision(Set<Vector2> points, PositionComponent other)メソッド

衝突判定の処理です。引数で渡される相手のコンポーネント(other)がScreenHitboxの場合、BlockSpriteの場合、BarSpriteの場合でそれぞれどのようにボールが跳ね返るかを設定しています。

ボールの跳ね返りは、状況に応じて_deltaの値を変更することで実現しています。_delta.xの値を正負が逆になれば横方向に跳ね返り、_delta.yを正負逆にすれば縦方向に跳ね返ります。

BarSpriteと衝突した場合には、バーの中心からどれだけ離れているかによって跳ね返る横方向の速度が変わるようにしています。またScreenHitboxと衝突した場合、画面の下端に接触した場合はSampleGameのgameOverメソッドを呼び出してゲームを終了します。

BlockSprite クラス

ブロックのクラスです。PositionComponentを継承して作られています。CollisionCallbacks, HasGameRef<SampleGame>のミックスインを組み込んでおり、コリジョンとgameRefが使えるようになっています。

ブロックはただ配置しているだけで動かないのであまり多くの処理はありません。初期化と表示関係が中心です。ただしボールがぶつかると、画面から取り除かれる処理が必要になります。

■フィールド

Vector2 _position	ブロックの位置。
Vector2 _size	ブロックの大きさ。
Paint _paint	描画に使うPaint値。
Color _color	ブロックのカラー。

■Future<void> onLoad() asyncメソッド

初期化処理です。位置と大きさ、描画に使うPaintなどの設定を行います。またRectangleHitboxを追加し、コリジョンを用意しています。

■void render(Canvas canvas)メソッド

_sizeの値をもとに、drawRectメソッドで四角形を描画します。

■void onCollisionEnd(PositionComponent other)メソッド

ボールが当たったときの処理です。gameRef.removeでSampleGameから取り除き、更にブロックを保管している_blocksからも取り除きます。_blocksのリストに保管されているブロックの数がゼロになっていたらゲームオーバーの処理を呼び出します。

BarSprite クラス

プレイヤーが操作するバーのクラスです。PositionComponentを継承して作成しています。CollisionCallbacks, KeyboardHandler,HasGameRef<SampleGame>といったミックスインを追加してあります。

キーボードで左右に動かすことができ、ボールがぶつかると跳ね返ります。ただし跳ね返りの処理はボール側で行っているため、バーでは処理する必要はありません。キーによる操作と表示の作成が主な機能です。

■フィールド

Vector2 _delta	バーの移動量を示す値。
Paint _paint	バーの描画に使うPaint値。

■Future<void> onLoad() asyncメソッド

初期化処理です。大きさ、位置、描画用のPaintといったものを設定し、RectangleHitboxを組み込んでいます。位置は、gameRef.canvasSizeを使い、画面の中心、下から50離れた場所に設定しています。

■void update(double delta)メソッド

gameRef._flagがfalseの場合はゲーム終了として何もしません。そうでない場合は、_deltaをpositionに足して位置を移動します。この移動も、引数deltaを使ってスピードを調整しています。

■void render(Canvas canvas)メソッド

100x25サイズでdrawRectを使いバーを描きます。サンプルではバーのサイズは固定にしてあります。

■bool onKeyEvent(RawKeyEvent event, Set<LogicalKeyboardKey> keysPressed)メソッド

gameRef._flagがfalseの場合はゲーム終了と判断し何もしません。それ以外の場合は、押されたキーにより_deltaのxの値を変更します。

TextSpriteクラス

ゲーム終了のメッセージを表示するためのものです。TextComponentを継承しています。HasGameRef<SampleGame>ミックスインを追加しgameRefを使えるようにしています。

■フィールド

String _message	表示するメッセージを設定します。

■Future<void> onLoad() asyncメソッド

初期化処理であり、これが用意されている唯一のメソッドです。anchorを中心に設定し、gameRef.canvasSizeを使って画面の中央に位置を設定します。これで画面の中心にメッセージが表示されるようになります。後は表示テキストと、表示に使うPaintを用意しているだけです。

ゲームのための技術を身につけよう

以上、簡単なゲームをFlameで作成してみました。コードの詳細は省略しますが、コードに書かれているのは既に説明したものばかりですから、じっくりと読んでいけば必ず内容を理解できるはずです。頑張って挑戦してみてください。

ある程度、内容が理解できたら、ゲームを改良していきましょう。ここで作ったブロック崩しは、必要最低限の機能しかありません。これに、さまざまな機能を付け加えてよりゲームらしくしてみてください。例えば、スコアの表示。終わった後、ボタンなどで新たにプレイできるようにする機能。ぶつかったときの効果音やエフェクトの追加。ゲームのスタート画面の表示。こうした機能を1つ1つ考えながら実装してみてください。

そうしてゲームのさまざまな機能の作り方を1つずつ覚えておけば、それらを組み合わせて本格的なゲームも作れるようになるはずですよ。

2022年10月
掌田　津耶乃

Addendum

Dart超入門

「Flutterを使いたい、でもDartなんてわからない」という人、諦める必要はありません。「今すぐDartを知りたい」という人のために、超簡易版のDart入門を用意しました。Flutterの学習を始める前に、Dartの基礎文法を頭に叩き込んでおきましょう！

A-1 Dart文法の基礎

これは必要最低限の入門です！

Flutterでは、「Dart」というプログラミング言語を使います。このDartという言語、耳にしたことがない人も多いでしょう。それほどメジャーなものではないですし、Flutter以外のところで使われることもあまりありません。

Dartは、Flutterの専用言語というわけではありません。これは、Webで使われるJavaScriptの代わりとなるものとしてGoogleが中心となり開発された言語です。JavaScriptに置き換えることを考えていたため、基本的な部分はJavaScriptに非常に似ています。このため、JavaScriptを知っていれば、比較的簡単に基本文法は覚えられます。

ここでは、「この程度知っていれば、Flutterの学習を始められるだろう」という必要最小限の内容に絞って、Dartの使い方を説明していきます。決して「これでDartをマスターできる」とか「これだけわかればDartは十分」というものではありません。「今すぐFlutterを学び始めたいから、とりあえず『これだけ知らないと困る』ということだけパパッと頭に入れておきたい」という人のためのものです。

ですから、ざっと理解してFlutterの学習を開始したら、それとは別にじっくりとDartという言語についても学び直すようにしてください。ここで「Dartの学習はおしまい」にはしないでくださいね。

では、Dart入門、スタートしましょう！

DartPadで動かそう

Dartを使うには、Dart言語を入手しインストールする必要があります。が、ただ「学習に使うだけ」なら、もっと簡単なものがあります。それは「DartPad」を使うのです。

DarPadは、Webで公開されているDartの編集実行環境です。これは以下のURLで公開されています。

https://dartpad.dev

図A-1：DartPadのページ。その場でDartを書いて実行できる。

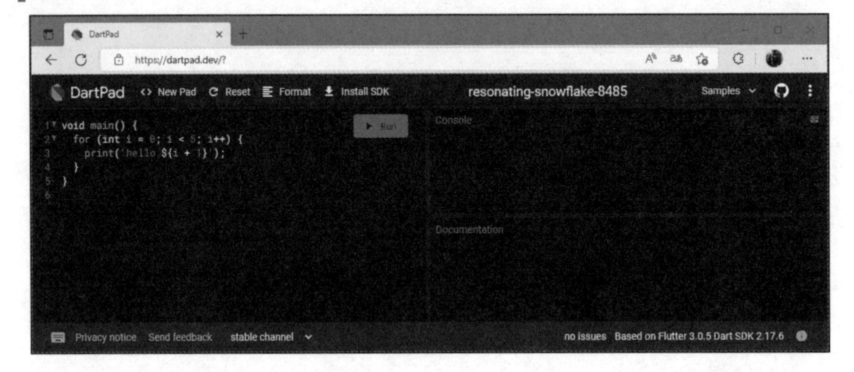

このDartPadでは、左側のエリアがDartのテキストエディタになっており、ここに直接コードを入力し編集できます。コードは自動的に色分け表示され、フォーマットされます。また入力時には、必要に応じて利用可能なキーワードがポップアップ表示されるなど、入力を支援する機能も一通り用意されており、かなり快適なコーディングが行えます。

記入したコードは「Run」ボタンをクリックするとその場で実行され、右側のエリアに結果が表示されます。非常に簡単ですね。

ちなみに、記述したコードの中でわからないキーワードなどがあれば、それをクリックすると、右下に説明が現れます。Dartの学習に最適なツールであることがよくわかるでしょう。

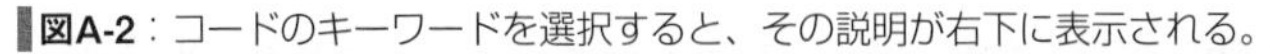

図A-2：コードのキーワードを選択すると、その説明が右下に表示される。

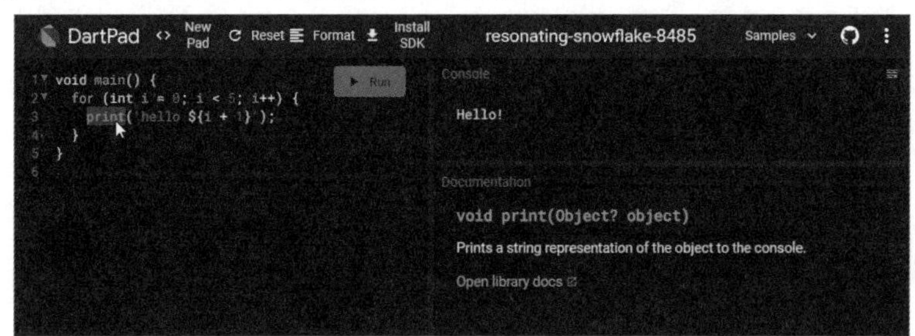

コードを動かそう

では、実際にコードを書いて動かしてみましょう。左側のエディタエリアに書かれているコードを以下のように書き換えてください。

リストA-1

```
void main() {
  print("Hello!");
}
```

図A-3：実行すると「Hello!」と表示される。

「Run」ボタンを押して実行すると、右側のエリアに「Hello!」と表示されます。これは「Hello!」というテキストを表示するプログラムだったのですね。

main関数について

Dartのプログラムは、「こう書かないといけない」という基本的な形が決まっています。それは、このようなものです。

```
void main() {
  ……ここに実行する内容を書く……
}
```

void main()というものの後にある{と、下にある}との間の部分に、実行する内容を書くようになっているのですね。

このvoid main(){……}という記述は「関数」というものです。関数というのは後ほど説明しますが、実行する処理をひとまとめにしてどこからでも呼び出せるようにしたものです。

この関数は「main関数」といって、特別な役割を果たします。main関数は、Dartのプログラムを実行すると、最初に呼び出される特別な関数なのです。ここに実行内容を書いておけば、必ずそれが実行されます。

関数については改めて触れるので、ここでは「Dartのコードは、main関数の{}の部分に書くのが基本」ということだけ覚えておきましょう。

printについて

今回のサンプルでは、Hello!というテキストを出力するのに「**print**」というものを使っていますね。printは、以下のようにしてさまざまな値を表示させることができます。

```
print( 値 );
```

このprintも、実は「関数」です。「mainと同じ関数？」と、ちょっと頭に？？？が飛び回ってしまいそうですが、関数というのは「さまざまな機能をひとまとめにして、いつでも呼び出せるようにしたもの」なんですね。ですから、mainのように自分の書いた処理を1つにまとめるのにも使いますし、あらかじめよく使う機能を関数として用意しておき、それを呼び出して実行するのにも使います。

このprintは、Dartにあらかじめ用意されている関数の1つなのです。Dartには、よく使われる機能が関数としてたくさん用意されていて、それらを使ってプログラムを作れるようになっているんですね。

値について

プログラミングで最初に覚えないといけないのは「値」です。Dartでは、値にはさまざまな種類(型、タイプ)があります。もっとも重要な型は、「整数」「実数」「テキスト」「真偽値」の4つといっていいでしょう。

■整数

数値は整数と実数が別の型になっています。整数は「**int**」という型が一番よく使われます。だいたい10の-53乗～ 10の53乗の範囲の値が使えます。整数の値は、そのまま数字を書くだけです。

```
例)123          0          9999
```

■実数

実数は「**double**」という型がよく使われます。「小数点以下を持つ値」の他、整数の値では収まりきれないぐらい猛烈に桁数が多い値などにも用いられます。数値に小数点を付けて書くと、double値と判断されます。

```
例)1.2345          0.001          1.0
```

■テキスト

テキストは「**String**」という型として用意されています。これは、テキストの前後をシングルクォート(')あるいはダブルクォート(")でくくって記述します。また、シングルクォート3つ(''')でくくると、改行を含むテキストを値として記述できます。

```
例)"Hello"          'あいうえお'          '''this is sample.'''
```

■真偽値

これはコンピュータ特有の値で、「正しいか、そうでないか」という二者択一の状態を表すのに使います。「**bool**」という型として用意されており、使える値は「true」「false」の2つだけです。

```
例)true          false
```

変数について

値は、そのままコードの中に記述することもあります(コード内に直接書かれた値は「**リテラル**」と呼ばれます)。しかし、それ以上に多いのは「変数」に保管して利用することでしょう。

変数は、さまざまな値を一時的に保管しておく入れ物です。この変数は以下のような形で作成します。

```
var 変数 = 値;
例)var x = 100;
```

あるいは、保管する値の型を指定して変数を作成することもできます。この場合、とりあえず変数だけ用意し、値は後で入れることもできます。

```
型 変数;
型 変数 = 値;
例)int x = 100;
```

値の代入

作成した変数には、いつでもイコール記号を使って値を入れることができます。こんな具合ですね。

```
変数 = 値;
```

変数に値を入れることを「**代入**」といいます。値を代入すると、それまで保管されていた値を上書きして新しい値にします。つまり、前にあった値は消えてしまうわけです。

Column　Dartは静的型チェックの言語

Dartの変数は、作成する際に「変数の型」が決まっています。作ったときに「この型の値を入れるもの」ということを指定する必要があるのです。こういう「最初から型が決まっていて変えられない」方式を「静的型チェック」といいます。
「でも、varで作るときは型なんて指定してないぞ？」と思った人。Dartには「型推論」という機能があり、代入する値から自動的に型を判別しているのです。従って、varで変数を作っても、ちゃんと型が指定されています。

定数もある

変数は、後からいつでも値を代入して変更できますが、変更のできない変数（？）もあります。それが「**定数**」です。定数は、作成したときの値がそのまま使われ、後で変更できません。

```
const 定数 = 値;
例)const x = 100;
```

定数も変数と同様、型が決まっています。「どの型の値を設定するか」をはっきりしておきたいときは、constの後に型を指定して書くこともできます。

```
const 型 定数 = 値;
例)const int x = 100;
```

定数の場合、後から値を設定できないため、必ず作成時に値を代入する必要があります。変数のように「とりあえず作って後で入れる」はできないので注意しましょう。

このconstによる定数と似たものに「**final**」というものもあります。

```
final 変数 = 値;
例)final x = 100;
```

こちらは「再代入不可」を示すキーワードです。constによる定数は、プログラムをコンパイルする際に定数として処理されますが、finalは変数であり、実行時に「再代入ができない」ように設定されているものです。

「どっちも同じでは？」と思ったかも知れませんが、constは定数なので、作るときに必ず値を代入しないといけません。しかしfinalは「再代入できない変数」なので、まず変数だけ用意しておき、後で代入することもできます（一度だけ。代入したら、その後は変更できない）。

値の演算

値や変数は、式を使って計算させることができます。整数や実数の値は、そのまま四則演算の記号(演算子といいます)を使って計算をさせることができます。用意されている演算子は以下のようになります。

（※わかりやすいようAとBの2つの値を使う形で掲載します）

A + B	AにBを足す
A - B	AからBを引く
A * B	AにBをかける
A / B	AをBで割る
A % B	AをBで割ったあまりを得る
A ~/ B	AをBで割った整数値を得る

見ればわかるように、割り算には3つの演算子が用意されています。/は普通に割るもので、これは小数点以下まで計算した実数の値になります。%はあまりを返すもので、~/は割った整数部分だけを返すものです。これらはいずれも整数値になります。

テキストも演算できる

数値の演算はこのようにできますが、実はテキストも演算ができます。足し算と掛け算で、それぞれ以下のようになります。

テキスト + テキスト	2つのテキストを1つにつなげる
テキスト * 整数	テキストを指定の数だけ繰り返しつなげる

例えば、"A" + "B"とすれば、"AB"というテキストが得られます。また"A" * 3とすると、"AAA"というテキストが得られます。

値と変数を使ってみる

では、実際に値と変数を使った簡単なプログラムを動かしてみましょう。DartPadのコードを以下のように書き換えてみてください。

リストA-2

```
void main() {
  const a = 12;
```

```
  const int b = 34;
  int c = 56;
  var x = a * b ~/ c;
  print("計算結果");
  print(x);
}
```

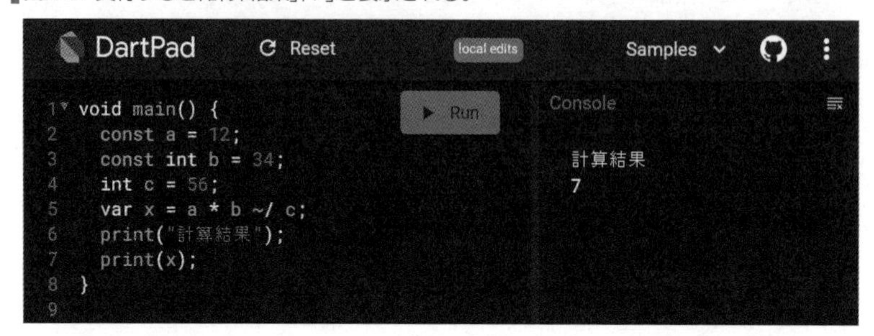

図A-4：実行すると「計算結果」「7」と表示される。

書いたら「Run」ボタンで実行してみましょう。「計算結果」というテキストの下に「7」と表示されます。これは、12 * 34 / 56の整数部分の値を表示したものです。

ここでは、定数と変数を以下のようにして用意しています。

```
const a = 12;
const int b = 34;
int c = 56;
var x = a * b ~/ c;
```

定数は、ただconstだけを指定するのと、型を指定する書き方ができました。そして変数も型を指定するものとvarを使う方法がありました。変数xは、他の変数を使った式を代入していますね。式では値のリテラル、変数、定数など「値を表すもの」であればどんなものでも使えます。

演算の式は、結果の値が変数に代入されます。var x = a * b ~/ c;では、実行時にa * b ~/ cを計算し、その結果をxに代入するのです。

Column　文はセミコロンで終わる

リストを見て、1つ1つの文がすべてセミコロン(;)で終わるのに気がついたことでしょう。Dartでは、文の終わりにはセミコロンを付けるのが基本です。ただしmainの}の後のように構文の{}の後にはセミコロンは付けません。

リストについて

プログラミング言語には、たくさんの値を1つにまとめて保管するための特別な値が用意されています。一般に「配列」と呼ばれるもので、たくさんの値を「**インデックス**」と呼ばれる番号で管理します。

Dartでは、配列の機能は「**リスト**」という値として用意されています。これは、以下のようにして作成します。

```
[ 値1, 値2, 値3, ……]
```

[]という記号の中に、保管する値を1つずつカンマで区切って記述します。これで、それらの値をすべてひとまとめにしたリストになります。

リストは、他の一般の値と同じように変数や定数に代入できます。そしてその中から、値の番号(インデックス)を指定して値を取り出したり、そのインデックスの値を変更したりできます。

```
リスト[ 番号 ] = 値;
変数 = リスト[ 番号 ];
```

リストを代入した変数の後に[番号]という形で、利用する値が保管されている場所を示すインデックスの番号を指定します。インデックスはゼロから順に割り振られますので、最初の値は[0]、2番目の値は[1]というように感覚的に1ずれた番号で割り振られるので注意しましょう。

また、値がない番号を指定するとエラーになります。これは値を取り出すときだけでなく、代入するときもです。例えば、[10]と指定したとき、インデックス10の値がリストにないとエラーになります。

リストを使ってみる

では、実際にリストを使った例を挙げておきましょう。DartPadのコードを以下に書き換えてください。

リストA-3

```
void main() {
  var arr = <int>[1,2,3];
  arr[0] = arr[1] + arr[2];
  print(arr);
}
```

図A-5：3つの値を持つリストを作り、2番目と3番目を足して1番目に代入する。

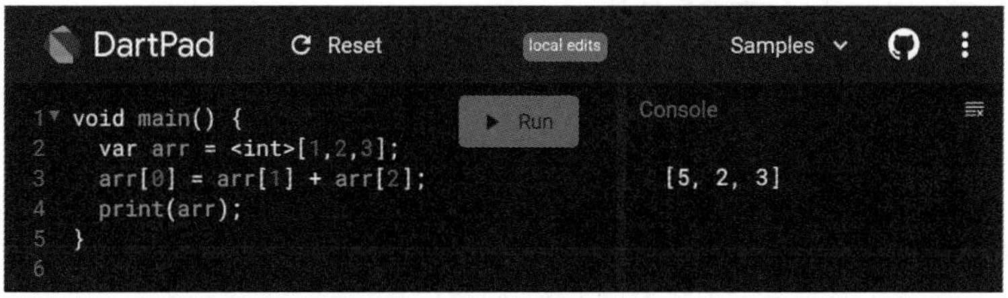

ここでは、[1,2,3]というように3つの値を持つリストを変数arrに用意しています。そ

して[1]と[2]の値を足して[0]に代入します。これでprintを使って表示すると、[5,2,3]となることがわかります。

ジェネリクスについて

なお、リストを作る際、<int>というものがつけられていますが、これは「このリストはint型の値を使う」ということを指定するためのものです。

Dartでは、リストの他にもさまざまな型の値を使えるものがたくさんあります。こうしたものを利用するときは、あらかじめ「この型の値を使う」ということを指定し、それ以外の値が使えないようにできると大変便利です。それを行っているのが、この<int>です。

使える型を指定する<型>というものは「**ジェネリクス**」と呼ばれます。これはFlutterでもよく使われるので、ここでどういうものかぐらいは覚えておいてください。

マップについて

このリストと似たようなものに「**マップ**」というものもあります。マップは、リストのインデックスという番号の代わりに「名前」を付けて値を管理するものです。これは、{}という記号の中に、名前(キーと呼ばれます)と値をセットにして記述します。

```
{ キー:値, キー:値, ……}
```

こんな形ですね。キーと値をころんでつないだものを、必要なだけカンマでつなげて記述していきます。キーは通常、テキストを使いますが、テキスト以外のものを使うこともできます。

保管されている値は、リストと同様、変数に[キー]というようにして取り出すキーを指定して利用できます。

```
マップ[ キー ] = 値;
変数 = マップ[ キー ];
```

マップの場合、リストのように番号順に値が並んでいるわけではありません。キーにはどんな値が設定されているかわからないので、場合によっては「キーを指定して取り出そうとしたけど値がなかった」といったこともあり得ます。そんな場合もエラーにはならず、「値がない状態」を示す特別な値「null」が得られます。

マップのデータを合計する

では、マップの利用例を挙げておきましょう。DartPadのコードを以下に書き換えてください。

リストA-4

```
void main() {
  var map = {"A":1,"B":2,"C":3};
  map["total"] = map["A"]! + map["B"]! + map["C"]!;
```

```
  print(map);
}
```

図A-6：マップの"A", "B", "C"の値を合計して"total"に代入する。

```
void main() {
  var map = {"A":1,"B":2,"C":3};
  map["total"] = map["A"]! + map["B"]! + map["C"]!;
  print(map);
}
```

```
{A: 1, B: 2, C: 3, total: 6}
```

ここでは、"A", "B", "C"という3つの値を持つマップを作成し、その合計を計算して"total"キーに保管しています。printされたマップを見ると、"A", "B", "C", "total"という4つの値が保管されていることがわかるでしょう。

マップはリストと違い、好きな名前をつけて値を保管できます。この柔軟さがマップの利点といってよいでしょう。

Column nullセーフティについて

サンプルのコードを見ると、mapの値を利用するのにmap["A"]!というような書き方をしていますね。この最後にある「!」記号は「nullではない」ことを保証する記号です。
Dartは、nullの扱いが非常に厳格に決められています。マップは、指定したキーの値が見つからない場合、nullになるので、ここでは!という記号を付けて、nullではないことを保証しているのです。
この他にも、nullに関する機能はDartに用意されています。よく見るのは「??」という記号です。これは、変数の値がnullだったとき代わりに使う値を指定します。

```
var x = A ?? 0;
```

例えばこのようにすると、Aがnullの場合はゼロがxに代入されるようになります。Dartでは、このようにして「値がnullであることで起きるさまざまな問題」を回避するように設計されています。
このような考え方を「nullセーフティ」といいます。Dartは、nullセーフティな言語なのです。

キーと値の型を指定するには？

マップでは、キーにも値にもさまざまな値が使えます。例えば{"A":"1", 2:2, 3.0:3.0}というようにすると、キーとマップにそれぞれString, int, doubleを使ったマップが作れます。

ただし、実際にマップを使う場合、「同じ型の値だけが入れられないと困る」ということもあるでしょう。そのような場合には、マップを作る際、<>記号でキーと値の型を指定することができます。そう、リストで出てきた「ジェネリクス」ですね。

例えば、先ほどのサンプルで変数mapにマップを代入する文を以下のように書き換えてみましょう。

リストA-5

```
var map = <String,int>{"A":1,"B":2,"C":3,"total":0};
```

こうすると、キーにString、値にintの型が設定され、それ以外の型を使えなくなります。この後で出てきますが、リストやマップは繰り返し構文を使って値を順に取り出して処理をすることが多いものです。そんなとき、保管される値がどんなものかわからないと困ります。そこで、<>を使い、決まった型の値だけが保管できるようにすることがあるのです。

A-2 制御構文

if構文について

値と変数の基本がわかったら、次に覚えるのは「制御構文」と呼ばれるものです。制御構文は、処理の流れを制御するためのものです。例えば状況に応じて異なる処理を実行したり、必要に応じて同じ処理を何度も繰り返したりするのに使います。

制御構文にはいくつかの種類があるので順に見ていきましょう。まずは「if」構文からです。

「if」は条件分岐

「**if**」という構文は、条件となるものをチェックし、それがtrueかfalse家によって異なる処理を実行させるものです。これは以下のように記述します。

```
if (条件){
  ……true時の処理……
} else {
  ……false時の処理……
}
```

ifの後には、()で条件となるものを用意します。これは、わかりやすくいえば「結果が真偽値になっている式や関数など)です。この()部分をチェックし、その結果がtrueかfalseかによって異なる処理を実行できるようにしていたのです。

else以降はオプションであるため、必要なければ省略しても構いません。その場合、条件がFalseだと何もしないで次に進みます。

偶数か奇数かを調べる

では、ifの利用例を挙げておきましょう。ここでは数字が偶数か奇数かを調べる処理を作ってみます。

リストA-6

```
void main() {
  var num = 12345;
  if (num % 2 == 0) {
    print("$num は偶数です。");
  } else {
    print("$num は奇数です。");
  }
}
```

図A-7：変数numの値が偶数か奇数かを調べて表示する。

ここでは、変数numの値が偶数か奇数かを調べています。numに代入している整数をいろいろと変更して動作を確かめてみましょう。

比較演算子について

「偶数か奇数か」というのは、その数字を2で割ったとき、あまりがあるかどうかでわかります。あまりがなければ偶数ですし、1あまれば奇数です。ここでは if (num % 2 == 0) というようにしてnum % 2の値がゼロになるかどうかを調べています。

この式で使っている「==」という記号は、「**比較演算子**」というものです。比較演算子は、左右の値を比べて等しいか、どちらが大きいか、といったことを調べて結果を真偽値で返します。この比較演算子には以下のようなものがあります。

A == B	AとBは等しい
A != B	AとBは等しくない
A < B	AはBより小さい
A <= B	AはBと等しいか小さい
A > B	AはBより大きい
A >= B	AはBと等しいか大きい

ifの条件には、この比較演算子を使った式を使うことが多いでしょう。その他にも、真偽値の値として扱える式や変数、関数などはなんでも条件に利用できますが、慣れるまでは「ifの()には比較演算の式を書く」と覚えてしまっていいでしょう。

テキストリテラルへの埋め込み

サンプルコードでは、printで表示しているテキストの書き方がちょっと変わっていますね。このようになっていました。

```
print("$num は偶数です。");
```

この$numというのは、変数numを示します。Dartのテキストリテラルでは、$記号を使って値を埋め込むことができるのです。$○○というようにして変数を埋め込んだり、${○○}という形で式や関数などを埋め込むこともできます。こうすることで、変数や式の結果などを利用したテキストを簡単に作れます。これはテキスト作成のテクニックとしてぜひ覚えておきましょう。

三項演算子について

ifは、条件に応じて2つのどちらかの処理を実行するものですが、「条件に応じて2つの値のどちらかを使う」というようなこともよくあります。こうしたときに、わざわざif文を使って書くのはちょっと面倒ですね。

こんなときには、**三項演算子**と呼ばれるものを利用できます。これは条件に応じて2つの値のどちらかを取り出すというものです。

```
条件 ? 値1 : 値2
```

このように記述します。条件の値がtrueのときは値1が、falseのときは値2が取り出されます。例えば、先ほどの偶数と奇数を調べるサンプルを三項演算子で書き換えてみましょう。

リストA-7

```
void main() {
  var num = 12345;
  print("$num は${num % 2 == 0 ? "偶数" : "奇数"}です。");
}
```

図A-8：比較演算子を使って偶数奇数を調べる。

DartPad　Reset　local edits　Samples　Run　Console

```
1 void main() {
2   var num = 12345;
3   print("$num は${num % 2 == 0 ? "偶数" : "奇数"}です。");
4 }
5
```

12345 は奇数です。

こんなにシンプルになりました！ ここでは、テキスト内に${num % 2 == 0 ? "偶数" : "奇数"}というようにして式を埋め込んでいます。このように、numを2で割ったあまりがゼロかどうかで異なるテキストを表示させることができれば、偶数か奇数かをチェックするif文自体が不要になります。

switch-case構文について

ifは、「正しいか正しくないか』という二者択一の分岐処理でした。しかし、場合によっては2つだけでなく、3つも4つも枝分かれした処理を作りたいこともあるでしょう。そのようなときに利用されるのが「**switch-case**」と呼ばれる構文です。

この構文は、チェックする対象となる値がいくつかによって実行する処理を変更するものです。

```
switch( チェックする値 ) {
  case 値1:
    ……実行する処理……
    break;
  case 値2:
    ……実行する処理……
    break;

    ……必要なだけcaseを用意……

  default:
    ……値が見つからないときの処理……
}
```

switch-caseは、**switch**の後にある()に用意した変数や式などの値をチェックし、その後の{}から同じ値の**case**を探します。もし、同じ値のものが見つかれば、そのcaseにジャンプし、そこにある処理を実行します。

処理の最後には必ず**break;**という文が書かれています。これは「処理を中断して構文を抜ける」という働きをします。これにより、caseにある処理を実行したら構文を抜けて次に進むようになります。

もし、用意されているcaseの中に同じ値が見つからなかった場合は、最後にある「**default:**」というところにジャンプして処理を行います。このdefault:はオプションであり、不要なら省略できます。その場合、caseが見つからなかったときは何もしないで次に進みます。

時間に合わせて挨拶する

では、switch-case文の利用例を挙げておきましょう。何時かを示す変数を用意しておき、その値に応じて表示されるメッセージが変わる、というものです。

リストA-8

```
void main() {
  var hour = 15;
  switch(hour ~/ 6) {
    case 0:
      print("$hour 時です。おやすみ……。");
```

```
      break;
    case 1:
      print("$hour 時です。おはよう！");
      break;
    case 2:
      print("$hour 時です。こんにちは。");
      break;
    case 3:
      print("$hour 時です。こんばんは。");
      break;
    default:
      print("何時かわかりません……。");
  }
}
```

図A-9：変数hourの値に応じて表示されるメッセージが変わる。

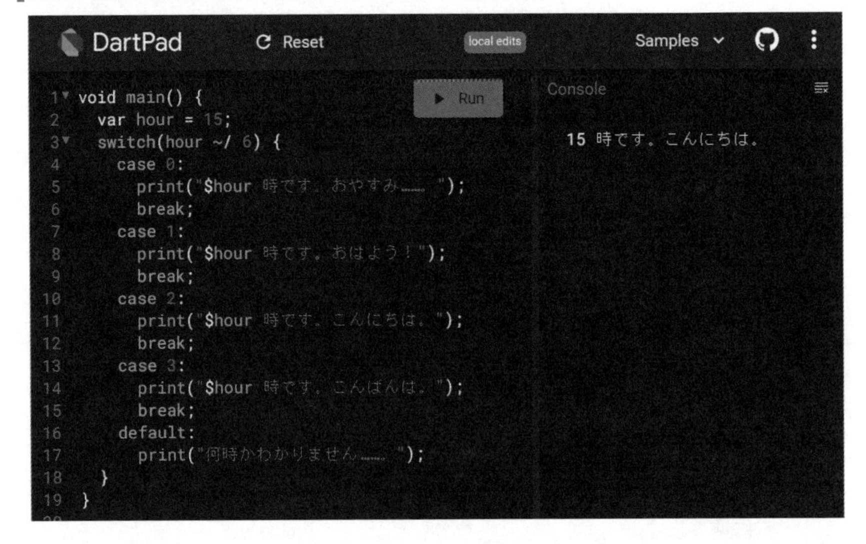

変数hourの値に応じて表示されるメッセージが変わります。0～5は「おやすみ……」、6～11は「おはよう！」、12～17は「こんにちは」、18～23は「こんばんは」、それ以上だと「わかりません……」と表示されます。hourの値をいろいろと変更して確かめてみましょう。

ここでは、switch(hour ~/ 6)というようにしてhourを6で割った整数値を調べ、その値をもとにcaseを用意しています。こんな具合に、数値などをもとに複数の分岐を作るのにswitch-caseは使われます。

while構文について

分岐とともに制御構文で重要な役割を果たすのが「繰り返し」です。繰り返しのための構文はいくつかありますが、もっともシンプルなのは「**while**」文でしょう。これは条件をもとにひたすら処理を繰り返すものです。

```
while( 条件 ) {
  ……繰り返す処理……
}
```

この条件は、ifの条件と同じく真偽として扱える変数や式、関数などが設定されます。この式の結果がtrueならば{}部分の処理を実行し、再びwhileに戻ります。そしてまた条件をチェックし、trueなら{}を実行する。そしてまた……というように、「条件をチェックし、trueなら{}部分を実行する」ということを繰り返し続けます。そして条件の結果がfalseになったら、構文を抜けて次へと進みます。

「条件がfalseになったら次に進む」ということは、繰り返すごとに条件の結果が変化するようになっていないといけません。いくら繰り返しても全く値が変わらないような繰り返しは「**無限ループ**」といって、実行したら二度と終わらない暴走状態のプログラムになってしまいます。無限ループは絶対に作らないように注意しましょう。

数字を合計する

では、実際の利用例を挙げておきましょう。繰り返しでよく使われるのは、「順番に値を処理する」というようなものです。例として、1から決まった数字まで順番に足していくプログラムを作りましょう。

リストA-9

```
void main() {
  var max = 10;
  var total = 0;
  var count = 1;
  while(count <= max) {
    total += count++;
  }
  print("$max までの合計は、$total です。");
}
```

図A-10：変数maxまでの合計を計算し表示する。

```
void main() {
  var max = 10;
  var total = 0;
  var count = 1;
  while(count <= max) {
    total += count++;
  }
  print("$max までの合計は、$total です。");
}
```

```
10 までの合計は、55 です。
```

ここでは1から変数maxまでの合計を計算します。今回は、終わりの値を示すmax、数字を足していくtotal、現在の数字を示すcountという3つの変数を用意しました。そしてwhileを使い、totalにcountの値を足してはcountを1増やす、ということをひたすら繰り返しています。countの値がmaxよりも大きくなったら、条件が満たされないことになり、繰り返しを抜けて結果の表示に進みます。

代入演算子について

ここでの繰り返し処理をしている部分を見てみましょう。すると以下のような形でwhile文が用意されています。

```
while(count <= max) {
  total += count++;
}
```

ここでは、2つの見慣れない記号が使われています。1つは「+=」という記号。これは「**代入演算子**」と呼ばれるものです。代入演算子は、代入と演算が1つになったもので、以下のようなものがあります。

A += B	AにBを足す。(A = A + B と同じ)
A -= B	AからBを引く。(A = A - B と同じ)
A *= B	AにBをかける。(A = A * B と同じ)
A /= B	AをBで割る。(A = A / B と同じ)
A ~/= B	AをBで割った整数値を代入する。(A = A ~/ B と同じ)
A %= B	AをBで割ったあまりを代入する。(A = A % B と同じ)

代入演算子を使うと、「計算した結果を変数に入れ直す」という処理をスマートに行えます。A= A + Bとやるより、A += Bのほうが見た目もすっきりとしてわかりやすいですね。

インクリメント演算子について

もう1つの新しい演算子は「++」という記号です。これは「**インクリメント演算子**」と呼ばれるものです。この++は、演算子を付けた変数の値を1増やす働きをします。同様のものに、値を1減らす「--」(**デクリメント演算子**)というものもあります。

式などの中でインクリメント演算子を使う場合、注意が必要です。この演算子は、++AやA++というように変数の前にも後にも付けられますが、どちらにつけるかによって働きが違ってきます。

++Aとした場合、変数Aの値を1増やしてその値を利用します。これはシンプルでよくわかるでしょう。ではA++とした場合は？ これはAの値を取り出した後に値を1増やすのです。

例えば、先ほどのwhileでは、total += count++;というようにして値を取り出してから1増やしています。すると、この式でtotalに足されるのは、まだ1増えていないcount値になります。そしてこの式を実行し終わったところでcountの値が1増えるのです。

このあたりは非常にわかりにくいところなので、慣れないうちは「++や--は、式の中で使わない」と考えておきましょう。ただ「A++;」と1つの文として書くだけなら、++AでもA++でも同じで何も違いはありませんから。

for構文について

whileは、条件をチェックするだけの非常にシンプルな繰り返し構文です。ただ、実際に繰り返しを行うときには、もっと計算が必要になることが多いものです。例えば先ほどのサンプルでは、max, total, countといった変数を用意し、totalにcountを足してはcountを1増やす、といったことを行っていました。こうしてcountの値を1ずつ増やしながら計算をしていったのですね。

このように「繰り返すごとに値を変化させながら条件をチェックしていく」ということは繰り返しではよくあります。このような場合、変数の変化と条件のチェックをひとまとめにして行える「**for**」という構文を使ったほうがわかりやすく処理を作れます。

```
for( 初期化; 条件; 後処理 ){
    ……繰り返す処理……
}
```

forは、()の中に3つの要素があります。最初にある「初期化」は、繰り返しに入るときに実行される文です。そして「条件」は、繰り返すごとにチェックされる式で、この結果がtrueならば繰り返しを続けます。最後の「後処理」は、繰り返しの処理を実行した後に必ず呼び出される文です。

こう書くと、「なんだか難しそう」と感じるかも知れません。非常に柔軟性の高い構文なので、慣れないうちは以下のように書くと考えましょう。

```
for(var i = 初期値; i < 終了値; i++)
```

変数iが初期値から繰り返すごとに1ずつ増えていき、終了値になったら構文を抜けます。場合によって、条件の<が<=になったりすることはありますが、だいたいこの基本の形を覚えておけばforは使えるようになります。

合計の計算をforで書き直す

では、forを使ってみましょう。先ほどwhileで作成した合計を計算する処理を、forで書き直すとどうなるかやってみましょう。

リストA-10

```
void main() {
  var max = 100;
  var total = 0;
  for(var i = 1;i <= max;i++) {
    total += i;
  }
  print("$max までの合計は、$total です。");
}
```

図A-11：1からmaxまでの合計を計算し表示する。

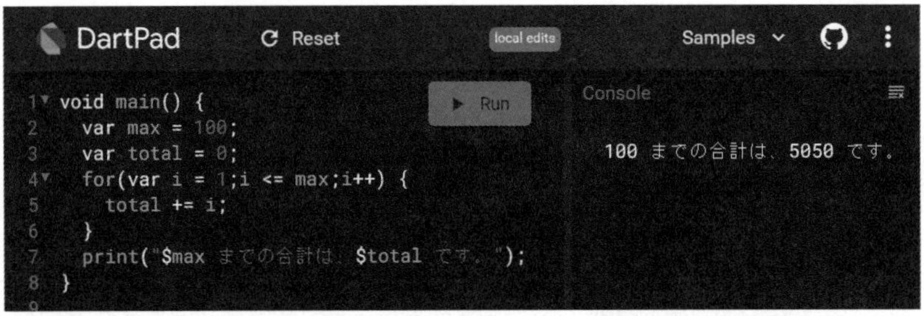

```
DartPad   Reset   local edits   Samples
1 void main() {
2   var max = 100;
3   var total = 0;
4   for(var i = 1;i <= max;i++) {
5     total += i;
6   }
7   print("$max までの合計は、$total です。");
8 }
Run
Console
100 までの合計は、5050 です。
```

全く同じではつまらないのでmaxの値を100にしてあります。実行すると「100までの合計は5050です」と結果が表示されます。maxの値をいろいろと変えて試してみてください。

ここでは、用意する変数がmaxとtotalの2つに減っています。現在の値を示すcountは消え、代わりにfor構文の中で変数iを作成し利用しています。繰り返しの状況を示す変数をfor構文の中に取り込んだことで、プログラム自体はwhileよりすっきりとまとまっていることがわかるでしょう。

リストとfor-in文について

繰り返し構文の中には、リストのための専用構文というものも用意されています。リストは多数の値をひとまとめにして保管します。この「保管されているすべての値について処理を実行する」というようなときに使われるのが「**for-in**」という構文です。

```
for( var 変数 in リスト ){
  ……繰り返す処理……
}
```

このfor-in構文は、()のinに指定したリストから順に値を取り出し、変数に代入して{}部分を実行します。

リストは、何らかのデータなどをまとめて処理するのに多用されます。このfor-inは、リストのすべてのデータを計算処理するような場合に利用されます。

リストのデータを合計する

では、これも利用例を挙げておきましょう。リストに保管されているデータの合計を計算する処理を考えてみます。

リストA-11

```
void main() {
  var data = [12,34,56,78,90];
  var total = 0;
  for(var n in data) {
    total += n;
  }
  print("データの合計は、$total です。");
}
```

図A-12：リストのデータを合計する。

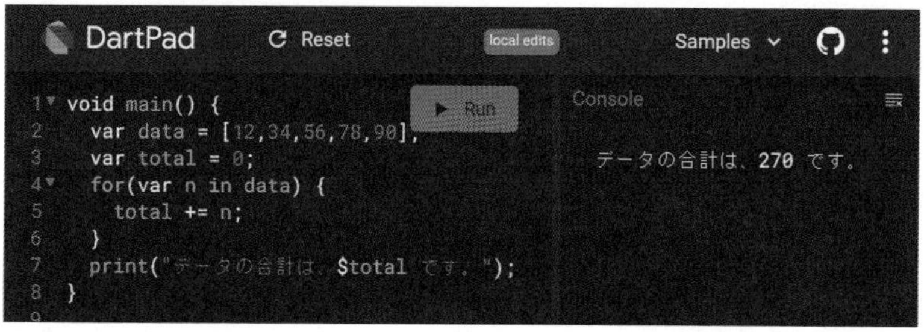

変数dataに保管されている値の合計を計算し表示します。dataの値をいろいろ書き換えて実行してみましょう。

このfor-inの利点は、「リストに保管されているデータの数が増えても減っても、コードを書き換える必要がない」という点でしょう。リストは、普通のforを使っても順に値を取り出して処理できます。けれど、「リストの値を最初から最後まできちんと取り出せたか」は、プログラマがきちんとコードを書いて処理しているかにかかってきます。リストのデータ数を調べ、forで最初から最後のデータまで確実に取り出せるようにコードを書いていなければ、取りこぼす可能性もあります。

for-inを使えば、誰でも確実にすべての値を取り出し処理できます。値を取りこぼすことはありません。

A-3 関数の利用

関数について

制御構文は、プログラムの処理の流れを制御するためのものです。必要に応じて実行する処理を変更したり、同じ処理を何度も繰り返したりするのにこれらは役立ちます。

けれど、処理の流れということを考えたとき、制御構文だけではすべての処理の流れを思い通りにすることはできません。もう1つ、重要な機能が必要になります。それは「**関数**」です。

関数は、コードをメインの処理から切り離してひとまとめにし、いつでもどこからでも呼び出して実行できるようにしたものです。コードを関数として用意することで、必要に応じていつでもその処理が実行できるようになります。

この関数は、以下のような形で定義します。

```
戻り値 関数名 ( 引数 ) {
    ……実行する処理……
}
```

関数は「戻り値」「関数名」「引数」といったものが必要です。これらはそれぞれ以下のような役割を果たします。

戻り値	関数を呼び出したとき、実行結果として得られる値。何も値が得られないような関数は「void」という値を指定する。
関数名	関数の名前。関数を呼び出すとき、この名前を使って実行する。
引数	関数を呼び出すとき、関数に値を渡すのに使うもの。()内に必要なだけ変数を用意して指定する。

とりあえず、「戻り値」と「引数」は後回しにしましょう。関数は、名前さえきちんと指定すれば呼び出して実行することができます。では、実際の利用例を見てみましょう。

リストA-12

```
void main() {
  hello();
}

void hello() {
  print("Hello.");
}
```

図A-13：関数helloを定義し実行する。

```
void main() {
  hello();
}

void hello() {
  print("Hello.");
}
```

実行すると、「Hello.」というメッセージが表示されます。これがhelloという関数によるものです。

ここでは、「hello」という関数を定義し、これを呼び出して実行しています。hello関数は以下のような形で定義されていますね。

```
void hello() {……}
```

「void」は、戻り値がないことを示すものです。そして引数は()というように空になっています。ということは、呼び出すときに値を渡す必要もないし、実行結果を受け取ることもない、ということですね。

呼び出しているmain関数を見てみましょう。

```
hello();
```

たったこれだけです。helloという関数名の後に()をつけるだけ。これだけで、hello関数が呼び出され、そこにあった処理が実行されるのです。

引数を利用する

では、次に関数の「**引数**」を利用してみましょう。引数は、関数を実行するのに必要な値を渡すのに使われます。()には値を保管する変数を用意します。複数ある場合はカンマで区切って記述します。こんな形ですね。

```
関数 (a, b, c)
```

ただし、この状態では、引数にはどんな値も入ってしまいます。実際に引数を利用するときは、「これは整数」「これはテキスト」というように、どんな種類の値が渡されるかあらかじめ決まっていることのほうが多いでしょう。このようなときには、型を指定して引数を用意できます。

```
関数 (int a, double b, String c)
```

例えば、こんな具合ですね。このように引数を用意したら、関数を呼び出す際に()にこれらの変数に渡す値を用意するだけです。例えばこのようにです。

```
関数(100, 0.01, "Hello")
```

これで、関数を呼び出す際に必要な値を渡して処理できるようになります。では実際に利用してみましょう。

リストA-13

```
void main() {
  hello("タロー");
  hello("ジロー");
}

void hello(name) {
  print("こんにちは、$name さん！");
}
```

図A-14：実行するとHelloに渡す引数の値を変えて呼び出す。

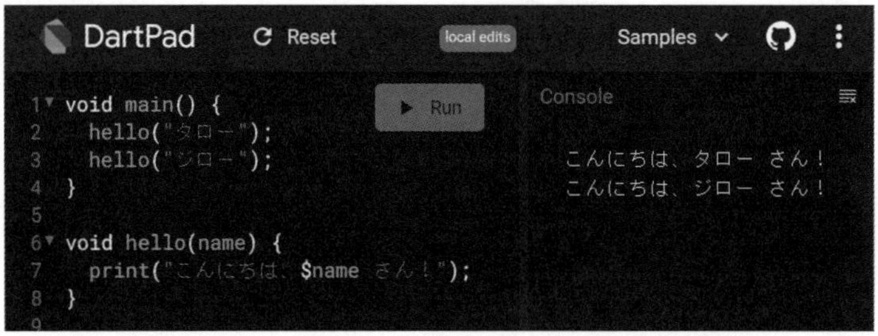

これを実行すると、「こんにちは、タロー さん！」「こんにちは、ジロー さん！」とメッセージが表示されます。ここではhello関数に名前のテキストを引数として渡すようにしていますね。

```
void hello(name) {……}
```

この関数を呼び出している部分は、以下のように記述されています。

```
hello("タロー");
hello("ジロー");
```

これで、"タロー"や"ジロー"といった値が引数のnameに渡されて表示されていた、というわけです。引数の働きと使い方がわかれば、関数はグッと汎用性の高いものになります。

戻り値を利用する

関数の機能でもう1つ重要なのが「**戻り値**」です。これは関数から返ってくる値のことです。「関数から返ってくる」というとどういうことなのか？ と考えてしまうかも知れませんね。

この戻り値は、「関数を、戻り値と同じ値として扱えるようにするもの」と考えてください。例えば整数を戻り値として返す関数は、「整数の値」として扱えるようになるのです。さまざまな式や変数、関数の引数などに使えるようになります。

では、簡単なサンプルを作ってみましょう。

リストA-14

```
void main() {
  const x = 20;
  const y = 30;
  print("$x から $y までの合計は、${calc(x,y)}です。");
}

int calc(int n, int m) {
  var total = 0;
  for(var i = n; i <= m;i++) {
    total += i;
  }
  return total;
}
```

図A-15：xからyまでの合計を計算し表示する。

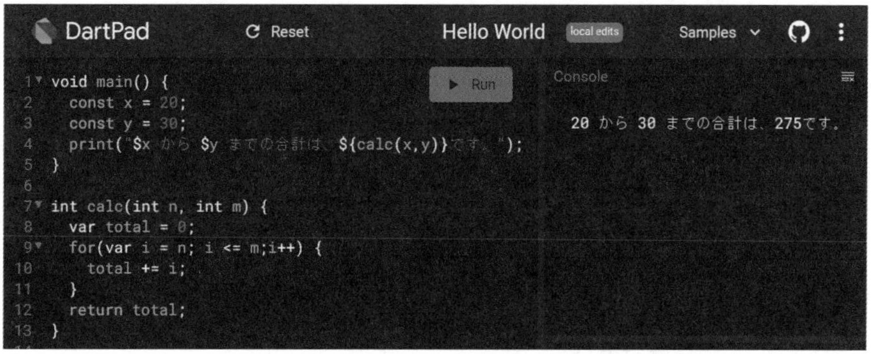

これを実行すると、「20 から 30 までの合計は、275です。」といったメッセージが表示されます。main関数にある変数xとyの値をいろいろ書き換えて試してみましょう。

ここでは、calcという関数を用意しています。この関数は、引数nからmまでの合計を計算して返します。ここではテキストの中に、${calc(x,y)}というようにしてcalc関数を埋め込んでいます。これにより、この部分に275というcalc関数からの戻り値が表示されます。つまり、calc(x,y)は275という整数と同じものとして利用できるわけです。

任意引数について

関数に用意した引数は、呼び出す際に必ず値を用意する必要があります。例えば先ほどのcalc関数なら、必ずcalc(1,10)というように2つの整数を引数に用意しないといけません。

けれど、例えば「1から10まで合計して欲しいときはcalc(10)だけでOKにしたい」ということもあるでしょう。このようなとき、省略できる引数(任意引数)というものも作ることができます。これは、例えば以下のようにして記述します。

```
関数 ( a, b, [c=0, d=0])
```

このうち、aとbは必ず用意する引数ですが、cとdは任意引数になります。つまり、この2つの引数はあってもなくてもよい、省略可能な引数なのです。

任意引数は、[]の中に記述をします。省略した場合を考え、c=0のように初期値を与えることができます。こうすると値が省略されたときにはイコールで代入される値が自動的に使われます。

この任意引数は、必ず必須引数の後に用意します。任意引数の後に必須引数を用意することはできません。

calc 関数の引数を任意にする

では、実際の利用例を挙げておきましょう。先ほど作ったcalc関数の第2引数を任意のものにしてみます。

リストA-15

```
void main() {
  print(calc(50));
  print(calc(51,100));
}

int calc(int a, [int b = 0]) {
  var n = a;
  var m = b;
  if (n > m) {
    n = b;
    m = a;
  }
  var total = 0;
  for(var i = n; i <= m;i++) {
    total += i;
  }
  return total;
}
```

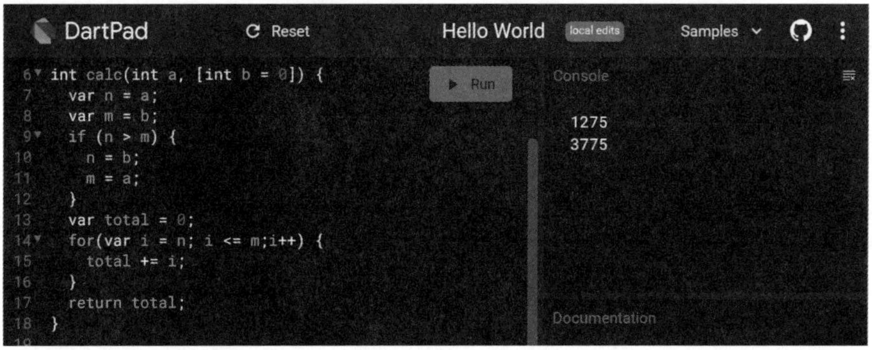

図A-16：calc(50)とcalc(51,100)を表示する。

```
DartPad    Reset    Hello World  local edits    Samples

 6  int calc(int a, [int b = 0]) {
 7    var n = a;
 8    var m = b;
 9    if (n > m) {
10      n = b;
11      m = a;
12    }
13    var total = 0;
14    for(var i = n; i <= m;i++) {
15      total += i;
16    }
17    return total;
18  }

Run
Console
1275
3775
Documentation
```

ここでは、calc(50)で1から50までの合計を、calc(51,100)で51から100までの合計をそれぞれ計算し表示しています。calcの引数が1つでも2つでも問題なく呼び出し結果を得られることがわかりますね。

ここでは、以下のようにしてcalc関数を定義しています。

```
int calc(int a, [int b = 0]) {……}
```

1つ目の引数aは必須引数で、その後にあるbが任意引数となっています。bにはデフォルト値としてゼロを渡してあります。これらの引数をまずnとmに代入し、第1引数のほうが第2引数より大きかった場合は値を逆にして、それからforで繰り返し処理を行っています。

任意引数は、「引数を省略できる」といっても、その場合のデフォルト値を用意できるので、処理そのものは引数にちゃんと値が渡されているものとして作成できます。「引数の値がない場合」などを考える必要はありません。

名前付き引数について

引数の数が増えてくると、どの引数がどういう役割かがわかりにくくなってきます。このようなとき、それぞれの引数に名前をつけておくことで役割を明確にすることができます。

名前付き引数は、例えば以下のような形で記述します。

```
関数 (a, b, {int c=0, int d=100})
```

名前付き引数は、{}記号の中に記述をします。型と引数名、そしてデフォルト値を用意します。これで指定した名前の引数が用意できます。この関数を呼び出すには、このように記述します。

```
関数(1, 2, c:3, d:4)
```

このうちのc:3, d:4という部分が名前付き引数を使っているところです。それぞれ名前の後にコロンを付けて値を指定します。

名前付き引数は、デフォルト値が用意されていることからもわかるように省略可能な引数として用意されます。

引数を名前付きにする

では、簡単な利用例を挙げておきましょう。先ほどのcalc関数の引数を名前付きにしてみます。

リストA-16

```
void main() {
  print(calc(min:1, max:100));
  print(calc(max:200));
}

int calc({int min=0, int max=0}) {
  var total = 0;
  for(var i = min; i <= max;i++) {
    total += i;
  }
  return total;
}
```

図A-17：calc関数を引数付きにして呼び出す。

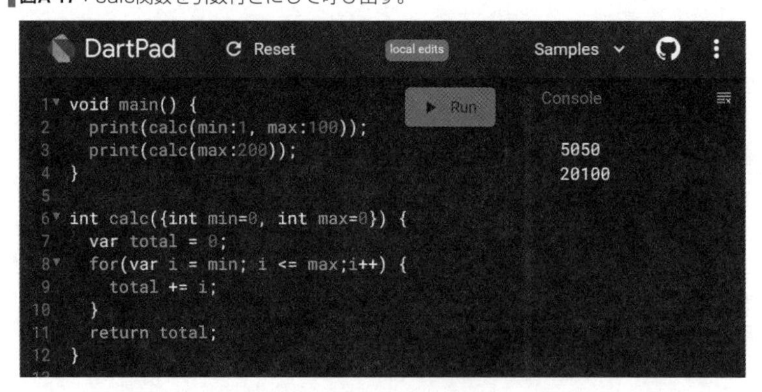

ここではcalc関数の引数をminとmaxに設定しています。これで、例えばcalc(min:1, max:100)というように最小値と最大値を指定することもできるし、calc(max:200)というように最大値だけを指定して呼び出すこともできるようになります。

名前のない関数

関数は、自分で定義して呼び出すだけでなく、さまざまなところで使われます。少し難しくなりますが、関数の最後に「名前のない関数(無名関数)」というものについても触れておきましょう。読んでもよくわからないかも知れませんが、とりあえずざっと目を通しておいてください。

例えば、リストにある「forEach」というものを利用する例を見てください。

リストA-17

```
void main() {
  const data = [12, 34, 56, 78, 90, 100];
  var total = 0;
  data.forEach((n){
    total += n;
  });
  print("データの合計は、$total です。");
}
```

図A-18：実行すると、リストのデータの合計を計算する。

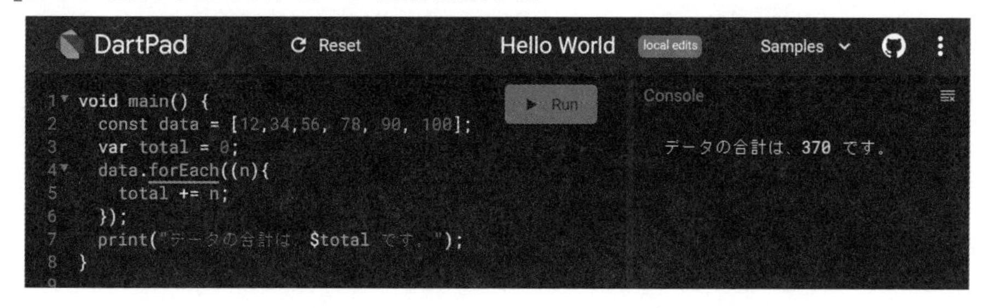

リストdataにある値の合計を計算して表示します。ここでは、リストにある「forEach」というものを使っています（これは「メソッド」というものですが、メソッドについてはもう少し後で説明します）。これは、以下のように記述されています。

```
data.forEach((n){……});
```

forEachというメソッドは、関数と同じように()内に引数の値を用意します。この引数には、こんな値が用意されていますね。

```
(n){……}
```

これは一体何か？ 実は「関数」なのです。関数の戻り値と名前の部分が省略されている、「名なしの関数」なんですね。

Dartでは、こういう「名前のない関数」がけっこう使われます。これは、関数を定義して呼び出すようなものではなく、「その場で関数を作って、使い捨てる」ような用途で利用されます。例えば、このforEachのように、「引数としてその場で関数を書いて、それだけ」でしか使わないような場合ですね。この関数が他の場所から呼び出されて利用されることはありません。ただ、この引数に書かれているだけで、それだけです。

Dartでは、関数は「値」として使うことができます。このforEachの引数は、「関数という値」が用意されているのだ、と考えるといいでしょう。こういう「引数などに値として無名関数を用意する」ということは、Dartではよくあるのです。

アロー関数について

こうした「値としての無名関数」を使う場合というのは、非常に単純な関数であることがほとんどです。多くは、「なにかの値を返すだけの関数」だったりします。
こうした単純な「1つの文や式で表せるような関数」は、非常に簡単な書き方ができるようになっています。

```
(引数)=> 文
```

たったこれだけで、関数になります。=>の後に文や式を書けば、それを実行し結果を返す関数になるのです。この書き方は、=>が矢印に似ていることから「**アロー関数**」といいます。
では、先ほどのforEachの例をアロー関数に書き直してみましょう。

リストA-18

```
void main() {
  const data = [12,34,56, 78, 90, 100];
  var total = 0;
  data.forEach((n)=>total += n);
  print("データの合計は、$total です。");
}
```

更にシンプルになりましたね。(n)=>total += nというのが関数です。これは引数で渡されたnを使ってtotal += nという文を実行しているだけの関数です。

無名関数やアロー関数は、関数の中でもかなり難しい部分なので、ここで読んだだけではよくわからないことでしょう。ただ、Flutterでもこれらの関数は使われるので、ここで「どういうものか」ぐらいは頭に入れておいてください。Flutterでは、これから何度もこれらを利用したコードが登場します。それらを眺めていれば、いつか「なんとなく意味がわかる」ようにはなるはずですよ。

A-4 クラスの利用

クラスとは？

関数は、決まったコードをいつでも実行できるようにするものでした。これは引数を使って必要な値を渡したり、戻り値で結果を受け取ったりすることができました。
関数ができるようになれば、ある程度複雑な処理も作れるようになるでしょう。しかし、Flutterのように高度なフレームワークになってくると、関数のような機能だけでは足りなくなってきます。もっと「状態そのものを保ち続け、必要に応じて操作できるようなもの」が必要になってきます。

例えば、FlutterではウィンドウなどのUIが登場します。このとき、「ウィンドウそのものを扱う『何か』」があれば、とてもプログラミングはしやすくなります。その「何か」を作ると、ウィンドウが作られる。「何か」の命令を呼び出すと、ウィンドウが移動したりリサイズしたりする。ウィンドウの位置や大きさなどの情報は「何か」に保管されていていつでも調べることができる。そういう「何か」があれば、とても便利でしょう？

この「何か」を実現するために考案されたのが「**クラス**」というものです。クラスは、「値と処理をひとまとめにして、その内容を保ち続け、いつでも利用できるようにするもの」です。

例えば、ウィンドウのクラスは、作ったらプログラムが終了するまでずっと存在し続け、いつでも利用できます。その中にはウィンドウを動かしたりリサイズするための機能が揃っていて、それらを呼び出せばいつでもウィンドウを操作できます。またウィンドウの位置や大きさなどの情報もすべて保管されていていつでも調べることができます。

このようなクラスがあれば、高度な表現が必要となるプログラムも格段に作りやすくなるでしょう。

クラスの定義

では、クラスはどのように作成するのでしょうか。その基本的な書き方をまとめると以下のようになります。

```
class クラス名 {
  ……クラスの内容……
}
```

ものすごく単純ですね。**class**の後にクラスの名前をつけ、その後の{}内に具体的な内容を記述していくのです。では、「クラスの内容」というのは、具体的にどんなものでしょうか。何をクラスの中に入れておけるのでしょう？

それは、「フィールド」と「メソッド」です。

■フィールド

クラスに値を保管しておくための「変数」です。通常の変数と同様に、「var ○○ = ××;」というように記述しておきます。

■メソッド

クラスに処理を用意するための「関数」です。これも通常の関数と同様にクラス内に定義しておけばそれがメソッドとして扱えるようになります。

クラスに用意できるのは、要するに「変数」と「関数」だけ、と考えればいいでしょう。そしてこれらはクラスの場合、それぞれ「フィールド」と「メソッド」と呼び方が変わるんだ、と考えてください。名前が変わるだけで、使い方は普通の変数や関数と何ら違いはありません。

クラスの利用

作成したクラスは、「**インスタンス**」というものを作って利用します。インスタンスは、「クラスをメモリにコピーしてその中にあるフィールドやメソッドを利用できるようにしたもの」です。

クラスは、そのまま使う場合もありますが、多くは「メモリにクラスをコピーして使う」のが基本です。この「クラスをもとに作った、実際に操作できるコピー」がインスタンスです。インスタンスは変数などに代入しておき、そこからフィールドやメソッドを呼び出します。

■インスタンスの作成

```
クラス(引数)
new クラス(引数)
```

■プロパティの指定

```
《インスタンス》.プロパティ
```

■メソッドの利用

```
《インスタンス》.メソッド(引数)
```

インスタンスは、**new**の後にクラス名と引数を記述して作成をします。ただしDart2からnewは省略できるようになっており、今はnewを使わない書き方をするほうが多いでしょう。

フィールドやメソッドは、このようにインスタンスが入っている変数の後にドットを付け、フィールド名やメソッド名を記述します。

プロパティについて

クラスに保管されている値は、外から利用するとき「**プロパティ(属性)**」と呼ばれます。プロパティは、クラスに用意される属性です。フィールドのように変数を用意しておくだけで作ることもできますが、値の読み書きを行うための専用の仕組み(メソッドのようなもの)を用意して作ることもあります。

従って、「プロパティ＝フィールド」というわけではないのですが、ビギナーのうちは「だいたい同じもの」と考えておいていいでしょう。両者の違いはもう少し後のところで触れます。

Person クラスを作ってみる

では、実際に簡単なクラスを作ってみましょう。ここでは、名前と年齢をフィールドとして保管する「Person」というクラスを作り、それを使ってみます。

リストA-19

```
void main() {
  Person me = Person();
  me.name = "Taro";
  me.age = 39;
  me.say();
}

class Person {
  String name = "";
  int age = 0;

  void say() {
    print("Hi, I'm $name. I'm $age years old.");
  }
}
```

図A-19：Personクラスのインスタンスを作り利用する。

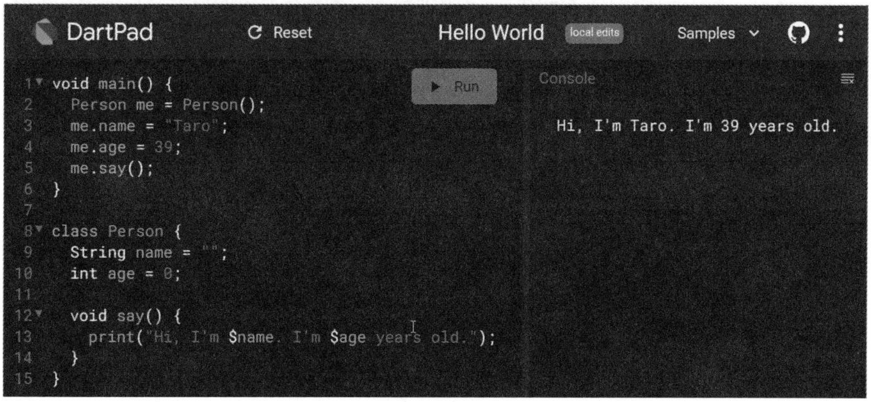

DartPad　Reset　Hello World　local edits　Samples

```
1  void main() {
2    Person me = Person();
3    me.name = "Taro";
4    me.age = 39;
5    me.say();
6  }
7
8  class Person {
9    String name = "";
10   int age = 0;
11
12   void say() {
13     print("Hi, I'm $name. I'm $age years old.");
14   }
15 }
```

Run　Console

Hi, I'm Taro. I'm 39 years old.

これを実行すると、「Hi, I'm Taro. I'm 39 years old.」とメッセージが表示されます。ここではPeronクラスの中に以下のようなものを用意してあります。

String name	名前を保管しておくフィールド
int age	年齢を保管しておくフィールド
void say()	メッセージを出力するメソッド

では、このPersonクラスをどのように利用しているのか、mainクラスの処理を見てみましょう。

■Personインスタンスを作り変数meに代入

```
Person me = Person();
```

■name, ageプロパティの設定

```
me.name = "Taro";
me.age = 39;
```

■sayメソッドの実行

```
me.say();
```

まずPersonインスタンスを作って変数に代入し、後はその変数からプロパティやメソッドを呼び出していることがよくわかるでしょう。基本的な使い方がわかっていればクラスを利用するのはそれほど難しくはありません。

コンストラクタについて

Personクラスでは、インスタンス作成後にnameとageの値を設定する必要がありました。しかし、インスタンスを作って使うのに3行もコードを書かないといけないのはちょっと面倒ですね。

Dartでは、クラスを作成する際、プロパティの値を引数として渡せる機能があります。それは「**コンストラクタ**」と呼ばれる特殊なメソッドを定義しておくことです。これは、クラスの中に以下のように記述をします。

```
クラス(this.プロパティ , this.プロパティ , ……);
```

()内に、引数を設定するプロパティを指定します。「this」というのがついていますが、これは「今使っているインスタンス自身」を示すキーワードです。例えば「this.abc」とすれば、それは「今、利用しているインスタンス自身にあるabcプロパティ」を示すわけですね。

コンストラクタでインスタンスを作る

では、先ほどのPersonクラスにコンストラクタを追加してみることにしましょう。すると、このようになります。

リストA-20

```
void main() {
  Person me = Person("Taro",39);
  me.say();
  Person("Hanako",28).say();
}

class Person {
  String name = "";
  int age = 0;

  Person(this.name, this.age);
```

```
  void say() {
    print("Hi, I'm $name. I'm $age years old.");
  }
}
```

図A-20：修正したPersonを利用したところ。1行でインスタンスが作れるようになった。

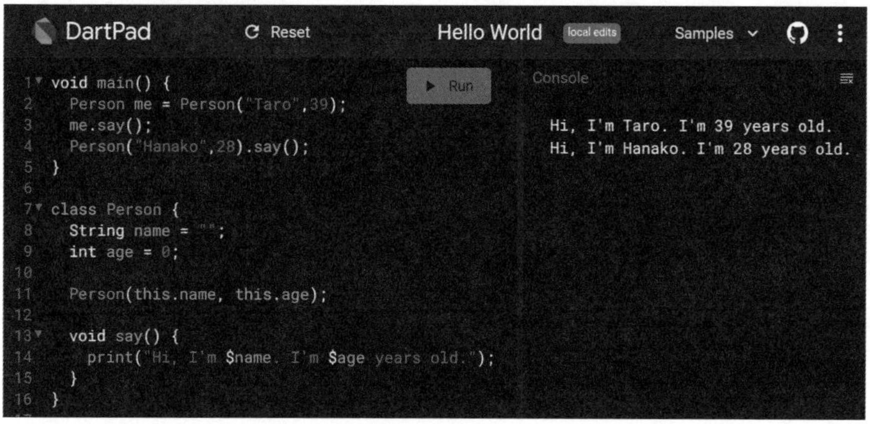

```
DartPad    Reset    Hello World  local edits    Samples

1  void main() {
2    Person me = Person("Taro",39);
3    me.say();
4    Person("Hanako",28).say();
5  }
6
7  class Person {
8    String name = "";
9    int age = 0;
10
11   Person(this.name, this.age);
12
13   void say() {
14     print("Hi, I'm $name. I'm $age years old.");
15   }
16 }

Run

Console
Hi, I'm Taro. I'm 39 years old.
Hi, I'm Hanako. I'm 28 years old.
```

Personクラスの機能そのものは同じですが、コンストラクタを追加してインスタンス作成時にプロパティを設定できるようにしました。Personクラスには、以下のようにコンストラクタを用意しています。

```
Person(this.name, this.age);
```

これで、nameとageに引数の値が設定されるようになります。実際にインスタンスを作っている部分を見ると、こうなっていますね。

```
Person me = Person("Taro",39);
```

引数に用意した"Taro"と39の値が、そのままnameとageに設定されます。これならインスタンスの作成も面倒ではなくなります。

また、ここではPerson("Hanako",28).say();というように、インスタンスを作ってそこから直接sayメソッドを呼び出す書き方もしています。単に「インスタンスを作ってメソッドを呼び出すだけ」なら、いちいち変数に代入しなくともこうして直接インスタンスからメソッドを呼び出せます。

コンストラクタの処理

コンストラクタは、このように引数の値をフィールドに自動的に設定できる大変便利なものです。が、それしかできないわけではありません。この書き方は、「インスタンス作成時に値をフィールドに設定する」という必要最低限の処理をコンパクトにまとめた書き方です。

コンストラクタも、実をいえばメソッドです。従って、普通のメソッドと同じように書くこともできます。例えば先ほどのコンストラクタはこんな具合に書き換えられます。

```
Person(this.name, this.age);
```

```
Person(name, age){
  this.name = name;
  this.age = age;
}
```

これなら、何をやっているかよくわかりますね。これなら、渡された値をフィールドに設定するだけでなく、さまざまな初期化処理をここに用意できます。ただ、引数の値をフィールドに設定するだけなら、Person(this.name, this.age);という書き方のほうが圧倒的に簡単なので、この書き方がよく使われる、ということなんですね。

finalなフィールド

クラスのフィールドの中には、インスタンス作成時に値を設定して以後、変更しないようなものもあります。こうしたものは「**final**」を付けて定義しておくと安全です。

例えば、先ほどのコードを修正してみましょう。

リストA-21

```
void main() {
  Person me = Person("Taro",39);
  me.say();
  Person("Hanako",28).say();
}

class Person {
  final String _name;
  final int _age;

  Person(this._name, this._age);

  void say() {
    print("Hi, I'm $_name. I'm $_age years old.");
  }
}
```

こうすると、インスタンスを作成した後で_nameや_ageの値を変更しようとしてもできなくなります。finalは、いわば「クラスにおける定数」のような存在といっていいでしょう。

「constを使えば確実では？」と思った人。constは、変数を作ったときに値の代入もしないといけません。つまり、「あらかじめフィールドを用意しておき、コンストラクタで代入する」ということができないのです。finalを使えば、フィールドの変数にコンストラクタで代入する、ということが可能になります。なおかつ、代入して以後は値の変更ができなくなり定数として扱えるようになります。

アンダーバーのフィールド

ここでは、フィールドの名前をそれぞれ_nameと_ageというようにアンダーバー(_)で始まる名前にしてあります。これは、実は意味があります。

Dartのクラスでは、アンダーバーで始まる名前は「ライブラリ内でのみアクセス可能」になります。他のファイルから読み込まれ利用されるような場合、アンダーバーで始まるものにはアクセスできません。

クラスはどこでどう利用されるかわからないので、「これは外部から勝手にアクセスされると困る」というようなものはアンダーバーを付けた名前にしておくと、このファイル内からしか利用できなくなり安全です。

プロパティについて

クラスには、値を設定するプロパティがあります。プロパティの中には、「こういう値が設定されると困る」というようなこともあったりします。例えばPersonのageは、マイナスの値が設定されると困りますね(マイナスの年齢はありませんから)。

こうした場合、値の取得や変更に処理を割り当ててプロパティを作ることもできます。これらは**「Getter(ゲッター)」「Setter(セッター)」**と呼ばれます。

Getter/Setterは、以下のような形で記述します。

■値を取得する

```
型 get 名前 => 処理;
```

■値を設定する

```
set 名前(引数) => 処理;
```

いずれも、=>を使っていることから想像がつくようにアロー関数として処理を定義する、と考えるとよいでしょう。getは取得する値を返すだけなので特に引数などはなく、setは設定される値が引数として渡されます。

birth プロパティを追加する

では、Getter/Setterを利用したプロパティを追加してみましょう。Personに、生まれ年のプロパティ「birth」を追加し利用してみます。

リストA-22

```
void main() {
  Person me = Person("Taro",39);
  me.say();
```

```
  me.birth = 1999;
  me.say();
}

class Person {
  String _name;
  int _age;

  int get birth => 2022 - _age;
  set birth(int n) => _age = 2022 - n;

  Person(this._name, this._age);

  void say() {
    print("Hi, I'm $_name. I was born in $birth ($_age
      years old).");
  }
}
```

図A-21：birthプロパティを追加して使う。

```
void main() {
  Person me = Person("Taro",39);
  me.say();
  me.birth = 1999;
  me.say();
}
```

```
Hi, I'm Taro. I was born in 1983 (39 years old).
Hi, I'm Taro. I was born in 1999 (23 years old).
```

これを実行すると、Personインスタンスを作成してsayした後、birthの値を変更して再度sayします。以下のような内容が出力されるでしょう。

```
Hi, I'm Taro. I was born in 1983 (39 years old).
Hi, I'm Taro. I was born in 1999 (23 years old).
```

では、birthプロパティがどのように追加されているのか見てみましょう。ここでは以下のようにGetter/Setterを用意しています。

```
int get birth => 2022 - _age;
set birth(int n) => _age = 2022 - n;
```

今年(2022)から年齢の_ageを引けば、生まれ年がわかります。また今年から生まれ年を引けば年齢の_ageがわかります。このように、_ageの値を使って生まれ年を計算することでbirthプロパティは動いているのです。

こうして用意されたプロパティは、フィールドの変数として用意されているものと同じように値を利用できます。

継承について

クラスは、再利用が容易であるという特徴があります。あるクラスを作成すると、そのクラスをもとに新しいクラスを簡単に作ることができます。これは「**継承**」という機能を利用します。

継承は以下のようにして利用します。

```
class クラス extends 継承するクラス {……}
```

クラス名の後に「**extends ○○**」というようにして継承するクラスを指定します。こうすると、extendsしたクラスにあるプロパティやメソッドをすべて引き継いで新しいクラスが作られます。つまり、extendsしたクラスにあるものは、すべて新しいクラスに最初から用意されているものとして利用できるようになるのです。

継承するもとになるクラスのことを、「**スーパークラス**」と呼びます。またスーパークラスを継承して新たに作ったクラスは「**サブクラス**」と呼びます。

Personを継承したStudentクラスを作る

では、これも利用例を挙げておきましょう。Personクラスを継承して、新たにStudentというクラスを作り利用してみます。

リストA-23

```
void main() {
  Person me = Person("Taro",39);
  me.say();
  Student you = Student("Hanako",16,2);
  you.say();
}

class Person {
  String _name;
  int _age;

  Person(this._name, this._age);

  void say() {
    print("Hi, I'm $_name. I 'm $_age years old.");
  }
}

class Student extends Person {
  int _grade;
```

```
  Student(name,age,this._grade):super(name,age);

  @override
  void say() {
    print("Hi, I'm $_name. I 'm $_grade grade student.");
  }
}
```

図A-22：PersonクラスとStudentクラスを作り内容を出力する。

```
void main() {
  Person me = Person("Taro",39);
  me.say();
  Student you = Student("Hanako",16,2);
  you.say();
}
```

```
Hi, I'm Taro. I 'm 39 years old.
Hi, I'm Hanako. I 'm 2 grade student.
```

実行するとPersonクラスとStudentクラスを作成してその内容を出力します。実行すると以下のようなメッセージが出力されるでしょう。

```
Hi, I'm Taro. I 'm 39 years old.
Hi, I'm Hanako. I 'm 2 grade student.
```

1行目がPersonクラス、2行目がStudentクラスの出力です。Studentクラスは、以下のような形で定義されています。

```
class Student extends Person {……}
```

Personクラスを継承していることがわかりますね。このStudentクラスでは、1つのフィールドだけが用意されています。

```
int _grade;
```

そしてコンストラクタでは以下のように3つの引数を持たせています。

```
Student(name,age,this._grade):super(name,age);
```

引数を見ると、name, age, this._gradeとなっていますね。this._gradeは、_gradeにそのまま値が渡されます。その他のnameとageは、そういうフィールドなどはありませんからこれらの変数に引数の値が渡されるだけです。

これらは、その後にあるsuper(name,age)で使っています。「super」は、スーパークラスにある同じメソッドを呼び出すものです。

スーパークラスであるPersonにもコンストラクタは用意されていましたね。それは、

Person(this._name, this._age);というようにして_nameと_ageの値を引数で受け取り、それらをそのままプロパティに設定するものでした。super(name,age)により、スーパークラスにあるPerson(this._name, this._age)コンストラクタが呼び出され、_nameと_ageに値が設定されていたのです。

Studentクラスには、_nameや_ageはありません。けれどsayメソッドを見れば、これらが存在するかのように扱っています。これが継承の大きな利点なのです。

@overrideとオーバーライド

Studentクラスを見ると、sayメソッドの部分に見慣れないものが書かれているのに気がつくでしょう。これですね。

```
@override
void say() {……}
```

上に見える「**@override**」というのは「**オーバーライド**」を示すアノテーションです。アノテーションというのは「@xxx」というようにアットマークの後に名前をつけて記述したもので、クラスやフィールド、メソッドなどに特定の性質を付加します。この@overrideは、このメソッドがオーバーライドされたものであることを示します。

「オーバーライド」とは、スーパークラスにあるメソッドと同じものをサブクラスに用意することで、スーパークラスのメソッドを上書きすることです。こうすると、サブクラス側ではサブクラスに用意したメソッドしか呼ばれなくなり、スーパークラスにある上書きされたメソッドは使われなくなります。つまり、オーバーライドにより、メソッドの機能を書き換えることができるようになるのです。

インターフェイスとミックスイン

この他にもクラスに関する機能はいろいろと用意されています。それらの中から「これは頭に入れておきたい」というものをピックアップして簡単に説明しておきましょう。

インターフェイス

インターフェイスは、メソッドなどの実装を保証するのに使われるものです。あるインターフェイスをクラスに追加すると、そのインターフェイスに用意されているメソッドをすべて実装しなければいけなくなります。インターフェイスを用意することで、「このクラスには○○というメソッドが必ず用意されている」ということが保証されるようになるのですね。

このインターフェイスは以下のように記述します。

```
class クラス implements インターフェイス {……}
```

このように記述することで、クラスにインターフェイスを組み込むことができます。これにより、このクラスではインターフェイスにあるすべてのメソッドを用意する必要が生じます。

ミックスイン

ミックスインは、クラスに特定の機能を追加するためのものです。ミックスインをクラスに追加すると、そのミックスインにあったメソッドがすべてそのクラスで使えるようになります。既にあるクラスに特定の機能を付け加えたいようなときに利用されます。
このミックスインは以下のように記述します。

```
class クラス with ミックスイン {……}
```

これで、クラスに指定のミックスインの機能が組み込まれます。Flutterでは、このミックスインを使って機能を追加することがよくあります。「with ○○」というものを見たら、「これはミックスインだな」と思うようにしてください。

静的フィールド／メソッド

クラスに用意されるフィールドやメソッドは、基本的にインスタンスを作り、その中から呼び出して利用するものです。フィールドはそれぞれのインスタンスごとに値を保管します。従って、インスタンスが違えば保管されている値も違うわけです。
しかし、場合によっては「どのインスタンスからでも同じ値にアクセスしたい」ということもあります。そのようなときに用いられるのが「静的フィールド」です。
静的フィールドは、クラスに値を保管するフィールドです。クラスに保管するので、保管される値はクラスに1つだけ。インスタンスをいくつ作っても、すべて同じ1つの値にアクセスをします。同様に「静的メソッド」というものもあります。
これらは、宣言するとき冒頭に「**static**」とつけて記述をします。例えば「static var a;」とすれば、aという静的フィールドが作成されます。

まだまだDartは奥が深い！

ざっとDartの文法について説明したところで、超入門講座は終わりです。Dartは非常に本格的な言語ですから、まだまだ説明していない機能がたくさん眠っています。ですから、ここまでの内容を覚えただけで「Dartはマスターした！」と思わないでください。
とりあえず、ここまでの説明が頭に入っていれば、Flutterの学習をスタートできるでしょう。出てくるコードが「何をいってるのかまるでわからない」ということはなくなるはずです。ただし、「Flutterのコードがスラスラわかる」とはいかないでしょう。文法を覚えただけで、コードを理解できるようになるわけではありません。実際にコードを読み書きしていくうちに、少しずつ理解できるようになっていくものなのですから。
ということで、ここまで読んだら、Flutterの学習をはじめて構いません。ただし、それと並行して、「Dartというプログラミング言語」についても、少しずつ理解を深めるようにしていってください。

さくいん

記号

A

B

C

D

著者紹介

掌田 津耶乃（しょうだ　つやの）

日本初のMac専門月刊誌「Mac＋」の頃から主にMac系雑誌に寄稿する。ハイパーカードの登場により「ビギナーのためのプログラミング」に開眼。以後、Mac、Windows、Web、Android、iPhoneとあらゆるプラットフォームのプログラミングビギナーに向けた書籍を執筆し続ける。

■最近の著作

「見てわかるUnreal Engine 5 超入門」（秀和システム）
「AWS Amplify Studioではじめるフロントエンド+バックエンド統合開発」（ラトルズ）
「もっと思い通りに使うための Notion データベース・API活用入門」（マイナビ）
「Node.jsフレームワーク超入門」（秀和システム）
「Swift Playgroundsではじめるios Phoneアプリ開発入門」（ラトルズ）
「Power Automate for Desktop RPA開発 超入門」（秀和システム）
「Power Automateではじめる ノーコードiPaaS開発入門」（ラトルズ）

●著書一覧

http://www.amazon.co.jp/-/e/B004L5AED8/

●ご意見・ご感想

syoda@tuyano.com

カバーデザイン　高橋 サトコ

マルチプラットフォーム対応（たいおう）
最新（さいしん）フレームワークFlutter（フラッター） 3 入門（にゅうもん）

発行日　2022年 12月　1日　第1版第1刷
　　　　2024年　1月 29日　第1版第2刷

著　者　掌田（しょうだ）　津耶乃（つやの）

発行者　斉藤　和邦
発行所　株式会社　秀和システム
〒135-0016
東京都江東区東陽2-4-2　新宮ビル2F
Tel 03-6264-3105（販売）Fax 03-6264-3094
印刷所　三松堂印刷株式会社

ISBN978-4-7980-6852-7 C3055